数学文化

主编 ◉ 曹媛

大连海事大学出版社

图书在版编目(CIP)数据

数学文化 / 曹媛主编. — 大连 : 大连海事大学出
版社，2024. 9. — ISBN 978-7-5632-4559-8

Ⅰ. O1-05

中国国家版本馆 CIP 数据核字第 2024DA0401 号

大连海事大学出版社出版

地址:大连市黄浦路523号　邮编:116026　电话:0411-84729665(营销部)　84729480(总编室)

http://press.dlmu.edu.cn　　E-mail:dmupress@ dlmu.edu.cn

大连天骄彩色印刷有限公司印装　　　　　　大连海事大学出版社发行

2024 年 9 月第 1 版　　　　　　　　　　　2024 年 9 月第 1 次印刷

幅面尺寸:184 mm×260 mm　　　　　　　　　印张:17.25

字数:397 千　　　　　　　　　　　　　　印数:1~2000 册

出版人:刘明凯

责任编辑:刘长影　　　　　　　　　　　　责任校对:孙笑鸣

封面设计:张爱妮　　　　　　　　　　　　版式设计:张爱妮

ISBN 978-7-5632-4559-8　　　定价:52.00 元

编者的话

从前,数学的应用曾经局限在一些特殊的人群之间。有人认为,数学就是一些知识、方法和工具。对于多数人来说,数学仅仅是作为考试的必要科目,而在毕业以后则嫌其无用便很快全部忘光了。

其实,数学源于实践,识方圆曲直,判正负盈亏,时时为人解难;数学思想深刻,方法巧妙,形式优美,内容广阔,析万事之理、解万象之谜,处处引人入胜。它不仅仅是一些知识,还是一种思维,即"数学思维";不仅仅是一种工具,还是一种素质,即"数学素质";也不仅仅是一门学科,更是一种文化,即"数学文化"。随着信息时代的到来,数学在社会、生活的各个方面所起的作用也越来越明显,数学的活跃时代已经到来。

近年来,数学文化以其独特的教育价值日益受到我国数学界的重视,如"数学文化"课程的设置、关于"数学文化"书籍的出版、全国性学术会议的增加,等等。由此可见,数学文化已经深入数学教学的各个领域之中了。

从文化的角度看数学,我们既要重视"有用之用",又要重视"无用之用"。数学文化建设自身也蕴含了"无用之用",虽然不会立即产生经济效益、实用效益,但是会产生无法估量的社会效益和文化效益。

数学文化建设一方面通过数学教育、数学普及提升大众对数学的认识和理解,使数学更加平易近人,使人们进一步理解与崇尚数学、乐于接受数学文化熏陶;另一方面让学生了解中国数学史,增强学生道路自信、理论自信、制度自信、文化自信,提升科学素质、遵循理性、言行诚实,在社会上形成推崇求是精神与理性思维的风尚,并且进一步弘扬了科学精神。

数学文化,主要讲述数学的历史、思想、方法、精神,以及数学与人类其他知识领域之间的关联,如数学与哲学、数学与美术、数学与建筑、数学与音乐、数学与航海天文历法、数学与诗歌、数学与游戏,等等。

本书力求通过对数学文化的宣扬来改变大学生的数学观,激发他们的数学兴趣,提高他们的数学素养和数学鉴赏力,提升他们的数理逻辑分析的能力,让他们感受到数学文化的魅力,并以党的二十大精神为指引,培养学生自信自强、守正创新、踔厉奋发、勇毅前行的果敢精神。

本书具有以下三个特点,分别是:

通俗性:让没系统学习过"高等数学"课程的学生能看懂书中的数学内容,并领会到数学的魅力。

趣味性:尽量贴近生活,寻找与生活相关的素材。

广博性:通过数学与哲学、数学与美术、数学与建筑、数学与音乐等具体专题来呈现数学与其他知识领域的关联,显现数学与生活是息息相关的,显示出数学是生活中无处不在的学科。

相信本书的出版对于数学文化的传播、高职数学文化课程的建设,以及数学文化与数学教育关系的研究都将起到积极的作用。特此为序。

编者

2024 年 8 月

目　　录

第一章 数学——无用之用，万用之基

【思政目标】

通过发现生活中各个方面的数学美,培养学生热爱生活、热爱祖国、热爱中国文化的精神。

人类在几百万年的进化过程中,发展出了描述、理解宇宙现象,解释、预言宇宙规律的数学语言。世间万物都有质和量两个方面,而"量"是数学研究的主要内容,因此描述事物离不开数学。数学已经成为人类看待世界的一种方式,这里的世界包括我们所居住的物理的、生物的与社会学的世界,以及我们心灵与思维的世界。从远古时代的结绳记事到现代社会应用电子计算机进行计算、证明,从利用规、矩等工具进行的具体测量到公理化的抽象体系,从自然数、一维的直线、规则的图形……到群、无穷维空间、分形……数学内容、思想和方法逐渐演变、发展,并渗透到人类生活的各个领域。今天,数学已经成为衡量一个国家发展、科技进步的重要标准之一。

1.1 数学研究的对象与内容

万物共有"数"与"形"

世间万事万物,不论是有生命的还是没有生命的,不论是动物还是植物,不论是自然形成的还是人工创造的,不论是气态、液态还是固态,不论是在宏观世界还是在微观世界,均以一定的形态存在于空间之中,并受诸如长度、面积、体积、质量、浓度、温度、色度等各种数量的制约。这种万事万物所共有的内在特质——"数(量)"与"形(态)",乃是数学科学的两大基石。

世间万事万物不是静态不变的,也不是孤立存在的,而是在不断地运动和变化,相互联系、相互依存的。从本质上看,事物的运动和变化,就是"数"的增减和"形"的变换,事物的相

1

互联系,就是数变关系与形变关系。

数的增加,衍生出一种基本运算——加法。研究各种数,甚至抽象元素的运算及其规律,就形成了各种各样的代数学。

形的变换各种各样,不仅有描述位移的平移、旋转等刚体变换,也有描述缩放、透视的相似、仿射、直射等射影变换,还有描述拉伸、扭转等的拓扑变换。研究形在各种变换下的不变性质,或者用各种不同方法、观点去研究形,就形成了各种各样的几何学。

作为万事万物所共有的内在特质"数"与"形",附以反映万事万物变化规律的运算、变换及其规则,就是数学。古典数学如此,现代数学本质也如此。

1.1.1 数学的研究对象——万物之本的"数"与"形"

欣赏数学,要从数学的研究对象"数"与"形"开始。

数与形是什么？是万物之本。

数,既可以表达事物的规模,也可以表示事物的次序,万象共有。

形,是人类赖以生存的空间形态,代表的是结构与关系,万物共存。数与形是一个事物的两个侧面,两者相互联系,对立统一。

数与形是数学的两大基石,整个数学都是围绕这两个概念的提炼、演变与发展而不断发展的,数学在各个领域中千变万化的应用也是通过这两个概念而实现的。

数学中研究数量关系中数的部分属于代数学范畴;研究空间形式或形的部分属于几何学范畴;数与形有机联系,研究两者联系或数形关系的部分属于分析学范畴。

代数、几何、分析这三大类构成整个数学的本体与核心。

在代数学中,数量关系、顺序关系占主导,培养计算与逻辑思维能力;在几何学中,位置关系、结构形式占主导,培养直觉能力、空间想象能力和逻辑思维能力;在分析学中,量变关系、瞬间变化与整体变化关系占主导,函数为对象,极限为工具,培养周密的逻辑思维和建模能力。

1.1.2 数学的内容——万物之理的模式与结构

现实世界千变万化,千差万别。数学的目标是要发现各种事物的本质,建立不同事物的联系,寻找多种事物的共性。探索一系列事物发展的规律,揭示事物现象的因果关系和奥秘,用以描述、理解自然和社会现象,以便对其发展方向进行判断、预测、控制与改良。数学要透过现象看本质,通过个性识共性,在混沌中建立秩序,在变化中寻找恒定。简而言之,数学关注本质、共性、规律和联系,它们都是事物在某种程度上的不变性。

数学家之所以关注规律,大概是基于以下四点认识:

第一,规律是存在的,它是对一系列事物的发展趋势进行认识的一个重要角度;

第二,规律是可以被认识的,认识规律的基本手段依靠横向类比、纵向归纳;

第三,规律不一定唯一,由不同的人、以不同的观点、从不同的角度去观察,会发现不同的规律;

第四,规律需要发现,更需要论证,通过归纳、类比去寻找规律,通过演绎推理去论证规律。

1.数学的基本结构和功能

(1)代数结构：由集合及其上的运算组成，比如反映合作关系的各种运算及其运算规律等；

(2)顺序结构：由集合及其上的序关系组成，比如反映对比关系的大小、先后，反映隶属关系的蕴含等；

(3)拓扑结构：由集合及其上的拓扑组成，包括拓扑空间、度量空间等，比如反映亲疏程度与规模大小的距离就构成了一种度量。

三种结构分别用来解决度量问题(拓扑结构)、计算问题(代数结构)和比较问题(顺序结构)，人类通过数学为解决实际问题提供了必要的工具。首先，通过数学的拓扑结构对问题的因素进行度量，或者通过收集与问题相关的数据，将问题数量化；其次，通过数学的代数结构对数据进行处理；再次，通过数学的顺序结构对处理的结果进行比较；最后，通过逻辑演绎推理对事物进行分析、判断、预测和决策。

2.数学的模式与万事之理

世界是物质的，物质是运动的，运动是相互联系的，相互联系的物质运动大都可以被数学家抽象为以数量之间的变化关系、空间结构形式为基本特征的数学模型。但是从本质或主要部分看，不同的事物可能具有同一种模式。数学家关注本质上的统一模式，包括数值模式、形式模式、运动模式、行为模式、随机模式、稳定模式等。它们可能来自我们周围，来自自然、社会，也可能来自数学内部，甚至来自人们大脑的内部运动。不同的模式会形成不同的数学分支，具有不同的用途，它们反映了万事、万物、万象之理。

例如：

算术、数论、代数是研究数和计算的模式。

几何是研究图形的模式。

微积分是研究运动、量变关系的模式。

逻辑是研究推理的模式。

概率论是研究随机现象的模式。

拓扑是研究位置关系的模式。

分形几何是研究自相似的模式。

在这种观点下，数学也就远没有人们想象的那么神秘，它脉络清晰，是现实的、自然的，其本质也是通俗的。

1.2　数学的方法和特点

始于公理，成于推理，表为定理

数学理论建立的基础是生活。从生活到数学，再到生活，经历创新创造阶段、理论建立阶段，再到应用阶段。首先从具体问题或素材出发，通过观察、实验、归纳、类比、统计、比较、分析、综合、抽象、诊断、建立概念、提出猜想,再通过逻辑演绎、推理、计算,建立理论,最后再把理论应用于实践。

数学学科与其他学科的一个重要区别在于,其对象是抽象的数与形,不涉及具体的物质属性。因此,数学理论的确立也只能通过思维而不是实验来实现。

在数学结论的确立过程中,每一步推证不仅要遵循严格的逻辑法则,也要依据正确前提,如此才能保证新结论的正确性。然而,所依据的"正确前提"的正确性又从何而来?它是之前依据更早的"正确前提",通过逻辑推演得到的。不幸的是,同样的问题,我们不得不一直问下去,永无止境。显然,如果我们要求每一个正确结论都依靠推理而得到,必然会陷入不可知的深渊。于是数学家给自己设立了论证的起点:公理——不证自明的事实。数学的理论始于公理,成于推理,表为定理。

数学学科有其独特的特点:概念的抽象性、推理的严密性、结论的确定性和应用的广泛性。

1.2.1 数学方法——演绎推理(三段论)

数学结论的建立是通过推理实现的。数学推理包括归纳、类比等合情推理,也包括演绎推理。数学论证的一般结构是如下的三段论:

大前提:一个一般性的普遍规律;

小前提:一个特殊对象的判断;

结论:特殊对象的结论。

按照三段论,完整的推理过程如下:

由于满足条件 A 的事物都具有性质 C(大前提),而事物 B 满足条件 A(小前提),所以事物 B 具有性质 C(结论)。

这里的大、小前提是在推理过程中所运用的已有的真实判断,这一点必须保证或假定是正确的。在这些前提下,所得出的结论无疑是正确和可靠的。

需要强调的是,数学的创造性也包括方法上的创新。对已知的结果探讨新的证明,也是数学家关注的事情。绝大多数新证明,既表现得更简洁,也显示出新洞察力。数学家找寻新方法的理由是:第一,美的享受。第二,寻找最快捷、最有效的途径,发现已有的结果与其他事实的关联。第三,对老问题进行修整、简化、系统化,有利于对老问题的理解与传播,也有利于对新问题的认识与研究。

在数学理论大厦的建立过程中,要通过发现事物的本质与共性,提出概念、建立关系、寻找规律等一系列数学思维的过程,体现为数学独特的思考方式,包括分类、类比、归纳、化归、抽象化、符号化、公理化、最优化、模型化。这些是数学体系的特征,保证了数学体系的简洁性与严谨性、数学结论的可靠性与普适性、数学方法的有效性与便利性、数学思想的科学性与深刻性。

而数学思想决定着数学思维方式和方法,数学思维是一种能力和素质,有多个方面或层次。从数学思维的功能来看,数学思维包括如何观察、如何思考、如何表达。观察事物依靠分类、化归、抽象化、数形结合;思考问题依靠归纳猜想、类比猜想、构造验证、演绎推理;表达问题依靠符号化、模式化。

从数学思维的性质来看,数学思维包括基于感性、感情、感觉的发散性思维和基于理性的收敛性思维。

发散性思维是一类由感觉、感情等所引导的思维，包括归纳、类比、关联、辐射、迁移、空间想象等。其中归纳和类比是两个最基本的发散性思维。归纳是由个体认识群体的思维，它通过对群体中若干个体的某些共同点或相似之处，归纳推测出对这个群体的统一认识。类比是由一个个体认识另外一个个体的思维，它通过两个个体中若干相同或相似之处，类比推测出这两个个体在其他方面的相同或相似性。发散性思维基于经验、感觉与感情，属于合情推理，其推理结果未必正确，但它为人类获得正确结论提供了方向。

收敛性思维是一种理性的逻辑思维，是演绎推理，其基本框架是三段论：大前提、小前提和结论。从本质上讲，收敛性的演绎推理是确定数学结论正确性的唯一推理方法，常用的有限穷举法、数学归纳法、反证法等。

在数学发展中，合情推理找方向，演绎推理定结论，两者相辅相成。

1.2.2　数学的特点

1.抽象性

众所周知，全部数学概念都具有抽象性，但又都有非常现实的背景。数学所研究的"数"和"形"与现实世界中的物质内涵往往没有直接联系。例如，数 1，可以是 1 个人，也可以是 1 亩地或其他的 1 个单位的东西；1 张球面，既可以代表 1 个足球面，也可以代表 1 个乒乓球面；二次函数 $y=ax^2+bx+c$，可以表示炮弹飞行的路线，振动物体所释放的能量和自然界中质量与能量的转化关系等；一元函数 $y=f(x)$ 的导数 $\dfrac{\mathrm{d}y}{\mathrm{d}x}$，可以表示做变速直线运动的物体的瞬时速度，也可以表示平面曲线切线的斜率，还可以表示质量分布非均匀细棒的密度等。除了数学概念，数学的抽象性还表现在数学的结论中，更体现在进行推理计算的数学研究的过程中。

数学的抽象有别于其他学科的抽象，其抽象的特点在于：

（1）在数学抽象中保留了量的关系和空间形式而舍弃了其他。

随着人类实践的发展，这里量和空间形式的概念包含的内容越来越丰富。古典数学中通常的"形"和"数"已经演变为现代数学中的数学的关系结构系统。

（2）数学的抽象是一级一级逐步提高的，其所达到的抽象程度大大超过了其他学科中的一般抽象。

现代数学发展的一个重要特点就在于它的研究对象从具有直观意义的量的关系和空间形式扩展到了可能的量的关系和空间形式，这表明了数学抽象所达到的特殊高度。

（3）数学本身几乎完全周旋于抽象概念和它们相互关系的圈子之中。

数学对象借助明确的概念进行构造，再通过逻辑推理，数学对象才能由内部的思维活动转化为外部的独立存在，相应的数学结论才能摆脱思维活动所具有的个体性，获得作为科学知识所必须具有的普遍性。

数学中的抽象思维是数学家必须具备的素质。把现实世界的一个具体问题"翻译"成一个数学问题，就是一个"抽象"的过程。把直觉的认识上升到理性认识，也需要抽象。数学中研究问题的方法，常常是先特殊后一般、先简单后复杂、先有限后无限，但不能把特殊的、简单的、有限的情形全部照搬到一般的、复杂的、无限的情形。有的虽然可以推广，但是是有条件的，这种推广就是抽象的过程。学习数学的时候就应该注重抽象思维能力的培养。事实上，数学的发展过程就是常量与变量、直与曲、简单与复杂、特殊与一般、有限与无限互相转化的过程,这个转化过程实际上就是数学家辩证思维的体现。

2.精确性

数学的精确性表现为数学定义的准确性,推理和计算的逻辑严密性以及数学结论的确定无疑与无可争辩性。数学中的严谨推理和一丝不苟的计算,使得每个数学结论都是牢固的、不可动摇的。这种思想方法不仅培养了科学家,而且也有助于提高人的科学文化素质,它是全人类共有的精神财富。

所谓严密性,就是指数学中的一切结论只有经过用可以接受的证明证实之后才能被认为是正确的。在数学中只有"是"与"非",没有中间地带。要说"是"则必须证明,要说"非"应举出反例。这个事实决定了数学家的思维方式与物理学家或其他工程技术专家的思维方式有所不同。有人认为"哥德巴赫猜想"是对的,因为举不出一个反例来,但是数学家不认同这种说法,数学家要证明这个猜想是正确的。四色地图问题(任何地图上如果相邻地区都不是在一点处相邻,那么要区别地图上所有的国家所需的最少颜色数是"四")尽管在 1976 年被美国数学家阿佩尔(K. Appel)与哈肯(W. Haken)给出了一个证明,他们把这个问题归结为考虑大约 2 000 个不同地图的特征,然后编制程序,使用计算机解决了数学问题,但是数学家还是希望能找到一个分析证明,通过严密的逻辑推理解决四色地图问题。

数学理论的严密性要求学习数学的人在学习过程中,不仅要做习题,掌握解题的方法,而且要重视和学会证明结论的思想和技巧,理解数学问题背后的精神和方法。强调证明,不是说不要几何直观(直觉),不要例证(验证)。在学习数学、研究数学时,直观和例证都是重要的,能启发人们的思维,但直观和例证不能代替严密的证明。

3.应用的广泛性

数学的高度抽象性决定了数学应用的广泛性。1959 年 5 月,数学家华罗庚在《人民日报》上发表了《大哉数学之为用》的文章,精辟地论述了数学的广泛应用:"'宇宙之大,粒子之微,火箭之速,化工之巧,地球之变,生物之谜,日用之繁'等方面,无处不有数学的重要贡献。"

马克思(K.Marx)说过:"一门科学,只有在其中成功地使用了数学,才算真正发展了。"印度数理统计学家拉奥(C. R. Rao)也曾说过:"一个国家的科学水平可以用它消耗的数学来度量。"历史证明了这一点。

回顾人类历史上的重大科学技术进步,数学在其中发挥的作用是非常关键的。

例 1(航空航天) 牛顿(I.Newton)在 17 世纪就已经通过数学计算预见了发射人造天体的可能性。19 世纪麦克斯韦方程从数学上论证了电磁波的存在,其后赫兹(Hertz)通过实验发现了电磁波,接着就出现了电磁波声光信息传递技术,使得曾经存在于人们幻想之中的"顺风耳""千里眼""空中飞行""探索太空"等都成了现实。

值得一提的是,干扰和失真是电磁波通信的一大难题。早在 20 世纪 60 年代太空开发初期,美国施行"阿波罗计划",发现由于太空中过强的干扰,无论依靠怎样精密的电子硬件设备,也无法收到任何有用的信息,更不用说操纵控制了,后来采用了信息数字化、纠错编码、数字滤波等一整套数学和控制技术之后,载人登月的计划才得以顺利完成。

例 2(能量能源) 爱因斯坦(A. Einstein)相对论的质能公式 $E = mc^2$(其中 E 表示能量,m 表示质量,c 表示光速),从数学上论证了原子反应将释放出巨大能量,预示了原子能时代的来临。之后人们在技术上实现了这一预见,到了今天,原子能已成为发达国家电力能源的主要组成部分。

例3(计算机) 电子数字计算机的诞生和发展完全是在数学理论的指导下进行的。英国数学家图灵(A. M. Turing)和美籍匈牙利数学家冯·诺依曼(John von Neumann)的研究对这一重大科学技术进步起了关键性的推动作用。

例4(生命科学) 遗传与变异现象早就为人们所注意,生产和生活中也曾培养过动植物新品种,但遗传的机制却很长时间得不到合理解释,直到19世纪60年代,奥地利生物学家孟德尔(G. J. Mendel)以组合数学模型来解释他通过长达8年的实验观察得到的遗传统计资料,从而预见了遗传基因的存在性。20世纪50年代,美国生物学家沃森(J. D. Watson)和英国科学家克里克(F. Crick)发现了DNA分子的双螺旋结构——遗传基因的实际承载体。此后,数学更深刻地进入了遗传密码的破译研究中。

例5(经济学) 数学对经济学最有价值的贡献之一是一般均衡理论。一般均衡理论是1874年法国经济学家瓦尔拉斯(L. Walras)开创的。美国经济学家阿罗(K. J. Arrow)则利用荷兰数学家布劳威尔(L. E. J. Brouwer)的不动点定理证明了一般均衡理论,成功地将数学和经济学结合起来并取得了经济学中的一个重大突破,阿罗因此获得了1972年的诺贝尔经济学奖。

例6(地震预报) 地震是地壳快速释放能量过程中造成振动而产生地震波的一种自然现象。大地震常常造成严重人员伤亡和财产损失,还可能造成海啸、滑坡等次生灾害。2008年,美国科学家利用数学模型进行地震预测,预测到未来30年加利福尼亚州南部可能因面临7.7级大地震而遭受巨大损失。加利福尼亚州地处美国的地震活跃带,进入20世纪,在加利福尼亚州北部圣弗朗西斯科(旧金山)就发生了1906年、1989年两次大地震,1906年的强度甚至达到可怕的8.6级。

例7(地质勘探) 当今社会的生产和生活离不开石油,石油勘探需要了解地层结构。多年来,人们已经发展了一整套数学模型和数学程序,目前石油勘探与生产普遍采用的数学技术是:首先发射地震波,然后将各个层面反射回来的信息收集起来,用数学方法进行分析处理,就能将地层各个剖面的图像和地层结构的全貌展现出来。

例8(医疗诊断) 在医疗诊断方面,医生需要了解患者身体内部和器官内部的状况与变异,最早的调光片将骨骼和各种器官全都重叠在一起,往往难以辨认。现在有了一整套的基于数学原理的CT扫描或MRI技术,可以借助精密设备收集射线穿透人体或磁共振带出的信息,将人体各个层面的状况清晰地呈现出来。

20世纪50年代,美国物理学家科马克(A. M. Cormack)利用拉东变换的思想,得到了CT理论的奠基性结果。1971年,英国工程师亨斯菲尔德(G. N. Hounsfield)根据CT原理建立了第一套CT并于次年首次临床试验成功,两人因此共同获得了1979年诺贝尔生理学或医学奖。这一原理已被扩展到医学影像中一个热门的研究方向MRI。

大量实例说明无论是在实际的生产生活中,还是在科学技术方面,数学都起着非常重要的作用。科学技术和生产的发展对数学提出了空前的需求,我们必须把握时机,加强数学研究与数学教育,提高全民族的数学素质,更好地迎接未来的挑战。

1.3　数学的功能

数学,作为人类最古老的智力成就,以万物之本为对象,以万象之理为内容,形式简洁而内涵丰富,在人类文明的进化中发挥着不可替代的作用。

数学功能多样。它不仅仅是一种方法或工具,还是一种思维模式,即"数学思维"也不仅仅是一门科学,还是一种文化,即"数学文化";更不仅仅是一些知识,还是人的一种素质,即"数学素质"。

作为一种工具,数学方法巧妙有效,是创造社会财富的得力助手;作为一门课程,数学知识准确可靠,是学习与理解其他知识的重要基础;作为一种思维,数学推理精细严谨,是人类理性思维的标志和典范;作为一种语言,数学公式简洁清晰,是描述自然与社会现象的通用语言;作为一门科学,数学既是科学之母,也是科学之仆,孕育并推动科学发展;作为一种文化,数学给人类带来智慧,为生产增加动力,促进科技发展,改良艺术创作,推动社会进步。

1.3.1　数学的实用功能

数学的实用功能表现为数学的知识、方法、思想在人类生活、生产和科学研究方面发挥的作用。在现实生活中,数学不仅用来测量和计算,更可进行对比、判断、预测与决策。在科学技术中,"量"贯穿于一切科学领域,数学也就必然应用于一切科学领域。凡是涉及量、量的关系、量的变化、量的关系的变化、量的变化的关系的问题,均可用数学来描述与解释。数学是科学之母;数学与其他科学的交叉形成了许多交叉学科群,如计算机科学、信息科学、系统科学、科学计算、数学物理、生物数学、金融数学等。

1.3.2　数学的教育功能

数学作为一门基础学科,概括地讲,数学教育能够实现三大功能:知识工具、能力素质、文化观念。

(1)知识工具——掌握必要的数学知识和方法,为进一步学习其他知识打基础、做准备;掌握必要的数学工具,用以解决自然与社会中普遍存在的数量化问题及逻辑推理问题。

(2)能力素质——培养一种思维方式和方法,养成一种思维习惯,潜移默化地培养学生"数学方式的思维",包括归纳、类比、演绎等。

(3)文化观念——提供一种价值观,倡导一种精神,弘扬一种文化,集中表现为数学观念在人的观念及社会观念的形成和发展中的作用。

习近平总书记指出:"没有高度的文化自信,没有文化的繁荣兴盛,就没有中华民族伟大复兴。"文化自信是更基础、更广泛、更深厚的自信,是一个国家、一个民族发展中更基本、更深沉、更持久的力量。

知识型数学教育看重数学的实用价值,着重传授数学知识、方法及其应用,重在数学技能。能力型数学教育看重数学的能力培养,重视数学思维的训练、数学思想的渗透,重在如何观察、如何思考、如何表达等数学素质。文化型数学教育则在注意数学教育的实用价值和思维价值的同时，特别看重数学的文化教育价值，强调实事求是的态度、锲而不舍的精神、严肃认真的作风，强调数学精神、数学意识、数学思想和数学思维方式等观念。

数学教育最重要的价值在于数学思维能力的培养。一个人的数学思维能力，其价值还在于处理日常生活、工作中的问题时，对事物发展方向预测、判断及调控能力。在任何情况下，事物的发展总有因果关系，可能一因多果，也可能多因一果，在许多情况下具有可变性、可塑性与可控性。理性的数学思维能通过数据变化等因素对发展趋势进行预测与调控，对发展结果进行判断与决策。

1.3.3　数学的文化功能

把数学看作一种文化，其理由是：首先，数学是人类创造并传承下来的知识、方法与思想。其次，数学深入到每个人和社会的每个角落。最后，数学影响着人类的思维，推动着科技发展和社会进步，与其他文化关系密切。

数学自古就是一种文化。美国数学史家克莱因（M.Klein）教授说："数学一直是文明和文化的重要组成部分，一个时代的总的特征在很大程度上与这个时代的数学活动密切相关。"

数学文化是由知识性成分（数学知识）和观念性成分（数学观念系统）组成的，它们都是数学思维活动的创造物，包括数学知识、思想、方法、语言、精神、观念，涉及数学思维、数学应用、数学史、数学教育、数学与人文的交叉、数学与各种文化的关系等。

1.4　数学的价值

1.4.1　数学的价值

数学是一种素质，影响人的思维。学习数学并不是学定理、背公式，而是提高素质。数学素质就是把所学的数学知识都排除或者忘掉后剩下的东西。

第一，数学教育本质上是素质教育。

素质可以划分为三个方面：科学素质、文化素质和艺术素质。科学素质是人类认识世界、改造世界，发展生产力，创造物质财富的能力，追求的是真；文化素质是人类认识社会、了解历史，提高交流能力和道德水平的能力，体现的是善；艺术素质的目的是追求社会、人生与心灵的和谐，向往的是美。

科学素质的核心是数学素质。数学素质包括数学意识、数学语言、数学技能、数学思维。数学意识就是人的数量观念，时时处处"胸中有数"，注意事物的数量方面及其变化规律，是看待和认识世界的态度。数学语言是简单、清晰、准确地表述事物的一种方式，是描述与传达事物的手段。数学技能是数学知识和数学方法的综合应用，是把数学当作一种工具解决问题的能力。数学思维是思考、探索与理解事物的手段，具有抽象性、逻辑性、创造性和模式化性，包括归纳、类比和演绎等。一个人的数学素养首先体现在他的数学意识上，通过模式化、符号化形成数学语言的表述,最后用数学技能去分析、解决问题。

第二,数学思维能力的培养。

个人参与社会竞争所需要的基本能力包括逻辑思维能力、词汇语言能力、推理运算能力、视觉观察能力、空间想象能力、创造力、沟通协调能力、应变能力等,其中有很多能力是可以通过数学教育培养的。

数学概念的形成、结论的发现与推导,都是通过数学思维活动实现的。数学应用于实践的过程,在很大程度上也是通过数学思维活动对事物进行分析、类比、提炼、建构,并最终实现模式化、最优化的过程。数学思维的重要特点在于:理性、严谨、精细、准确、可靠。

数学作为文化的一部分,提供了一种充满理性的思维方法与模式,它追求一种完全确定、完全可靠的知识。数学所探讨的不是转瞬即逝的知识,而是某种永恒不变的东西。

数学思维的主要方式是推理。数学推理既有发散的归纳、类比推理,又有收敛的演绎推理。前者具有创新性,是人类创新、创造的源泉,是现代人文化素质的组成部分,对人类社会进步起到了极为重要的作用。因此,我国数学家齐民友教授认为,数学作为一种文化,在过去和现在都大大地促进了人类的思想解放,人类无论在物质生活还是在精神生活上,得益于数学的都实在太多。

第三,数学能使人理智判断和决策。

数学严谨的理性思维、数学结论的确定性和可靠性、数学对事物的量化处理等都可以帮助人们甄别错误,避免上当。

(1)中奖率问题:假设某种抽奖活动有10%的中奖率,下面两件事情,哪件更容易发生?

A.抽取一次就中奖。B.连续抽取20次均不中奖。

一般人认为,A会更容易一些,因为一次中奖的可能性为10%,而连续20次都不中奖几乎是不可能的,甚至有人认为连续抽取10次就应该有一次中奖。其实,答案是:B发生的可能性更大。理由是,抽取一次中奖的可能性为10%,从而抽取一次不中奖的可能性为90%。因此连续抽取20次均不中奖的可能性为>10%(抽取一次中奖的可能性)。

(2)购物问题:某商场举办促销活动,服装类买满100元送80元,皮鞋类买满100元送50元,零头不送。假如你想买一双480元的皮鞋和一件320元的衬衣,赠券可以随意使用,你会如何购买?

如果先买皮鞋(付现金480元,得赠券200元),再买衬衣(用赠券200元,再付现金120元,再得赠券80元),则将总共付出现金600元,最后余下赠券80元;

如果先买衬衣(付现金320元,得赠券240元),再买皮鞋(用赠券240元,再付现金240元,再得赠券100元),则将总共付出现金560元,最后余下赠券100元。后者相当于付款560-100 = 460(元),而前者相当于付款600-80 = 520(元),比后者多付13%。

(3)折纸问题:给你一张纸,长度为1 000 m,厚度为0.1 mm,你能否把它对折30次?

乍一听,长达1 000 m的一张纸,对折30次似乎没有问题。但事实上,当你实际操作时就会发现,此事根本不可能。为什么呢?数学计算告诉我们,如果对折30次,折叠后的层数大约为107 341 824,厚度大约为107 374 m,约107 km,显然这是无法实现的。

1.4.2　数学的社会价值

数学对社会进步的推动作用表现在以下三个方面:

第一,数学工具是推动物质文明的重要力量。

作为一切科学的基础,数学极大地推动了科技发展,科技发展又带动了生产力发展,生产力发展更极大地丰富了各种生活物资,使人类生活水平不断提高。

从大的方面来看,数学对人类生产的影响突出反映在它与历次工业革命的关系上。迄今为止,在人类历史上发生过三次工业革命:第一次工业革命始于 18 世纪 60 年代,以机械化为特征,以蒸汽机和纺织机的发明和使用为标志,其设计涉及对运动的计算,这是依靠 17 世纪后期产生的微积分才得以实现的。第二次工业革命始于 19 世纪 60 年代,以电气化为特征,以电力和电动机的发明与使用以及远距离传递信息手段的新发展为主要标志,其中由微分方程建立的电磁波理论起了关键作用。第三次工业革命始于 20 世纪 40 年代,以电子化为特征,以核能和电子计算机的发明与使用为主要标志。这次工业革命更是强烈地依赖于数学理论,信息时代从某种意义上说就是数学时代,信息技术就是数字技术。具体成果如图 1-1 ~ 图 1-8 所示。

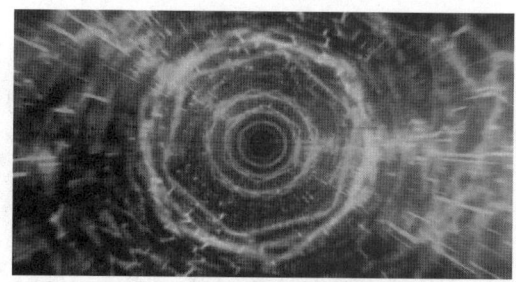

图 1-1 时空隧道——几何学

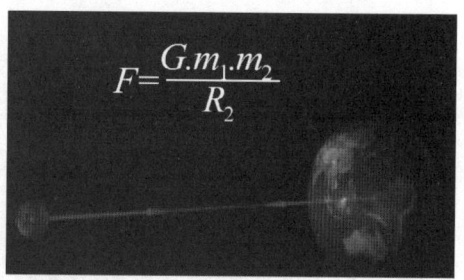

图 1-2 牛顿万有引力定律——微积分

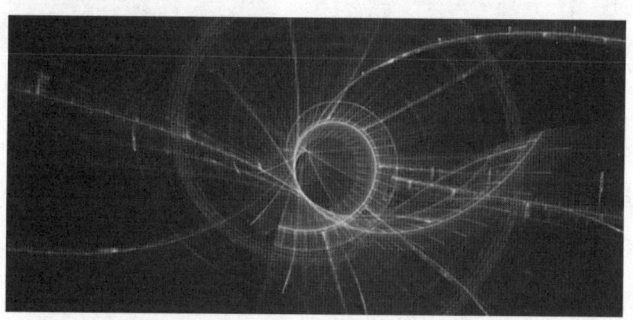

图 1-3 空间量子力——算子理论

图 1-4 广义相对论——微分几何

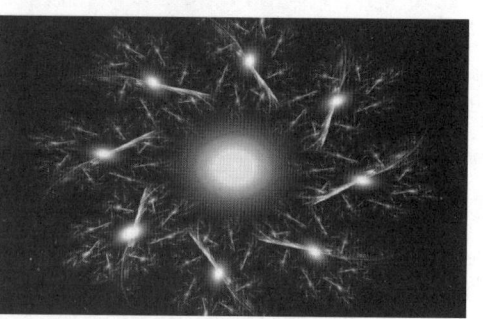

图 1-5 基本粒子——群论

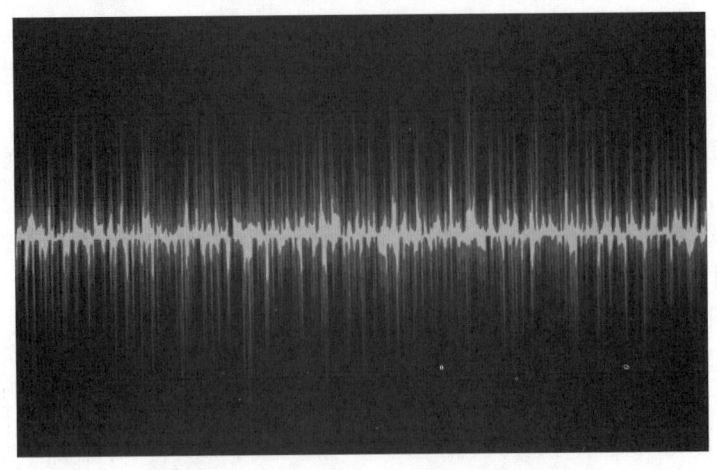

图 1-6　火光波动——傅立叶分析

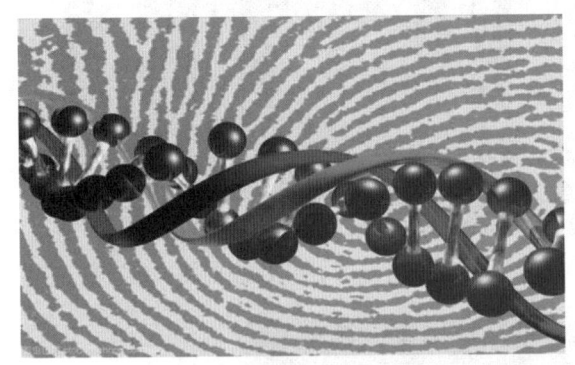

图 1-7　遗传学 DNA 双螺旋结构——拓扑、概率

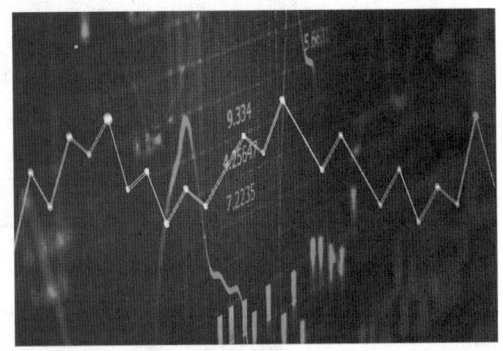

图 1-8　股票走势图——随机分析

第二,数学理性是建设精神文明的重要因素。

数学作为理性思维的科学,其思想、观念与方法极大地推动了人类精神文明和社会科学的发展。正如伽利略(Galileo)所说:"自然,这本大书只有掌握它的语言的人方能读懂,这语言就是数学。"

在人类文明高度发展、金融经济高度融合、社会文化相互渗透的今天,数学成为人类顶层决策与行动的得力工具。高性能科学计算是一个国家保持核心竞争力的重要科技手段,它从体系结构、并行算法和软件开发等方面,研究开发高性能计算机的技术,在新材料、核武器、药物分子设计、天气预报、航天国防、政府信息化以及教育、金融、网络等方面都有应用。遥测遥感(见图 1-9)、信息安全、图像处理、反恐侦察等现代科学技术等都大量地运用了数学。数值模拟是用计算机程序来求解数学模型近似解的方法。它首先要建立反映实际问题本质的数学模型,即建立反映问题各量之间关系的微分方程,包括相应的定解条件。然后,寻求高效准确的计算方法来计算,以达到研究实际问题的目的。

在这个信息大爆炸的时代,大数据已经成为大国博弈的又一个方向,谁掌握了信息,谁就掌握了主动权和优先权。由于大数据无法在短期内用常规软件工具进行捕捉、管理和处理,人们通常利用数据分析方法来探索其内在规律和本质。

大数据的真正价值在于数据分析,有数据固然重要,但没有分析,数据的价值就没有办法

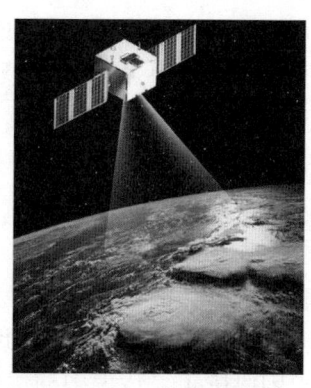

图 1-9 遥测遥感

体现，而数据分析就需要数学。数据分析的核心是将数学算法运用到海量数据上，预测事情发生的可能性，通过精妙的统计学方法，从精确的量化信息中分析出某种宏观结论来。

数学与国民经济关系十分密切。现代经济学的理论分析框架由视角、参照系和分析工具三部分组成。其中分析工具主要是各种图像模型和数学模型。这些数学不仅应用在商业管理和金融证券等经济方面，而且使经济学这门古老的学科走上了向纵深快速发展的道路，并催生了两个新的分支——计量经济学和数量经济学。

金融数学又称数理金融学，它的目标就是利用数学工具来研究金融问题和金融规律，先建立数学模型，再进行理论分析和数值模拟与计算，得到理论结果后，用以指导金融实践。像华尔街银行、证券公司都高薪雇用数学人才从事资本定价、风险评估和期货定价等金融工作。

精算学就是运用数学理论和金融工具，对经济活动进行分析预测的学科，它主要研究如何处理保险业及其他金融业中的各种风险问题。精算学的主要数学理论就是概率和统计。

第三，数学美学是推动艺术发展的文化激素。

从表面上看，数学家与艺术家是气质完全不同的人，实际上数学与艺术在其深层结构上是最为接近的，它们都反映人类精神的伟大创造，而且都具有相当大的自由性。数学美，就是数学问题的结论、解决过程或应用过程给人类带来的满足感，数学自身的美以及数学知识与方法是促进艺术发展的重要文化激素。数学的方法与成果被艺术家、建筑学家应用于绘画、音乐、建筑设计等领域。早在古希腊时期，毕达哥拉斯（Pythagoras）就将音乐与数学联系在一起。他把音乐解释为宇宙的普遍和谐，这种和谐同样适用于数学及天文学。开普勒（J.Kepler）从音乐与行星之间找到对应关系。莱布尼茨（G. W. Leibniz）首先从心理学来分析音乐，他认为"音乐是一种无意识的数学运算"，这更是直接把音乐与数学联系在一起，从某种意义上来讲，这也是后来用数学结构来分析音乐的先驱。对于乐谱的分析即傅立叶的三角级数，这产生出的数学分支是"调和分析"，而"调和"一词则来源于普遍和谐（harmony）。从形式上讲，音乐的确是一组符号运算，但从内容上讲，音乐成为一种伟大的创造。在绘画与雕塑方面，各民族都有自己的创造。文艺复兴时期，西欧的绘画与数学平行发展，许多艺术家也对数学感兴趣，他们深入探索透视法的数学原理。意大利人阿尔伯蒂（L. B. Alberti）在《论绘画》一书中提出正确绘画的透视法则。达·芬奇（Leonardo da Vinci）及丢勒（A. Dürer）不只是大艺术家，也是大科学家。达·芬奇留下了《蒙娜丽莎》《神圣的比例》等传世杰作。在《蒙娜丽莎》中，达·芬奇用透视法构成蒙娜丽莎身后的风景，造成一种纵深的感觉；用黄金分割比构建图形，栩栩如生。

建筑及装饰与几何的关系更为直接，虽然古时没有群的观念，但是对称性及对称花样已于各民族装饰艺术之中有所体现。如今,进入信息时代,借助计算机,数学的分形技术又一次搭起了科学与艺术的桥梁,创造出前所未有的绚丽多彩、奇妙无比的景象。

课外延伸阅读

1.中国传统数学的萌芽

作为四大文明古国之一的中国,具有悠久的历史、灿烂的文化。距今约5000年前,在黄河流域和长江流域开始出现部落组织进而形成国家和朝代,此后又历经多次演变和朝代更迭。其中,科学技术的基础——数学在中国诞生了。传说中的伏羲、神农、大禹都是与农业有关的,直到清末之前,中国仍旧是一个农业国。以实用为主、为实际服务的理念,在中国传统数学中体现得淋漓尽致。因此,中国传统数学在创造灿烂的中华文明中起到了不可估量的作用,其理性探索的对象重在具体问题。

《周易·系辞下》中有"上古结绳而治,后世圣人易之以书契",说明结绳与书契(刻木或刻竹)是早期的记数方法(见图1-10)。这个"上古"是什么时候,还难以回答。但可以肯定地说,中国最迟在新石器时代已经使用结绳记事,稍后便出现书契。

从人类早期的战争开始,数学就无所不在。不论是发射弩箭还是挖掘地道攻城,数学定律就像冥冥之中的命运之神一样在起作用。

图1-10 结绳记事

中国古代将文字主要写在竹子、丝帛、纸张等上面,而这些书写材料比较容易腐烂,难以保存。中国早期出土的与数学有关的实物主要是龟甲。殷商甲骨文中已有较完整的数目系统和记数方法(见图1-11),并具有十进制的萌芽。

中国早期的典籍中含有许多数学知识。例如,《周易》是中国现存最早的典籍之一,含有初步的排列组合思想和二进制思想。《孙子兵法》中包含了许多以少胜多、以弱敌强等运筹思想。在《管子》《墨子》《商君书》《考工记》中记载有算术四则运算问题。萌芽于殷商的筹算法,在春秋战国时期也得到了广泛的应用。它采用十进位值制记数,记数明确,运算方便,为中国在计算方面的长足发展提供了条件。中国传统数学正是围绕与实际生活问题相关的计算及

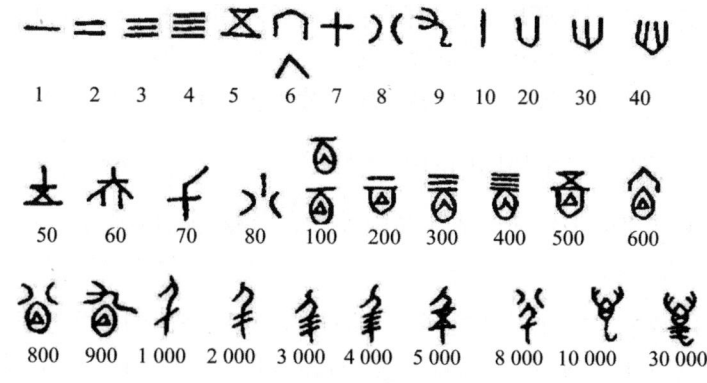

图 1-11 甲骨文上的数字

天文历法的计算而展开的。

西汉(公元前 202—公元 8 年)以前的中国数学:夏代就有"勾三股四弦五";商代已经使用完整的十进制记数;公元前 5 世纪出现了中国古代的计算工具——算筹,从春秋末期直到元末,算筹一直作为主要的计算工具。春秋战国时期,开始出现严格的十进制筹算记数(筹算是中国古代的计算方法之一,以刻有数字的竹筹记数、运算)。公元 400 年左右的《孙子算经》一书中记载了这种记数方法:"凡算之法,先识其位,一纵十横,百立千僵,千十相望,万百相当。"中国传统数学的最大特点是建立在筹算基础之上。秦朝已经有了完整的"九九乘法口诀表"。为避免涂改,唐代后期又创用了一种商业大写数字,又称会计体:壹、贰、叁、肆、伍、陆、柒、捌、玖、拾、佰、仟、万。

据文献证实,中国传统数学体系在秦汉时期形成。

《周髀算经》(周髀是周朝测量日光影长的标杆),这是一部天文学著作,但涉及许多数学知识,包括复杂的分数乘除运算、勾股定理等。

《九章算术》是中国传统数学中最重要的著作之一,它是由历代多人修订、增补而成的。全书共 9 卷,称为"九章",主要内容如下:

第一卷　方田:田亩面积的计算和分数的计算,是世界上最早对分数进行的系统叙述;

第二卷　粟米:粮食交易、计算商品单价等比例问题;

第三卷　衰分:依等级分配物资或摊派税收的比例分配问题;

第四卷　少广:开平方和开立方法;

第五卷　商功:土方体积、粮仓容积及劳力计算;

第六卷　均输:平均赋税和服役等更复杂的比例分配问题;

第七卷　盈不足:用双假设法解线性方程问题;

第八卷　方程:线性方程组解法和正负数;

第九卷　勾股:直角三角形解法。

《九章算术》完整地叙述了当时已有的数学成就,标志着以筹算为基础的中国传统数学体系的形成,奠定了中国传统数学的基本框架,对其进一步发展影响深远。

三国时期,赵爽撰《周髀算经注》,作"勾股圆方图",用"弦图"证明了勾股定理,成为中国数学史上最先完成勾股定理证明的数学家。

魏晋时期,数学家刘徽撰《九章算术注》,提出"析理以辞,解体用图",他对《九章算术》的方法、公式和定理进行解释和推导,系统地阐述了中国传统数学的理论体系和数学原理,且多有创造。刘徽提出的"割圆术"所用到的极限思想和对圆周率 π 的估算值是他所处时代的辉煌成就,他的数学贡献使之成为中国传统数学最具代表性的人物之一。

南朝祖冲之和祖暅的数学研究成果《缀术》记载了他们取得的圆周率的计算和球体体积推导的两大数学成就。祖冲之给出的圆周率 π 的近似值约率 $\frac{22}{7}$ 和密率 $\frac{355}{113}$ 被认为是数学史上的奇迹。圆周率方面的研究工作使其成为在国外最有影响力的中国古代数学家。

2.宋元时期数学的发展

中国传统数学的成就在宋元时期达到顶峰,涌现出许多杰出的数学家和先进的计算技术。北宋的贾宪创造了开方作法的"贾宪三角"。沈括的著作《梦溪笔谈》中记载了他对数学的贡献,包括"会圆术"(解决由弦求弧的问题)和"隙积术"(开创了研究高阶等差级数的先河)。南宋的杨辉在1261年的数学专著《详解九章算法》中的主要贡献包括"垛积术"和"杨辉三角";元代数学家朱世杰在1299年和1303年分别完成两部代表作《算学启蒙》和《四元玉鉴》(见图1-12),是中国宋元时期数学高峰的标志之一,主要贡献有"四元术"(列解多元高次方程的解法,未知数堆垛可达四个)和"招差术"(四次内插公式)。金元时期的李冶在著作《测圆海镜》(见图1-13)中首次论述了解一元高次方程法的"天元术"。南宋的秦九韶(见图1-14)于1247年完成数学名著《数书九章》(见图1-15),其中的两项贡献尤为突出:一是发展了一次同余方程组解法,创造了现称"中国剩余定理"的"大衍总数术";二是总结了高次方程的数值解法,提出了现称"秦九韶法"的"正负开方术"。这两项贡献使得宋代算书在中世纪世界数学史上占有突出地位。金元时期,李冶著《测圆海镜》《益古演段》,在人类历史上首次提出设未知数(天元术)列方程,后者还详细讨论了与直角三角形内切圆有关的许多问题。

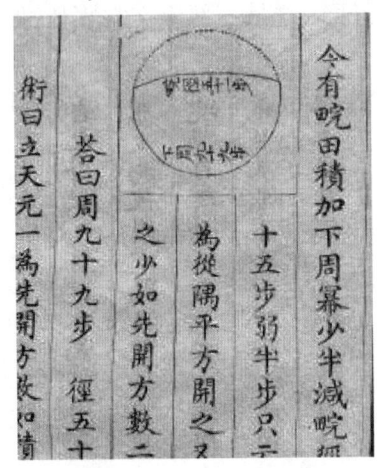

图1-12 《四元玉鉴》

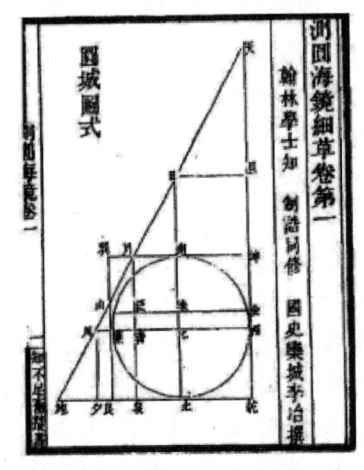

图1-13 《测圆海镜》

李冶、秦九韶、杨辉和朱世杰是宋元四大数学家。历史渊源和独特的发展道路,决定了中国传统数学的重要特点:追求实用、注重算法、寓理于算。尤其是以计算为中心、具有程序性和机械性的算法化模式的特点。

13—14世纪,元代朱世杰集宋元数学之大成,详细地论述了高阶等差数列求和及多元高次方程等问题,把中国传统数学向纵深推进。自元代朱世杰之后至清代中叶,以程大位《算法统宗》为代表的商业数学得到普及,西方初等数学开始传入,但中国传统数学仍在继续发展。

清代康熙皇帝重视数学,以梅文鼎为代表的数学家取得了不少成果,都汇集于《梅氏历算丛书》中;年希尧著世界上第一部系统的画法几何书——《视学》;李善兰在数学文集《则古昔斋算学》中,首创幂函数的定积分公式,给出了自然数幂和公式等重要命题。

图 1-14　秦九韶　　　　　　　　　　图 1-15　《数书九章》

3.中国传统数学的特色

中国传统数学作为东方数学的代表,以实用性和构造性为主要特点。古希腊数学以探索宇宙的本源为目的;中国传统数学则以解决实际问题为己任,通过理论与实践的结合,奠定了正确反映现实世界的理论基础,从而体现了另一种迥然不同的风格。

鲜明的社会性是中国传统数学最基本的特色。首先,它表现为实用性。这种实用性直接促成了中华农业文明的形成与发展。中国传统数学著作的内容,几乎都与当时社会生活的实际需要有着密切的联系,不仅编纂的体例多以问题集的形式出现,而且所涉及的内容也都反映了当时社会的政治、经济、军事、文化、天文、历法等方面的实际情况和需要。其次,数学的教育与研究在中国始终都趋同于主流价值观的走向,突出社会服务的功能。最后,数学的思想深受历史上各种社会思潮、哲学流派以至宗教神学的影响。

形数结合、以算为主的中国传统数学的实用性,决定了它以解决实际问题和提高计算技术为主要目标。算筹(后来是算盘)和十进位制的发明又为这一目标的实现提供了条件。"算术"的意义也体现了以计算为中心的特色。

中国的算筹不用运算符号,无须保留运算过程,只是通过筹式的逐步变换而最终获得问题的解答。因此,中国古代数学著作中的"术",深具程序化和算法化特色,只要用现代程序语言表示,就可在计算机上运行,如方程术、开方术、盈不足术、大衍求一术等。

在几何上,中国重在长度、面积和体积的度量,不注重几何图形性质与位置关系的研究。几何对象的度量化,使中国传统数学以算为主的特色得以充分体现。

第二章　数学与哲学

【思政目标】
1.体会数学的理性与严谨,激发学生对数学知识的热爱。
2.养成实事求是的科学态度。
3.认识量变与质变、运动与静止等辩证唯物主义观点,形成正确的数学观。

由于数学理论本质上反映的是现实世界的客观规律,而现实世界是辩证统一的,所以数学的观点、方法与结论必然体现为辩证性。辩证唯物主义讲联系、讲统一,而数学的一个重要研究手段是建立对应关系(联系),通过对应关系去发现共性(本质)。在数学中,动与静、变与恒、加与减、乘与除、实与虚、正与负、直与曲、凹与凸、微分与积分、指数与对数、偶然与必然、精确与模糊、有理与无理、有限与无限、连续与间断、秩序与混沌、收敛与发散……处处体现出辩证性!

2.1 "万物皆数"的产生与破灭

2.1.1 "万物皆数"观点的提出

古代哲学家们有着永不满足的好奇心和勇气。他们摒除故弄玄虚、神秘主义和对自然运动的杂乱无章的认识,取而代之的是数学知识的应用。

古希腊哲学家泰勒斯(Thales)有一个学生,他叫毕达哥拉斯。毕达哥拉斯是希腊的一位伟人、欧洲最早的数学家,也是最早的唯心主义哲学家,他还是音乐家和天文学家,一生充满了传奇。

公元前 580 年,毕达哥拉斯出生于希腊萨摩斯岛(与泰勒斯家乡米利都经济、文化地位并重的一个岛屿），其父是一个金匠。毕达哥拉斯很早接受过叙利亚学者的熏陶，接触到东方的宗教和文化。青年时，他曾来到米利都拜访了泰勒斯等人并向他们学习。公元前550年，30岁的毕达哥拉斯因宣传理性神学、穿东方人的服装等而引起萨摩斯人的反感，被迫于公元前535年离家前往埃及，途中了解了埃及的神话、历史和宗教，研究几何，宣传希腊哲学。在49岁时，他在意大利半岛南部的克罗顿开班授课。

毕达哥拉斯学派将大部分时间都用在数学的研究上，并提出"数是物质的本原"，即"数之源"说。

毕达哥拉斯学派认为，数是先于自然界中一切事物的东西，数是万物形成的基本元素。

其实对于我们来说，数字是抽象概念，而事物是实际存在的。我们已经得到了一种数字的抽象。但是，早期的毕达哥拉斯学派并未做到。他们沉醉于数学知识带给他们的快慰，产生了一种幻觉：数是万物的本原，即"万物皆数"。除此之外，毕达哥拉斯学派还发现了勾股定理、图形数以及无理数，而且还留下两大至今未解决的数论难题——完美数问题和亲和数问题。

毕达哥拉斯被他的门徒们奉为圣贤。凡是该学派的发明、创见，一律归功于毕达哥拉斯。这个学派传授知识、研究数学，还很重视音乐。"数"与"和谐"，是他们的主要哲学思想。

图2-1　毕达哥拉斯

毕达哥拉斯认为，数是万物的本原。数产生万物，数的规律统治万物。他认为：1是最神圣的数字。1生2，2生诸数。数生点，点生线，线生面，面生体，体生万物。

有趣的是，正是毕达哥拉斯自己的发现，导致了"万物皆数"观点的破灭。毕达哥拉斯证明了勾股定理，但同时发现"某些直角三角形的三边比不能用整数来表示"。不过毕达哥拉斯却选择隐瞒实情，装作不知道。由于相信万物都是整数或者整数之比，那么两条几何线段长度之间的比值，其结果也必然是整数之比。这也意味着存在第三条线段，能同时量尽事先给定的两条线段。这种性质被毕达哥拉斯学派称为"可通约"。基于对整数的信条，他们认为任何两条线段都是可通约的。直到"不可通约量"的发现，终于引起了该学派巨大的信仰危机。这一"离经叛道"的结果，却是由毕达哥拉斯的学生希帕索斯（Hippasus）得出的。希帕索斯考虑一个边长为1的等腰直角三角形，根据勾股定理，其斜边长应该是"2的平方根"。如果毕达哥拉斯学派的断言是正确的，那么直边和斜边应该是可通约的，因此存在一个有理数（即整数之比），恰好等于"根号2"。希帕索斯很快就证明，这是一个矛盾的结论。他兴高采烈地将自己的非凡发现告诉老师毕达哥拉斯。在经过仔细检查之后，毕达哥拉斯进入了两难的境地：要么承认希帕索斯颠覆性的结论，从而推翻他的数学与哲学的信条；要么违背理性的原则，坚决反对这一发现。左右为难之下，毕达哥拉斯将其视为学派的秘密，下令禁止传播这一结论。可是事情的发展还是超乎毕达哥拉斯的预料，希帕索斯最终将这一发现泄露出去，从而激怒了毕达哥拉斯。毕达哥拉斯随后下令处死他的学生，希帕索斯最终为此付出了生命的代价，由此引发了第一次数学危机。

200年后，欧多克索斯（Eudoxus）建立起一套完整的比例论，巧妙地避开了无理数这一"逻辑上的丑闻"，并保留住与之相关的一些结论，缓解了数学危机。但欧多克索斯的解决方式，是借助几何方法，通过避免直接出现无理数而实现的。危机并没有解决，只是被巧妙地避开。直到19世纪下半叶实数理论建立后，无理数本质被彻底搞清，其在数学中合法地位的确立，才真正彻底、圆满地解决了第一次数学危机。这一危机的克服使数真正具有了表达一切量的能力。

提出"万物皆数"的观点，是一个错误。因为数是概念，不是物，是物的数量特征在人的头脑中反映为数，不是客观存在的数转化为物。毕达哥拉斯把事情弄颠倒了，但这个错误的观点背后是一个人类认识上的大进步——认识到数量关系在宇宙中的重要性。

而"万物皆数"观点的破灭，同样是一个错误。其错误在于，人们认为数不足以表达万事万物；错误又是由一个大的进步引起的，即发现了无理数。人们发现了无理数，又不敢承认它是数，这就是第一次数学危机。

2.1.2 中国古代文化中的"万物皆数"

与毕达哥拉斯学派类似，古代中国人也偏重自然数的运用，尤其是头十个。
有诗为证：

> 无极生太极，太极生两仪。
> 两仪生三才，三才生四象。
> 四象生五行，五行生六合。
> 六合生七星，七星生八卦。
> 八卦生九宫，一切归十方。

同时，古代中国人将数字赋予特殊的含义。以九为例，起初认为奇数为阳，偶数为阴。奇数象征天和阳性事物，偶数象征地和阴性事物。还是以九为例，起初认为是龙形图腾文化的文字，继而演绎为"神圣""吉祥"之意。由于九是个位数字中最大的一个，常表示最多、无数的意思，如九重天（形容天非常高）、九盘（形容弯曲的道路）、九牛一毛、九死一生、九九归一等。

我们应从历史发展的角度来看待问题。"万物皆数"观点的出现，就好比世界各地相继独立发现勾股定理一样，是一种普遍的现象，是社会发展到一定阶段的必然产物。人们的数学观念最初都是从直接经验出发的，逐步抽象、演绎，在这个过程中，人们一方面感受数的普适性，另一方面又不能摆脱数和形的现实原型的束缚，于是就出现了把数和形实体化，可见"万物皆数"的观点有其进步性和合理性，对其历史地位应予以肯定。

"万物皆数"的影响十分深远，甚至被某些学者认为是近代科学数学化的思想源头。譬如伽利略就坚信自然界这本"大书"是用数学语言写的，自然界按照完美而不变的数学规律活动着，很多物理概念和规律必须从数学原理上加以说明，并不存在什么玄妙的质。

今天，情形已大不同了，现在很难找出一个与数学无关的人类知识领域了。如果我们扬弃"万物皆数"观点中的唯心主义成分，把它理解为万物都与数有关的一种观点，也许未尝不可。

一切实在物皆有形，形可以用数描述。运动与变化伴随着能量的交换与转化，能量可以用数来表示。人的知识本质上是信息，信息可以用数来记取。万物有质的不同，但质又可以用数来刻画。人们对世界的认识越深入，对数的重要性也越有深刻体会。

辩证法认为一切事物都包含着矛盾，即"一分为二"。为什么是"一分为二"而不是"一分为三"呢？

1.一分为二（二分法）

中国古代哲学博大精深，其辩证思想影响深远。春秋时期的老子就是个二分法的高手，他一分为二地看待世间万物,所著《道德经》处处闪烁着辩证法的光芒。

宋代理学家朱熹更是将二分法推至极致,他认为一切事物都是由对立物组成的,进而提出对立的双方是由"一"化分出来的,太极生两仪,两仪生四象,四象生八卦,"一分为二,节节如此,以至无穷,皆是一生两尔"。

在数学中提到二分法,最先让人想到的可能是二分法求根。先判定其有解,然后每次取半,逐步逼近,终得正果。

如图 2-2 所示的二叉树充分体现了二分法的思想,从一条线段的一个端点再作两条线段,新作线段的长度和原来的线段成比例,并且和原来的线段成一定角度。继续在两条新作的线段的另两个端点处分别又各作两条线段,如此继续,使线段的数目成倍增长。不久,即成树形,且上与下相对。如果是从上往下一分为二呢?请看英国科学家高尔顿(F. Galton)设计的经典概率实验(见图 2-3)。从上端放入一个小球,任其自由落下,在下落过程中当小球碰到钉子时,从左边落下与从右边落下的机会相等,碰到下一排钉子时又是如此,最后落入底板中的某一格子。问题求解与杨辉三角有关,而杨辉三角与二分法也有莫大的关系。

图 2-2 二叉树

图 2-3 经典概率实验

2.一分为三

事物是矛盾的,需要辩证地看待;生活中这样,数学也是如此。譬如:有和无,大和小,直和曲,分解和组合,整体和局部,抽象和具体,变量和常量,运动和静止,偶然和必然,有穷和无穷等。

数学中求方程近似根的方法有很多,但二分法无疑是最经典的方法之一。归根结底,二分法求根的理论依据是零点存在定理。正负之间的过渡,必然存在零点。

又好比一个圆将平面分成有限的内部和无限的外部;圆内一点要想跑到圆外去,就必须得穿越圆周,这看似是显然的事实,却被数学家反复研究,称之为约当定理。

矛盾的双方是一个统一体,二者之间的转化常常需要第三者;而这第三者的表现形式多种多样,有时比较明确,有时模糊不清,而有时却只能通过矛盾双方之间的关系本身才得以体现,具有忽隐忽现、不易为常人所发现的特性。譬如前面的"零点""圆周";又如计算机程序中将两个变量的值互换,常常就需要引入第三个变量。

事物的划分并非总是非此即彼,往往由于中间的过渡性而导致了不确定性,这种亦此亦彼的模糊性就导致了模糊数学的产生。

世界也并不是非黑即白,将太极图变一变,从阴阳两仪到三足鼎立(见图2-4),这样一分为三也别有一番味道。

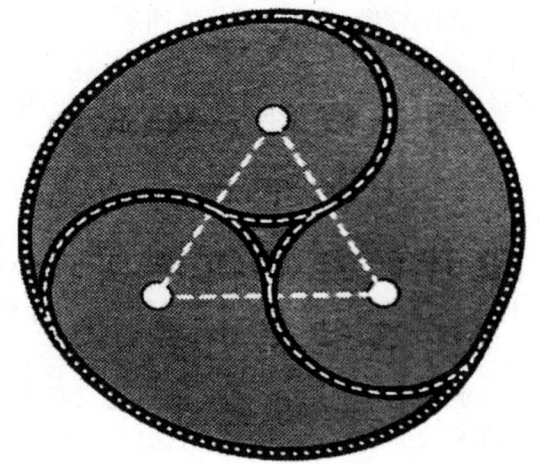

图 2-4 一分为三

2.2 中国古代数学与哲学的关系

东方的哲学家也认为大道至简,道、理、心等都是明证。中国的哲学家通过建立一个多层的体系,并最终实现对哲学问题回答的核心提炼,这一向是带有"中国特色"的价值取向。哲学和各门具体科学是互动的,某一科学的兴盛和定型都会对哲学产生影响,其成果、方法或舆论形象渗透到哲学之中,并引导哲学的思考方式和目标。数学是一个贯穿在哲学日历中、对哲学深有影响的学科。

中国古代传统数学源于生活,注重实际应用,由此形成算法具有程序性、算理蕴含于算法等特点,这些都与当时中国古代哲学思潮的影响有很大的关系。中国古代自然观的基本思想是:整个宇宙是一个有机系统,由此主张天人合一、天人相应,强调探究天道与人道、自然和人的关系,这样便形成了以"气"说明宇宙万物的基本构成,以"阴阳"说明物质内部的对立统一,以"五行"表示万物的分类属性,它们构成了一种相互作用、相互依赖、相互制约的模拟系统。

2.2.1 "类"的思想

墨家作为诸子百家之一,是中国古代的一个哲学学派,其学说在中国古代社会产生了重要的影响,尤其是对中国古代数学。墨家学说的哲学代表著作《墨经》曾提出了关于"类"的观点,从名、辞、说的基本结构出发建立了一套逻辑规则。所谓"名",当"名"与"实"相对应时,意思是名称或语词;当"名"与"辞""说"相对应时,含有类似词句的意义。荀子认为,"辞"是联结不同的"名"来表达完整的意义的语句,"说"就是辩说。《墨经》首先指出"名"的类,它把概念分为三大类,《经上》说:"名、达、类、私","达"是最大范畴的名,"类"指某一类事物的"名","私"指个别的具体事物的"名",这说明《墨经》非常清楚地把概念区分为种属关系;然后以"类"为基础而"推",意思是从已知到未知的思维过程。

但是,中国古代哲学中的"推类"不等同于西方传统逻辑的类比推理。类比推理是单向性,从个别到个别、从特殊到特殊,依据的只是事实、同类,而"推类"具有多维和多向的含义,是一种事物现象按照另一种事物来理解的综合思维过程,既有非理性的比附、同构,又有理性的因果分析、演绎论证,在数学方面表现为算理蕴含于算法中,而没有数学证明。《九章算术》等著作中的"术"反映了当时数学受到墨家逻辑的影响或接受了墨家逻辑的观点与方法,形成了中国古代初步的逻辑思路——"推以合类"。

魏晋南北朝时期的哲学主要围绕着有无、名教与自然、言意和形神等问题展开,形成了所谓的魏晋玄学,其中方法论的特点是采用思辨方法,以本末体用为基本范畴进行理论上的论证。

魏晋玄学对当时中国数学家产生了重要的影响,他们继承和发展了以《九章算术》为代表的中国古代数学传统,表现为:后来的数学家不断地对《九章算术》进行注释和论证,进一步发展了"推类"思想。这种思想集中地反映在赵爽的《周髀算经注》,刘徽的《九章算术注》和《海岛算经》,夏侯阳的《夏侯阳算经》,张丘建的《张丘建算经》,甄鸾的《五曹算经》和《五经算术》,祖冲之和祖暅的《缀术》。

赵爽的《周髀算经注》被认为是中国古代对数学定理和公式最早的证明;刘徽的《九章算术注》,不仅对原书的方法、公式和定理进行一般的解释和推导,而且在论述过程中多有创新,特别是他所撰写的《海岛算经》,应用"重差术"解决有关测量的问题。为了便于说明,下面以刘徽为例。

刘徽的《九章算术注》奠定了中国古代传统数学自身逻辑思路的基本框架,也就是以"名""辞""理""类"为基本的数学推理成分,以"推""类"为主导推理范式,不仅对"名""辞""理"有深刻的论述与应用,而且对"推"与"类"更有直接而深入的分析与应用。

刘徽使用了大量的"推"字,这与墨家逻辑相一致。例如,关于圆周率,他认为圆周率的用途非常广泛。因此,他严格按图来证明、推算出更加精密的圆周率,生怕后人怀疑他所设置的新的圆周率有问题。

刘徽运用"类"的思想,其含义是种类(类别)、分类、类推、相同、有同、类同等。刘徽将墨家逻辑中"类"的思想运用到关于事物的认识,认为"类"首先是事物之间的异同关系的概括,但主要指"类别"、"类同"或"不类"。

刘徽在"方以类聚,物以群分"的数学分类指导下,对数学概念进行分类。例如,刘徽把数分为整数与分数,进而按照不同的分类单位又对分数进行分类。又如,刘徽把数分为正数和负数两类。再如,刘徽把图形分为直线形和曲线形两类,把全等的圆形看成一类,把不全等的圆形看成另一类。

总之,以刘徽为代表的逻辑思想和墨家的逻辑思想有直接的联系,吸收魏晋思辨,在许多方面超过了墨家,可以说刘徽的数学思想是在继承墨家的逻辑思想的基础上有新的发展,创建了中国古代传统数学理论体系。

宋元时期,中国古代哲学发展进入了一个综合的时期,是儒、释、道相融合的理学时期。此时的中国古代哲学发展有两个明显的特点:一是以儒为主,吸收释、道思想理论而形成其思想体系;二是理学和经学紧密结合,通过注释、解说、议论、引用经书的形式表现。其中,辩证逻辑又有了进一步的比较大的发展,代表人物主要有沈括、张载、周敦颐等。

受中国古代哲学的影响,特别是辩证逻辑思想的影响,中国古代传统数学不仅在数学思想与数学理论上有重大的突破,而且在数学方法和数学思维上也有重要创新,表现为:在继承中国古代传统数学的"推""类"思维模式的基础上,开始向更具有演绎性的程序思维模式转型。其中,秦九韶是当时最杰出的代表之一。

秦九韶对"类"概念有着广泛的使用。秦九韶在《数书九章》中较多地使用了"类"概念,其基本含义有三种:一是"类别""类型";二是"分类""归类";三是"类推"或以"类"为"推"。这成为他进行数学演绎与归纳的最基本的思维形式。其中的原因主要有:一是深受前辈及其数学经典(尤其是刘徽及其所著的《九章算术注》)的影响;二是深受中国古代逻辑中"类"与"推"的传统哲学、文化影响。

秦九韶对"推"进行了广泛的应用。《数书九章》中多次使用"推",其基本含义是"推导""推出",同时也蕴含着墨家关于"推"的逻辑思想,即由"所然"进到"未然"的过程。

秦九韶实现了"推""类"方法的程序化。秦九韶的《数书九章》中的"序",明确指出了他关于他的数学体系建构的深刻思考,对其数学论证方法与技术的使用进行了详尽考察和缜密选择,其宗旨是"归类"、"推"与"类"。同时,秦九韶认为,数学是"六艺"之一,历来为学者、官员所重视,为求认识世界的规律而生数学;而数学有广泛用途,大则可以用于认识自然、理解人生,小则可以经营事务、分类万物。

2.2.2　数学与哲学思维

数学一向被认为是透彻性、可靠性与有效性的化身。这使数学在人类学术中占有特殊地位。数学自明的概念、抽象的推理、确定的结论,赢得了哲学最持久的仰慕。哲学能作为真理存在,就必须达到数学真理的层次。这种自觉意识几乎主宰了西方哲学的主流形态。宏大而复杂的哲学主题,加上不由人不信服的逻辑,构成一个论断系统,对它来说,所断言的都是真理,同时一切可能的真理也无不蕴含其中。

喜欢哲学的人都是喜欢思考的人,因为他要对思考的事情或问题尽快给出结果或结论,所以他会逐渐喜欢哲学。而通常的思考方式就是线式思维。

线式思维是复杂的,内涵丰富。但无论是逻辑思维还是形象思维、辩证思维、批判式思维、否定之否定思维等,均可用数学方程式解读。这也与马克思主义哲学相符合。马克思在创立了辩证唯物主义之后,就写了《数学手稿》,以证明辩证唯物主义的正确性。

线式思维的重要特征,一是有起点、有终点、有过程组织的;二是它由时间、地点(即空间)和条件所建立。

因此,线式思维有以下几种形式:

(1)直线式思维,即随着时间转移而发展。

我们令 X 代表时间,其中 x_1 为起始时间,x_2 为终止时间(需要注意的是,时间永不能为0)。令 Y 代表地点,其中 y_1 为起始地点,y_2 为终止地点。Z 为条件,其中 z_1 为起始条件,z_2 为终止条件(以下均以此表示)。

为此,直线式思维数学式应为

$F(xyz) = a(x_2 - x_1) + b(y_2 - y_1) + c(z_2 - z_1)$,其中 a,b,c 为常数。

令 Y,Z 为 0,就是随时间移动的点式思维。

令 Y,Z 其中一项为 0,就是平面形线式思维。

令 Y,Z 都不为 0。

(2)是直线式思维常用表达式。

曲线思维法是一种以退为进、打破前进定势而主动退却的思维。中西方人的思维轨迹是不同的,中国人的思维轨迹是圆形的、曲线的,西方人的思维轨迹是直线的。中国文化是圆形文化、曲线文化。圆形的宇宙哲学意识深深地扎根在中国人的心中。北朝民歌中的"敕勒川,阴山下,天似穹庐,笼盖四野"就是这种文化的体现。《周易》的太极图是圆形的;阴阳的互相转化始终走不出圆形的桎梏。

充满活性的曲线思维又称意象思维,是一种四维时空观。其"既非具象,亦非抽象;既非白,又非黑;既非主观思维又非客观思维,舍其两端而取其中道"。这种永远居于相对两端的中道,几近绝对真理,就像一幅永远轮转的太极八卦图。而最接近自然的曲线思维法便是中庸心法。"自上古圣神,继天立极,而道统之传有自来矣",孔子的"中庸之道",汉武帝的"罢黜百家,独尊儒术",便成为中华民族的心源。"道不远人。人之为道而远人,不可以为道","道可道,非常道;名可名,非常名",这种通过历代人口传心授的方式,"道"得以传承。

神奇精妙的曲线思维法能够迅速开启我们的文化基因,恢复四维思维的头脑,焕发原本鲜活的生命。如果我们用曲线思维法考虑问题,凡事取其中道,那么许多看似对立的事物,其实都会有其和谐共生的一面。

(3)特殊曲线式思维

若曲线式思维表现为以下三种形式(三角函数式思维形式),我们称之为特殊曲线式思维。

①$F(x,y,z) = \sin(x,y,z)$。

②$F(x,y,z) = \cos(x,y,z)$。

③$F(x,y,z) = \tan(x,y,z)$。

其中,①与②曲线式思维基本相同,但起点与终点不同。若 x,y,z 变量都存在,其曲线式思维表现为螺旋式思维;若 x,y,z 有一项为 0,其曲线式思维则表现为波浪式思维。

对于③,它说明当时间在某个时间点时,曲线式思维发展相当于直线式思维,当超过这个时间点时,曲线式思维将会高速发展,趋向于无穷大。

2.3　有限与无限

传说古代印度有一位老人,临终前留下遗嘱,要把 19 头牛分给三个儿子。老大分总数的 1/2;老二分总数的 1/4;老三分总数的 1/5。按印度的教规,牛被视为神灵,不能宰杀,只能整头分。先人的遗嘱更需无条件服从。老人死后,三兄弟为分牛一事而绞尽脑汁,无计可施后将此事诉诸官府。官府昏庸,遇到此等难事,自是一筹莫展。你能给他们提供一个合理的分配方案吗?

一天,一位智者路过三兄弟家门,见他们这般情况思索片刻说:"这好办。我有一头牛借给你们,这样总共就有 20 头牛。老大分 1/2 可得 10 头;老二分 1/4 可得 5 头;老三分 1/5 可得 4 头。三人共分去 19 头牛,剩下的一头牛再还给我。"没用到什么高深的数学知识,如此轻松分牛,真是绝妙。

然而,不久有人质疑这种分法似乎有点不对劲,按照遗嘱,老大应得到 $19 \times 1/2 = 9.5$ 头啊,最后他怎么竟得了 10 头牛呢?对此,你怎么看呢?

19 头牛按遗嘱分配,的确老大、老二、老三应该分得

老大:19/2(头)。

老二:19/4(头)。

老三:19/5(头)。

但是,这样分配后,还剩下

$$19 - \left(\frac{19}{2} + \frac{19}{4} + \frac{19}{5}\right) = 19\left[1 - \left(\frac{1}{2} + \frac{1}{4} + \frac{1}{5}\right)\right] = \frac{19}{20}(\text{头})。$$

按遗嘱,对这剩下的牛再次分,自然还要分配给这三个儿子。于是,三个儿子再次分得

老大:$\frac{1}{2} \times \frac{19}{20}(\text{头})$。

老二:$\frac{1}{4} \times \frac{19}{20}(\text{头})$。

老三:$\frac{1}{5} \times \frac{19}{20}(\text{头})$。

可是,这样再次分配后,依然还剩下:

$$\frac{19}{20} - \left(\frac{1}{2} \times \frac{19}{20} + \frac{1}{4} \times \frac{19}{20} + \frac{1}{5} \times \frac{19}{20}\right) = \frac{19}{20}\left[1 - \left(\frac{1}{2} + \frac{1}{4} + \frac{1}{5}\right)\right] = \frac{19}{20^2}(\text{头})。$$

自然,还要对这剩下的 $\frac{19}{20^2}$ 头牛再分配

老大:$\frac{1}{2} \times \frac{19}{20^2}(\text{头})$。

老二:$\frac{1}{4} \times \frac{19}{20^2}(\text{头})$。

老三:$\frac{1}{5} \times \frac{19}{20^2}(\text{头})$。

依然还剩下

$$\frac{19}{20^2} - \left(\frac{1}{2} \times \frac{19}{20^2} + \frac{1}{4} \times \frac{19}{20^2} + \frac{1}{5} \times \frac{19}{20^2}\right) = \frac{19}{20^2}\left[1 - \left(\frac{1}{2} + \frac{1}{4} + \frac{1}{5}\right)\right] = \frac{19}{20^3}(\text{头})。$$

如此继续,这个过程可以无限地延续下去。

很显然,在这个无限分配的过程中,老大分配得到的牛的头数应该是:

$$S_1 = \frac{19}{2} + \frac{1}{2} \times \frac{19}{20} + \frac{1}{2} \times \frac{19}{20^2} + \frac{1}{2} \times \frac{19}{20^3} + \cdots$$

同理,老二、老三分配得到的牛的头数分别是:

$$S_2 = \frac{19}{4} + \frac{1}{4} \times \frac{19}{20} + \frac{1}{4} \times \frac{19}{20^2} + \frac{1}{4} \times \frac{19}{20^3} + \cdots$$

$$S_3 = \frac{19}{5} + \frac{1}{5} \times \frac{19}{20} + \frac{1}{5} \times \frac{19}{20^2} + \frac{1}{5} \times \frac{19}{20^3} + \cdots$$

用前面无限转化为有限再求极限的方法,可得:

$$S_1 = \lim_{n \to \infty} \frac{19}{2}\left(1 + \frac{1}{20} + \frac{1}{20^2} + \frac{1}{20^3} + \frac{1}{20^{n-1}}\right)$$

$$= \lim_{n \to \infty} \frac{19}{2}\left(\frac{1 - \dfrac{1}{20^n}}{1 - \dfrac{1}{20}}\right) = \frac{19}{2}\left(\frac{1 - \lim\limits_{n \to \infty}\dfrac{1}{20^n}}{\dfrac{19}{20}}\right)$$

$$= \frac{19}{2} \times \frac{20}{19}(1 - 0) = 10(\text{头})。$$

即 $S_1 = 10$,同理,$S_2 = 5$,$S_3 = 4$。至此,终于人们用数学的方法证明并支持了这位智者的分牛结论是正确的!

其实,如果从三个分数 1/2,1/4,1/5 所成的比例来看,会更容易解决。因为 $\frac{1}{2} : \frac{1}{4} : \frac{1}{5} = 10 : 5 : 4$,且 $10 + 5 + 4 = 19$,所以

老大分得:$19 \times \frac{10}{19} = 10(\text{头})$。

老二分得:$19 \times \frac{5}{19} = 5(\text{头})$。

老三分得:$19 \times \frac{4}{19} = 4(\text{头})$。

上述这个问题的解决表明,有限和无限既有本质的区别,又有着密切的联系。

20 世纪伟大的德国数学家外尔(H.Weyl)曾说过:"数学是无穷的科学。"这句话蕴含数学的研究领域之深远,范围之广阔。初等数学研究有限,高等数学则主要研究无限,这是因为微积分是近代科学和数学的开端,而微积分则是无穷小演算的现代名称,无穷在近代数学中的作用非凡。19 世纪末,德国数学家康托尔(G. Cantor)把无穷大引入数学,20 世纪几乎所有新的数学分支都由此产生。事实上,早在 2500 年前无理数的发现就已经显示了无穷的威力以及由无穷带来的无穷的麻烦。从那时起,无穷在数学中已经是必不可少的要素了。从数学诞生伊始,人们就不可避免地与无限打交道。人们认为自然数、整数和有理数的个数都是无限的。随着数学发展到变量数学,例如:极限、导数与定积分这些微积分学的基本概念,属于无限的范畴。对无限问题的深入研究,产生了集合论,奠定了数学大厦的基础,也正是无限将数学一步步引入深入。

在对待数学无限的思想中,自古希腊以来,一直存在着两种观念:潜无限思想与实无限思想两大哲学流派。

所谓潜无限思想,是指把"无限"看成是永远在延伸着,不断在创造着,永远完成不了的潜在变程或进程。所谓实无限,是指把无限的整体本身作为一个现成的单位,是已经构造完成的"东西",即把无限对象看成为可以自我完成的过程或无穷整体的思想。

数学中对于无限的使用和认识的历史实际上是基于两种无限观在数学中合理性的历史。

亚里士多德(Aristotle)是第一个明确承认潜无限而反对实无限的代表人物,而柏拉图(Plato)则是第一个明确承认实无限而反对潜无限的学者。

亚里士多德认为,无限只能是一种潜在的存在,而不能是一种实在的存在。他说:"因为分割的过程将永远不会终结;这个事实保证了这种活动存在的潜在性,但并不能保证无限独立地存在。""空间和时间是可以无限地划分的,但并没有被无限地划分开来。"他不承认实无限的概念,并声称"直线不是由点组成的""直线上的点组成的集合是没有意义的"。直到黑暗的中世纪结束为止,数学上潜无限思想都是占优势的。在这一漫长的过程中,古希腊的欧多克索斯和阿基米德(Archimedes)的"穷竭法",战国时期的《庄子·杂篇·天下》中最脍炙人口的"一尺之捶,日取其半,万世不竭"说,魏晋数学家刘徽创立的"割圆术",南北朝时期祖冲之和祖暅的《缀术》中关于圆周率的计算,凡此种种使古代潜无限思想达到高峰。

实无限与潜无限几乎是同时产生的。在《庄子·杂篇·天下》中有"至大无外,谓之大一;至小无内,谓之小一"之说。这里,"至大无外"和"至小无内"的含义是:最大的东西是包括一切、不可穷尽、了无边际、没有别的东西可以在它的外面。而最小的东西,是可以进入没有缝隙的处所、不可分割、没有别的东西可以在它的里面。所谓"大一",就是实无限大;所谓"小一",就是实无限小。

从古至今 2000 余年来,坚持潜无限思想的学者和坚持实无限思想的学者争论不休,并且广泛涉及哲学、逻辑、计算机科学理论和数学等众多领域。

可行有效的方法,其基本思想都利用了实无限小。17 世纪后半叶产生的微积分是以实无限小为基础的,所以当时的微积分又称为"无穷小分析"。以实无限为基础的微积分改变了传统数学的面貌,成为这一时期的"人类精神的最高胜利"。但是好景不长,由于无限小作为一个数学概念,在逻辑上存在缺点,导致了第二次数学危机。

在无限大方面,1638 年,伽利略又发现了"部分等于全体"的悖论。1831 年,"数学王子"高斯(G. F. Gauss)明确地宣布"我反对把无穷当作现实的实体来用,在数学中这是永远不能允许的,无穷只不过是一种说话的方式 ……"高斯的权威地位,使他的意见成了当时对实无限的终审。牛顿时代受到重用的实无限,高斯时代又把它抛弃了。

1817 年,奥地利数学家波尔查诺(B. Bolzano)的著作《关于方程在每两个给出的相反结果的值之间,至少有一个实根的定理的纯粹解析证明》问世,其中用到对闭区间无限二分的方法,标志着潜无限正式进入数学殿堂。而潜无限完全取代实无限的工作则是由法国数学家柯西完成的,柯西通过潜无限所建立的微积分理论彻底推翻了实无限 300 年之久的统治。从 18 世纪末到 19 世纪约 100 年的时间内,主要是数学的潜无限时期。

事实上,潜无限是对一个个具体的有限的否定,实无限作为完成了的整体又是对潜无限的否定。所以无限的发展总是遵循"有限 — 潜无限 — 实无限"这样一个否定之否定的规律发展的,所以无限本身就是矛盾。

实无限与潜无限是既对立又统一的关系,它们既相互依存又相互转化。任何潜无限的过程,都必须有一个与之相应的实无限为依托;反之,任何实无限都是潜无限的无限过程中的一个阶段或一个环节,否认潜无限,实无限也就不复存在。实际上,既不存在没有潜无限的实无限,也不存在没有实无限的潜无限,数学上的每一种无限过程,每一个与无限有关的概念,本质上都是两种无限对同一对象不同侧面的反映。

我国数学家郑毓信提出了"双相无限性原则",他说:"数学中的任何无限性对象都是潜无限与实无限的对立统一体,片面地强调任何一种无限观都是错误的。"

2.4　对立与统一

2.4.1　抽象与具体

哲学对具体的东西做抽象的研究。

数学对抽象的东西做具体的研究。

哲学研究世界上一切事物共同的普遍的规律。研究人如何认识世界,研究概念的意义,这些被研究的东西是具体的,一般人都可以想象和把握。

数学研究的东西使人难以想象,高维空间、非欧几何、超限数,达到高度抽象。如果不是内行,则很难理解。但哲学命题却使人难以把握其确切含义。比如,哲学家常常说"存在",什么叫"存在"? 使用"存在" 这个概念要服从什么法则? 谁也没有清楚地阐述过。哲学家常常说"事物",什么叫"事物"? 如何运用"事物" 这个概念? 也没有界说。哲学家的有些命题,只可意会,不可言传。比如"世界是物质的",这是一个十分重要的哲学命题。从常识出发,人人能理解,而且它与科学的发现始终是一致的。但如果从字眼上追究,究竟什么叫"物质"? 如何证明世界是物质的? 根据这个命题如何指出具体的实验方法? 都是不可能的。无论科学得出什么新发现,也不可能否定这个基本命题。它给人以启示,给人以指导,但人们又抓不住它的具体内容。

数学研究的对象虽然抽象,但却可以做具体的研究,而且只能做具体研究。数学中的许多概念,可以言传而不可意会。用符号、语言,一步一步可以讲得很严格、很具体,至于它究竟是什么,由于抽象的次数太多了,头脑中已难以想象。但推理、论证,却绝不含糊。

西方现代哲学热心于把概念精确化,这似乎是受了数学的影响,但是,哲学的本性是不精确的,因为哲学的对象是科学的未知领域。如果哲学像数学那么精确严格,哲学也就成了数学的一部分,不再是哲学了。

2.4.2　变化中的不变

数学特别关心变化中不变的东西。

在平移运动下,与平移方向一致的直线是不变的。在旋转运动下,转动中心是不变的。变化中不变的东西,往往是最重要的东西,刻画了变化的特性的东西。

运动可以改变图形的位置,但图形上线段的长度是不变的。这长度就是两点间的距离。保持两点间距离不变是运动的特点。

放大镜下,图形变了样,两点间距离变大了。摄影,又使图形变小。这时两点间距离虽然变了,但是直线之间的角度没变。图形按比例放大与缩小,叫作相似变换。保持直线仍为直线,并且直线间的角度不变,是相似变换的特点。

阳光从窗口射到地板上,窗玻璃上画的三角形在地板上留下了影子,三角形的三边的长度变了,三个角也变了,但直线的影子仍是直线,线段中点的影子仍是线段影子的中点,三角形的中位线变成影子三角形的中位线,平行线的影子仍是平行线。几何图形的这种变换,叫作仿射变换。它的特点是平行直线经过仿射变换后仍是平行直线。

广场上的两根柱子是平行的,在灯光照射下,柱子的影子仍是直的,但不再平行了。这种保持直线为直线,但不保证平行直线仍然平行的变换叫作射影变换。

各种几何变换之下都有不变的东西。把图形画在橡皮薄膜上,把薄膜折叠、揉搓、拉伸、压缩,图形的性质会发生剧烈的变化。直可以变曲,短可以变长,三角形可以变成四边形,但只要不撕破橡皮薄膜,不把橡皮薄膜上两个地方粘在一起,图形总有些性质是保持不变的。例如,一个圈子总是一个圈子,这种变换属于拓扑变换。拓扑学已成为现代数学的一个极重要的分支。拓扑学里有一条有名的定理叫作不动点定理。它的最简单的例子是球面到自身的连续映射一定有不动点。按照这个定理,可以得到一个有趣的结论:地球上时时刻刻有不刮风的地方。对不动点定理的研究,已成了现代数学的一个重要课题。

任何科学都关心某种变化中不变的东西。生物学关心遗传因子,化学关心元素,物理学关心基本粒子,哲学家关心普遍的规律。

宇宙中的一切都在运动与变化。但我们相信变化与运动遵循的基本规律是不变的。我们日常感到的规律,如冬去春来,日出日落,总有一天是要变的,但在这变的背后,仍有不变的东西在支配着,这应当是科学与哲学的基本信念。

2.4.3　量变与质变

量变引起质变,在数学中到处可以找到例子。

平面与圆锥面相截,截口的几何特性随平面与圆锥轴线的交角而变化。交角是直角时,截口是圆的,稍变一点,圆成了椭圆,再变,到一个关键之点,椭圆变成了抛物线,过了这一点,又变成双曲线了。

实系数二次方程有一个判别式。判别式是正的、负的或 0,分别使方程有相异实根、复根,或相同实根。无穷级数的种种收敛判别法大都依赖某个参数,参数到了一定界限,级数就发散。

一个十分活跃的研究领域 —— 分支理论,研究的正是决定性过程中参变量的变化在哪些关键点导致质变和如何产生质变。

辩证法有三条基本规律:对立统一规律;质量互变规律;否定之否定规律。如果要问,为什么会有这三条规律? 哲学家会如何解答呢? 在这三条规律背后,有没有更基本的原理呢? 也许,这能够从数学角度加以说明。

一个事物的性质最终可以用一串数来描述,它可以看成是一个有穷维或无穷维的以时间为自变量的向量值函数。事物的变化,无非是向量的各个分量的变化 —— 增加与减少。因为数的变化只能如此。增加与减少,正是对立与统一的两个方面。

函数有连续点与不连续点。一般说来,自然界的一切都可以用解析函数描述。解析函数除个别点外是连续的。当事物的变化与联系不能保持函数的连续性时,也就是到达间断点时,人们就说事物发生了质的变化。

函数的变化有两种基本形式:单调增减与周期变化。两种基本形式的组合是螺旋运动。螺旋运动的每一个环节,都可以看成是一个否定之否定的过程。

哲学要研究的是关于自然、社会和思维普遍规律的科学。这种普遍规律只有与具体内容脱离之后才能成为普遍适用的规律。只有数学的抽象，才能完成描述这一普遍规律的任务。

2.4.4　从偶然产生必然

数学家和哲学家、物理学家似乎有点不同。哲学家和物理学家，总是喜欢对客观世界的本质做出假设、猜测和断言，而数学家却不愿拍板。数学家们总是小心翼翼，说些此类的话："如果事情是这样的，那将会如何如何；如果是那样的，又会如何如何。"

如果一切都是偶然地发生，又会怎样呢？为了回答这个问题，数学家提供了概率论和数理统计的方法。按照这个方法研究那些偶然性占统治地位的系统 —— 随机系统，得到了许多这样的结论：某些现象将必然发生。

在人们看来，掷一枚钱币，出正面还是出反面是偶然的。当然，决定论者不同意这个说法。他们认为，出正面还是出反面，是由一些确定的因素决定的 —— 钱币的初始位置，掷出的方向与速度，空气阻力 …… 这自然也对。出正面还是出反面总得有个原因。但即使绝对均匀的钱币，初始位置准确地垂直于地面，落到水平、光滑、弹性均匀的地板上，它总不会立在那里，总要出正面或出反面。这表明，确定钱币出正面还是出反面的问题，即使有足够精确的测量手段和完全严格正确的力学理论，仍不能确定。把它看成偶然现象并非无知。即使有无比丰富的知识，也无法确定！如果钱币是均匀的，我们找不出任何理由断言它该出正面还是出反面。出正反面的概率各占一半。如果只掷两次，可能有四种结果：

（正，正），（正，反），（反，正），（反，反）

可见两次相同的概率为 $1/2$，正面与反面各占一半的概率也是 $1/2$。

如果掷 1 000 次呢？每次都相同的概率只有 $1/2^{999}$。实际上我们绝对观察不到这种现象。而正与反大体上各占一半的事是几乎一定会发生的。

统计物理学家正是用这种办法论证了气体在容器中密度均匀分布的必然性。两个相互连通而对外封闭的房间，如果里面只有两个空气分子，那么这两个分子跑到同一个房间的概率是 $1/2$，这是容易发生的事。而当分子数目增加到通常空气里那么多分子的数目时，所有分子都跑到一个房间里去的事可以说不会发生了，而两个房间里空气分子大体一样的情况几乎是必然的。必然产生于偶然。

概率论提供了一个有趣的定理，不妨叫作"赌徒输光定理"，意思是说，在"公平"的赌博中，谁输谁赢是偶然的，任一个拥有有限赌本的赌徒，只要长期赌下去，必然有一天会输光。这个结论与社会现象惊人地相似。因赌博倾家荡产的事时有闻知，而致富的却绝不存在，除非是骗子或开赌场的，这也不是本来意义上的赌徒了。

我们不必过问每一个个别情形的出现是由什么具体因素确定的，尽管这种具体因素应当存在。例如，生男孩儿还是生女孩儿，必有一定的原因。我们只要从宏观上按统计规律推理，照样能够得到一些必然性的规律。

用这种观点看生物的进化，看历史的发展，看社会的趋势，都可以得出同样的道理：即使个别现象纯属偶然，甚至假定没有什么原因，总体上仍有确定的规律。

微观上的偶然性集中起来，冲抵了种种相互矛盾的因素之后，呈现出宏观上的必然性。

2.4.5　从必然产生偶然

自然界的许多现象,很明显是由严格的因果关系所支配的。例如:天体的运行,人类很早就掌握了四季变化、月亮盈亏的规律,甚至能精确地预报日食、月食和彗星的出现。正是由于这些知识的积累,使决定论的观点得以形成和占领哲学上的一席之地。

那么,如果假定一个系统,它是由决定性的因果规律完全主宰的,结果又会如何呢?

自第二次世界大战以来,人们通过对决定性系统的深入研究,发现了意想不到的事实:严格地遵从决定性规律的系统,在一定条件下,也会呈现出随机过程所具有的特征。

描述决定性系统的数学,是所谓动力系统,或者叫作微分动力系统。它始于 20 世纪初叶庞加莱(Poincaré)对天体运行的多体问题的研究。比如,太阳、月亮和地球,三者的相互位置在各种初始条件下将会按什么规律变化,就是多体问题中一个最基本的特例。在力学上,它可以抽象为质点组的动力系统,其运动规律可以用微分方程描述,微分动力系统由此而得名。

数学家对决定性的系统,给出了一个比微分方程更简单的描述,这就是迭代。如果某个系统服从决定性的因果关系,那么,它明天的状态 Y 与今天的状态 x 之间就有一个确定性的联系。在数学上,这叫作 Y 是 x 的函数:

$$Y = F(x) \qquad\qquad (式 2\text{-}1)$$

当然,我们也不一定用一天两天为计时单位,也可以设为一小时,或一分钟、一秒钟之后的系统的状态,这在本质上没什么不同。

关系式(式 2-1)既可表示今天和明天的状态之间的联系,也可以表示昨天和今天、明天和后天的状态之间的联系。如果 Z 是后天的系统状态,根据(式 2-1)便有

$$Z = F(Y) = F\big[F(x) \big] \qquad\qquad (式 2\text{-}2)$$

一般说来,n 天之后的状态可以用函数 F 的 n 次迭代表示:

$$X_n = F^n(x) \qquad\qquad (式 2\text{-}3)$$

$$\begin{cases} F^n(x) = F\big[F^{n-1}(x) \big] \\ F^0(x) = X \end{cases} (n = 1,2,3\cdots) \qquad\qquad (式 2\text{-}4)$$

迭代运算是完全确定的。在计算机上做迭代特别适宜:一个固定了的计算程序;给一个初始值;计算出的结果又当成初始值。反复多少次,完全不用人操心。因此,自从有了计算机,决定性系统的迭代模型引起了数学家的广泛兴趣。

对迭代的研究有了一系列有趣的发现,其中一个重要发现是:完全确定的迭代过程,会呈现出由偶然性占统治地位的随机系统的特征。

例如,按照某种简化了的数学模型,一类无世代交叠的昆虫的第 n 代虫口指数 x_n,满足下列方程

$$x_{n+1} = 1 - \mu x_n^2 \qquad\qquad (式 2\text{-}5)$$

对迭代性质的研究可以归结到对二次函数的迭代的研究。此处 μ 是与生态环境有关的参数。

$$f_\mu(x) = 1 - \mu x^2 \qquad\qquad (式 2\text{-}6)$$

二次函数的图像,不过是简单的抛物线,但迭代起来可不得了。每迭代一次,指数加一倍,函数性状越来越复杂。一旦参数 $\mu > 1.5$,x_n 随 n 而起伏变化的规律惊人的复杂。对大多数初

始值 x_0, x_n 恰似掷硬币出正反面那样随机地取正值或负值,看不出是一个决定性过程了。有人用计算机做试验,把区间 $[-1, +1]$ 分成等长的 100 段,计算 x_k 落在哪些段次数多,哪些段次数少。结果发现:对多数初始值 x_0, 当 n 很大时, $x_k(k = 0, 1, 2, \cdots, n)$ 落在各个小段里的机会几乎均等。

由迭代而产生的这种貌似随机而实为确定的现象被称为混沌现象。它不仅是数学家关心的领域,同时也是物理学家、生物学家、化学家等许多学科专家们的乐园。

概率论与数理统计表明,空间上微观的随机性导出了宏观的决定性。微分动力系统的研究又揭示出,时间上微观的决定性呈现为宏观的随机性。气体分子一个一个地在随机地活动于空间的局部,而整体上却遵从明显的规律,如波义耳定律。

数学的严格论证帮助哲学家在一定程度上说明:决定的必然性与随机的偶然性,不仅是对立的,而且是统一的。这不是来自主观的判断,而是来自严格的推理,因而也许会使人信服。

2.5　三大学派

早在哥德尔(Gödel)两个不完全性定理出来之前,从 1900 年至 1930 年,围绕着数学基础之争,形成了数学史上著名的三大数学学派:逻辑主义学派、直觉主义学派和形式主义学派。

1. 逻辑主义学派

逻辑主义学派的代表人物是德国的数理逻辑学家弗雷格(Frege)和英国数学家、哲学家罗素(Russel)。

逻辑主义学派认为数学的可靠基础应是逻辑,提出"将数学逻辑化"的研究思路,即:

(1)从少量的逻辑概念出发,去定义全部(或大部分)数学概念;

(2)从少量的逻辑法则出发,去演绎全部(或主要的)数学理论。

总体来说,逻辑主义学派在数学基础问题上的根本主张就是确信数学可以划归为逻辑,只要先建立严格的逻辑理论,然后以此为基础去得到全部(至少是主要的)数学理论。

弗雷格最早明确提出了逻辑主义的宗旨,并为实现它做出了重大的贡献。他的《算术基础》一书的第二卷即将付梓之时,罗素的集合论悖论出现,弗雷格基础研究工作的意义从根本上被否定了。弗雷格陷入了极大的困惑,并最终放弃了他所倡导的逻辑主义的立场。

在 19 世纪末罗素逐渐形成了逻辑主义观点,意识到数理逻辑对数学基础研究的重要性。在 20 世纪初,罗素和弗雷格一样,相信数学的基本定理能由逻辑推出。罗素试图得到"一种完美的数学,它是无可置疑的"。他希望比弗雷格走得更远,罗素在 1912 年出版的著作《哲学问题》中明确阐释了他的思想:逻辑原理和数学知识的实体是独立于任何精神而存在并且为精神所感知的,这种知识是客观的、永恒的。

逻辑主义学派的愿望没有实现,最重要的原因在于它将数学与现实的关系脱离开来。人们批评逻辑主义学派的观点:将全部数学视为纯形式的,逻辑演绎科学,它怎么能广泛用于现实世界?罗素也承认了这一点,他说:"我像人们需要宗教信仰一样渴望确定性,我想在数学中比在任何其他地方更能找到确定性。"在经过 20 多年的艰苦工作后,他一直在寻找的数学光辉的确定性在令人困惑的迷宫中丧失了。

尽管逻辑主义学派招致了众多的批评,但他们仍有不可磨灭的功绩。一方面,逻辑主义学派成功地将古典数学纳入了一个统一的公理系统,成为公理化方法在近代发展中的一个重要起点;另一方面,他们以完全符号的形式实现了逻辑的彻底公理化,大大推进了数理逻辑这门学科的发展。

数学的基础不能完全归结为逻辑,但逻辑作为数学基础却始终占据着数学哲学最主要的位置,逻辑思维是整个数学科学各分支之间的联结纽带。

2. 直觉主义学派

直觉主义学派诞生于逻辑主义学派形成时。逻辑主义学派试图依赖精巧的逻辑来巩固数学的基础,而直觉主义学派却偏离,甚至放弃逻辑,两大学派目标一致,但背道而驰。

直觉主义学派的代表人物是荷兰数学家布劳威尔,他在1907年的博士论文《论数学基础》中搭建了直觉主义学派的框架。他提出了一个著名的口号:"存在即是被构造。"

直觉主义学派认为数学的出发点不是集合,而是自然数。数学独立于逻辑,数学的基础是一种能使人认识"直觉单位"1以及自然数列的原始直觉,坚持数学对象的"构造性"定义。他们的基本立场包括:

(1)对于无穷集合,只承认可构造的无穷集合。例如,自然数列。

(2)否定传统逻辑的普遍有效性,重建直觉主义学派的逻辑规则。例如,他们对排中律的限制很严,而排中律仅适用于有限集合,对于无限集合则不能使用。

(3)批判古典数学,排斥非构造性数学。例如,他们不承认使用反证法的存在性证明,因为他们认为,要证明任何数学对象的存在性,必须证明它可以在有限步骤之内被构造出来。

直觉主义学派试图将数学建立在他们所描述的结构的基础之上,但他们将古典数学弄得支离破碎,一些证明十分笨拙,对数学添加了诸多限制。他们严格限制使用"排中律"使古典数学中大批受数学家珍视的东西成为牺牲品。德国数学家希尔伯特曾强烈批评直觉主义学派:"禁止数学家使用排中原则,就像禁止天文学家使用望远镜和拳击手使用拳头一样。否定用排中律所得到的存在性定理就相当于全部放弃了数学的科学性。"与现代数学的浩瀚大海相比,那点可怜的残余算什么。直觉主义学派所得到的是一些不完整的没有联系的孤立的结论,他们想使数学瓦解变形。直觉主义学派重建数学基础的愿望虽然最终也失败了,但是,直觉主义学派所提倡的构造性数学已经成为数学中的一个重要群体,并与计算机科学密切相关。直觉思维是数学思维的重要内容之一,这种直觉思维是非逻辑的,不是靠推理和演绎获得的。直觉主义学派正确指出,数学上的重要进展不是通过完善逻辑形式而是通过变革其基本理论得到的,逻辑依赖于数学而非数学依赖于逻辑。

3.形式主义学派

形式主义学派的代表人物是德国数学家希尔伯特,他在批判直觉主义学派的同时,提出了思考已久的解决数学基础问题的方案——希尔伯特纲领(也称形式主义纲领)。

在希尔伯特看来,数学思维对象是符号本身,符号就是本质。公理也只是一行行符号,无所谓真假,只要证明该公理系统是相容的,那么该公理系统就获得承认。形式主义学派的目的就是将数学彻底形式化为一个系统。

形式主义学派的观点有以下两个:

(1)数学是关于形式系统的科学,逻辑和数学中的基本概念和公理系统都是毫无意义的符号,不必把符号、公式或证明赋予意义或可能的解释,而只需将之视为纯粹的形式对象,研究它们的结构性质,并总能够在有限机械步骤内验证形式理论之内的一串公式是否是一个证明。

(2)数学的真理性等价于数学系统的相容性,相容性是对数学系统的唯一要求。

因此,在形式主义学派看来,数学本身是一堆形式演绎系统的集合,每个形式系统都包含自己的逻辑、概念、公理、定理及其推导法则。数学的任务就是发展出每一个由公理系统所规定的形式演绎系统,在每一个系统中,通过一系列程序来证明定理,只要这种推导过程不矛盾,便获得一种真理。但是这些推导过程是否就没有矛盾?形式主义学派确实证明了一些简单形式系统的无矛盾性,且他们相信可以证明算术和集合论的无矛盾性。

哥德尔不完全性定理引起震动后,关于数学基础之争渐趋平淡,数学家更关注于数理逻辑的具体研究,三大学派的研究成果都被纳入了数理逻辑的研究范畴而极大地推动了现代数理逻辑的形成和发展。《雅典学院》这幅壁画以纵深展开的高大建筑拱门为背景,大厅上汇集着不同时代、不同地域和不同学派的著名学者(见图 2-5)。

图 2-5　《雅典学院》

2.6　数学与哲学随想

亚里士多德的逻辑无疑是数学的基础,这些都推动欧几里得的"科学的数学"问世。

近代三位伟大的哲学家,同时也是大数学家,为科学革命准备了哲学与数学基础,他们是:笛卡儿(René Descartes),帕斯卡(Blaise Pascal),莱布尼茨(G. W. Leibniz)。

不过,理性主义必须与经验主义相结合才能产生近代科学的果实。数学与哲学从此分道扬镳。19 世纪末 20 世纪初,康托尔的集合论与数学基础的探讨再次诉诸哲学。当时的一代数学家都有哲学素养,甚至他们本人就是大哲学家。如罗素、怀特海(Alfred Whitehead)、希尔伯特(David Hilbert)、布劳威尔(Luitzen Brouwer)等。

2.6.1 人类的望远镜与显微镜——哲学与数学

数学的领域在扩大,哲学的地盘在缩小。哲学曾经把整个宇宙作为自己的研究对象。那时候,它是包罗万象的。数学却只不过是算术和几何。

在 17 世纪,自然科学的发展使哲学退出了一系列研究领域,哲学的中心问题从"世界是什么样的"变成"人是怎样认识世界的"。这个时候,数学扩大了自己的领域,它开始研究运动与变化。

今天,数学的研究对象是一切抽象结构——所有可能的关系与形式。数学向一切学科渗透。但西方现代哲学却把注意力限制于意义的分析,把问题缩小到"人能说出些什么"。

哲学应当是人类认识世界的先导,哲学关心的首先应当是科学的未知领域。

哲学家谈论原子在物理学家研究原子之前,哲学家谈论元素在化学家研究元素之前,哲学家谈论无限与连续性在数学家说明无限与连续性之前。

一旦科学真实地研究哲学家所谈论过的对象时,哲学便沉默了。它倾听科学的发现,准备提出新的问题。

哲学,在某种意义上是望远镜。当旅行者到达一个地方时,他不再用望远镜观察这个地方,而是用它观察前方。数学则相反,它是最容易进入成熟的科学,获得了足够丰富事实的科学,能够提出规律性的假设的科学。它好像是显微镜,只有把对象拿到手中,甚至切成薄片,经过处理,才能用显微镜观察它。

哲学的地盘在缩小,数学的领域在扩大,这是科学发展的结果,是人类智慧的胜利。

但是,宇宙的奥秘是无穷的。向前看,望远镜的视野不受任何限制。新的学科将不断涌现,而在它们出现之前,哲学有许多事可做。面对着浩渺的宇宙,面对着人类的种种困难问题,哲学已经放弃的和数学已经占领的,都不过是沧海一粟。

哲学在任何具体学科领域都无法与数学一争高下,但它可以从事任何具体学科所无法完成的工作,它为学科的诞生准备条件。

数学在任何具体学科领域都有可能出色地工作,但它离开具体学科之后却无法做出贡献。它必须利用具体学科为它创造的条件。

2.6.2 数学始终在影响着哲学

古代哲学家孜孜以求的是宇宙本体的奥秘。数学的对象曾被毕达哥拉斯当作宇宙的本质,曾被柏拉图当作理念世界的一部分。

近代哲学家热情地探索人的认识能力的界限和认识的规律,在数学的影响下产生了唯理论学派。他们认为数学思维的严密性是认识的最高目的。唯理论的两位大家——笛卡儿和莱布尼茨——正是卓越的数学家。另一位唯理论的著名代表人物斯宾诺莎(Spinoza),有一本写法奇特的代表作《伦理学》。这本书完全仿照几何学的体例,先提出定义、公理,然后用演绎法一个一个地对命题加以证明,并以"证毕"作为论证的结束。他确信哲学上的一切,包括伦理、道德,都可以用几何的方法——证明。

唯理论的哲学论敌是经验论。但经验论的代表人物霍布斯(Hobbes)也认为几何学的方法是取得理性认识的唯一科学方法。另一位经验论著名人物洛克(Locke),也认为数学知识才具有确实性与必然性,感觉的知识只具有或然性。

在西方有巨大影响的是康德哲学。康德哲学的出发点是解决这样一个基本问题:既然人的认识都来源于经验,为什么又能得到具有普遍性与必然性的科学知识特别是数学知识呢?于是他提出人具有先验的感性直观——时间与空间。可以说,对几何学的错误认识,导致了康德学说的诞生。

数学的成功使哲学家重视逻辑的研究与运用。古代有亚里士多德的《工具论》,现代有西方的逻辑实证主义。

现代数学把结构作为自己的研究对象。西方现代哲学的一个重要派别是结构主义。

数学讲究定义的准确与清晰,现代西方哲学则用很大力气分析语言、概念的含义。

为什么哲学家如此重视数学?

当哲学家要说明世界上的一切时,他看到,万物都具有一定的量,呈现出具体的形。数学的对象寓于万物之中。

当哲学家谈论怎样认识真理时,他不能不注意到,数学真理是那么清晰而无可怀疑,那样必然而普遍。

当哲学家谈论抽象的事物是否存在时,数学提供了最抽象而又最具体的东西,即数、形、关系、结构。它们有着似乎是不依赖于人的主观意志的性质。

当哲学家在争论中希望把概念弄得更清楚时,数学似乎提供了卓有成效的形式化的方法。

数学也受哲学的影响,但不明显。即使数学家本身也是哲学家,他的数学活动并不一定打上哲学观点的烙印,他的哲学观点往往被后人否定,而数学成果却与世长存。数学太具体、太明确了,所以错误的东西易于被发现、被清除。

在唯物主义哲学看来,数学家在从事数学研究中,通常是坚持唯物主义观点的。尽管可能是不自觉的,但有些杰出的数学家,却明显地表现出唯心主义观点。特别是数学柏拉图主义。如康托尔,他认为无穷集是客观独立存在的,但这很可能更激发了他的研究热情。

可不可以说,许多数学家,是自觉的唯心主义与不自觉的唯物主义的结合呢? 这是一个复杂的问题。但是,在现代数学的洪流之中,这个问题似乎已消失了。现代西方哲学认为唯物论与唯心论的对立是无意义的,这其实也是受数学的影响。数学有过一次经验:欧几里得几何与非欧几何,哪个真是无意义的?

如果真的是由于数学的影响,应当说数学这次对哲学的影响是消极的。数学对哲学的影响,哪些是积极的? 哪些是消极的? 这有待于哲学家研究。

2.6.3　数学与哲学的联系

哲学家德莫林斯(B. Demollins)曾说:"没有数学,我们无法看透哲学的深度;没有哲学,人们也无法看透数学的深度;而若没有两者,人们就什么也看不透。"这句话精妙地阐释了数学与哲学的关系。

哲学是系统化的世界观和方法论,而数学是一门具体科学。数学与哲学联系密切,相辅相成。

在科学技术不发达的古代,人们对世界的认识是肤浅的和笼统的,未能形成分门别类的具体科学,哲学同各种具体科学之间没有明确的分工和严格的界限,数学、天文学、力学等常常包括在哲学之中。许多哲学家本身就是数学家,如亚里士多德、笛卡儿、莱布尼茨、罗素等。牛顿的《自然哲学的数学原理》是经典力学的划时代著作,从中可见哲学和数学之间不仅联系密切,而且彼此相互促进,共同推动着科学的发展。

数学和哲学都具有高度的抽象性和严密的逻辑性。数学是研究事物的量及其关系的具体规律,哲学则是研究自然、社会和思维的普遍规律,可以说哲学与数学是共性与个性、普遍与特殊的关系。

一方面,哲学以数学等具体科学为基础,依赖于各具体科学为其提供大量丰富的具体知识与具体规律,只有在此基础上加工改造,才能抽象、概括出整个世界最一般的本质和最普遍的规律。所以,具体科学能够解释并验证哲学思想,其不断的发展也必定促进着哲学的完善。例如,函数项级数的出现和发展就解释并验证了人们对客观世界的一般认识规律:从有限多个数的加法到无限多个数的加法——数项级数,再到以幂级数和傅立叶级数为代表的函数项级数,就验证了人们从低级到高级、从特殊到一般的认识规律。再比如,马克思主义哲学的诞生,其最主要的自然科学依据是达尔文的自然选择定律、物理学中的能量转化和守恒定律及生物学中的细胞学说,而这些又都离不开数学的研究和分析方法。

另一方面,哲学必然为数学等具体科学的发展提供正确的世界观和方法论上的指导。一位数学家不懂得哲学和辩证法,那么他在数学上很难取得进展,这已经成为人们的共识。在高等数学中,时时处处蕴含着丰富的辩证法,蕴含着直与曲、常量与变量、确定与随机、有限与无限的转化。例如,求定积分的过程就蕴含着丰富的辩证法。以求曲边梯形的面积为例,在 $\lambda \to 0$(λ 是 n 个小矩形底边长度的最大值,用以刻画曲边梯形分割的精细程度)的条件下,多个小矩形的面积之和转化为曲边梯形的面积,直线转化为曲线,近似值转化为精确值,这个过程蕴藏了矛盾的对立统一和量变质变的规律,其中哲学思想在数学研究中的指导作用是显而易见的。

数学离认识论、形而上学、逻辑学、认知科学、语言哲学,以及自然和社会科学哲学这些哲学领域所关注的内容并不很远。而哲学离逻辑学、集合论、范畴论、可计算性,甚至分析和几何这些数学领域所关注的内容也不远。世界范围内的哲学系和数学系都讲授逻辑学。

无论是好是坏,当代哲学中使用的很多技术和工具都是为了数学——只为了数学——而发展和磨炼出来的。逻辑学通过有代数思维的数学家布尔、施罗德、波尔查诺、弗雷格和希尔伯特而成长为一个繁荣的领域。他们毫不含糊地聚焦于逻辑和数学基础。通过逻辑,我们拥有了模型论语义学,而通过后者,有了对模态和认识论话语的可能世界分析。形式逻辑的语义学和演绎系统已经成为当代哲学全部议题和思虑的通用语言,这样说一点都不夸张。在某种意义上,很多分析哲学都尝试把逻辑在数学语言上的成功推广到自然语言和一般认识论上,这或许属于理性主义的传统。

有多种理由把数学和哲学联系起来。第一,它们两个都属于为理解我们周围世界所做的最初的理智上的尝试,并且都或者诞生于古希腊或在那里经受了深刻的变革(这取决于什么被看作数学和什么被看作哲学)。第二,更为核心的是,数学是哲学家一个重要的研究案例。很多当代哲学议事日程上的议题在聚焦于数学时都具有相当简明的表达。这包括与认识论、本体论、语义学和逻辑学相关的问题。我们已经注意到在数学推理成为焦点时逻辑学所取得的成功。哲学家对指称问题感兴趣:一个词项代表或表示一个对象,这是怎么回事?我们如何能把一个名字与其命名的东西连接起来?数学语言为这些问题提供了一个焦点。哲学家还对规范性问题感兴趣:一个人 A 被迫做行为 B,这是怎么回事? 当我们说某人应该做某事,如应该捐助慈善事业时,我们是什么意思? 数学和数理逻辑至少提供了一种重要的,而且可能是简单的案例。逻辑比任何事情都规范。在什么意义上我们被要求在研究数学时要遵循正确推理的标准原则? 柏拉图建议他的学生们要从相对简单和直接的事例出发。也许数理逻辑的规范性正是这样的事例。

数学与哲学相联系的第三个理由存在于认识论知识的研究中。数学是极其重要的,因为它几乎在所有以理解物质世界为目标的科学努力中都扮演着核心的角色。例如,考虑一下几乎在任何自然和社会科学中都预设了数学知识。看一眼任何大学的简介,我们就会发现从科学到工程的整个教育项目都追随着柏拉图学院的路线,对数学有着相当的要求。

如果把哲学和数学加以对比,可以发现这两大系统的知识领域的确有它们的共性,当然也有极大的差异。先说共性,哲学与数学都具有如下的特点:

神秘莫测,不知所云;

概念抽象,难于理解;

提出问题,推动发展。

只要去读比较专门的哲学或数学著作,自然会感到难懂。在相当多的情形下,作者并不告诉你他的动机,概念是从哪里来的,它有什么用,甚至也不明确提出他的问题。这样,读者看到的就是从概念到概念,从命题到命题。但是,正是由于数学与哲学中一些好的概念、对象、问题,才成就它们是万学之学的地位,而且也促进自身以及其他学科的发展。

2.6.4　数学与哲学的区别

首先,数学与哲学的思维方式不同。数学是从量的角度去分析问题,而哲学是从质的角度去分析问题,它们之间具有对立统一的关系。当我们分析不同事物之间具有的数量关系时,只能采用数学上的各种方法;一旦我们遇到了不同质之间具有的相互关系时,就需要采用哲学的方法。

其次,数学与哲学研究问题的着眼点和采用的研究方法不同。数学注重单纯的数量关系,使用的分析工具是各种运算法则,包括数学定理、公式等,运算的结果仍然是数量的多少;哲学注重不同质之间的关系,使用的工具是大脑的抽象能力,即分析与综合的能力,哲学分析的结果是形成了一个新的概念,使认识得到深化。例如,对于数学悖论,数学与哲学所关心的问题及所采用的视角是不同的。

最后,数学思维与哲学思维之间既有同一性又有对立性。例如,在如何看待哥德巴赫(C. Goldbach)猜想问题上,数学家与哲学家都认为哥德巴赫猜想提出的"大偶数可以分解为两素数之和"这一断言是客观存在的,这体现了两者的同一性。但是,在涉及决定猜想成立的条件基础上,数学家与哲学家表现出了对立性。数学家认为,理论证明是决定这个猜想作为数学定理成立的前提条件;哲学家则认为实践、分解和验算的结果决定着这个猜想的成立与否,它同理论证明之间没有任何关系。由此,数学与哲学的对立统一关系可见一斑。

康德把哲学视为概念分析的活动,同时他对比了哲学与数学的差别:数学提供了一个没有经验的辅助而有幸自行扩展开来的纯粹理性的最光辉的例子,哲学知识是出自概念的理性知识,数学知识则是出自概念的构造的理性知识。但构造一个概念就意味着把与它相应的直观先天地展现出来。所以一个概念的构造要求一个非经验性直观,因而后者作为直观是一个个别客体;但作为一个概念(一个普遍的表象)的构造而仍然必须表达出对一切隶属于该概念之下的可能直观的普遍有效性。所以我构造一个三角形,是由于我把与这个概念相应的对象要么通过纯粹直观的单纯想象,要么也在纸上以经验性的直观描绘出来,但两次都是完全先天的描绘,并没有为此而从任何一个经验中借来范本。个别被画出的图形是经验性的,却仍然用于表达概念而无损于其普遍性。因为这个经验性的直观中被注意的永远只是构造这个概念的行动,对该概念来说,许多规定如大小、边和角都是无关紧要的,因为这些并不改变三角形概念的差异而都被抽象掉了。哲学知识只在普遍中考察特殊,而数学知识则在个别中考察普遍;但却仍然是先天的和借助于理性的。

——哲学较大程度上是主观知识;而数学则是客观知识。

——哲学围绕少数伟大哲学家的论题发展;数学则是积累的、不断进步的、逐步系统化的知识领域。

——哲学和数学各有其关联的范围:哲学的关联范围广,但强度弱;数学关联度强,它把许多领域转化为科学。

数学与哲学研究对象不同,研究方法也不同。两者虽有相似之处,但是,哲学不是数学的一部分,数学也不是哲学的一部分。有人说:"哲学从一门学科中退出,意味着这门学科的建立;而数学进入一门学科,就意味着这门学科的成熟。"

哲学研究的领域无疑比数学更大,因此它更有资格成为"万学之学"。然而,只有哲学知识跨越到科学知识的阶段,才能体现近代知识的飞跃,但是必须看到,任何知识包括科学知识的进步,哲学都扮演启动者的角色。

课外延伸阅读

1.抛物线中的人生哲理

捡一块小石头,对着蓝天用力地抛甩,小石头就会飞向天空,飞过田野,最后远远地落入一片静水中,然后激起浪花一朵,涟漪圈圈。此时,想象就如同不断放大的圈圈水波,渐行渐远……

小石头在空中飞出的那一条漂亮的弧线,数学上叫作抛物线,用方程式表达就是:$y = ax^2 + bx + c$。这里,x 是自变量,y 是因变量,y 的数值随 x 的变化而变化。a、b、c 三个字母是常数,不同的常数决定抛物线的不同大小、形状和高低。这些都是在初中数学里学到的基础知识。

这个抛物线方程解释了小石头抛向空中后是怎样飞行的,也可以解释炮弹是怎么击中碉堡的,导弹是怎么命中几千里之外的目标的。其实这个抛物线方程的奇妙之处在于,它的三个常数 a、b、c 还是人生的密码,它解释了人生一辈子的轨迹。

抛物线有起点、终点和最高点,人生有生死、有事业最辉煌的巅峰和制高点;决定抛物线形状的是三个常数 a、b、c,决定人生一辈子命运的是三大因素:个人努力(a 值)、人生机遇(b 值)和出生背景(c 值)。这是人生命运和抛物线之间的最大相似点。认真研究抛物线方程中的 a、b、c 三个常数,还可以解密许多影响人生的本质原因。先来解读一下 c 值。

一少年站在地面上竭尽全力地抛了一块小石头,感觉已经抛得很高很远。另一少年站在高高的屋顶上,他也抛了一块石头,结果,小石头飞得更高更远。

这屋顶与地面之间的高差,就是人生不同的起点,就是抛物线方程里的常数 c 值。

在人生的命运抛物线中,这个 c 值就是人的出生背景。

c 值可以是人的出生环境。

c 值可以是家庭的基础财富。

c 值可以是家庭的基础地位。

但是,继续研究抛物线方程可以发现,抛物线最高点出现的时间点与 a、b 值有关,与 c 值无关,这说明决定人生事业巅峰的时间点,与人生机遇(b 值)和个人努力(a 值)有关,与出生背景(c 值)无关。

综合以上分析,可以得到一个结论:人的出生背景可以决定命运的起点,左右人生的制高点,但不能决定人生巅峰出现的时间点。

这应该是命运抛物线之第一定理。我们再来研究一下 a、b 值。

小石头飞向空中的角度和速度,决定了抛物线的高度和远程。

这首先要普及一个基础知识。在描述小石头飞行的抛物线方程中,a 值实际上是一个负数,所以 a 的绝对值越小,a 值越大,就如 -1 比 -10 大一样。由此可以理解,a 值、b 值越大,y 的最大值(最高点)也越大。通俗地解读,就是个人越努力(a 值越大),机遇越好(b 值越大),则人生的事业成就越大。

同时,数学原理还说明,抛物线的高度与人生机遇(b 值)的平方相关,与个人努力(a 值)是一次相关,也就是说,机遇对人生事业的影响更大。

结论:个人努力+人生机遇+出生背景三大因素决定了人生事业的高度。同时,三者比较,努力在左右人生中占了更大的权重。也就是说人生努力很重要。

这应该是命运抛物线之第二定理。

继续研究抛物线上升段部分的曲线。

在小石头飞向天空的这一段,是抛物线的上升段。这一部分的曲线有一个有趣的现象,即 x 每增加一个单位,y 的增加量随着 x 基数的增加而减少,接近最高点时,y 的增加量几乎为零。这个原理在数学上叫作边际效应递减定律。

这应该是命运抛物线之第三定理。

再来研究抛物线下降部分的曲线。

小石头飞过最高点之后,这时因为小石头失去了上升的动力,便到了曲线的下降模式。此时,上升的动能为零,下降的势能越来越大,而促使下降势能加大的力量就是地球的万有引力,而且,不论石头的大小,下降的势能和速度是一样的,这一点,伽利略在比萨斜塔上做过实验,科学地证明了两个不同大小的钢球是同时落到地面的。

联想到人生也是如此。每个人职位或地位提升的方式各有不同,而退下来的理由基本一致,就是年龄大了,需要休息了。地球引力是小石头下落的外因,年纪太大是人生退出事业顶峰的内因。

结论:事业进步的动力各有各的不同,退出事业顶峰的理由却基本一致——年龄因素。这世界最公平的事就是:人人都会变老,都有退下岗位的一天。

这应该是命运抛物线之第四定理。观察抛物线的形状,还可以发现它深藏了一个寓意。

沿抛物线的最高点画一条垂直的直线,把抛物线分成左右两部分,可以发现它的左右两边高度对称,这个对称的图形很美。如果一个人也能走出这么一条漂亮的人生轨迹,堪称完美人生。

抛物线之所以如此对称且完美,是因为在它的轨迹中隐含着一个焦点,抛物线是一条围绕着焦点运动的曲线。所以抛物线还有一个很学术的定义是:平面内,到定点与定直线距离相等的轨迹叫作抛物线,其中的定点叫作抛物线的焦点,定直线叫作抛物线的准线。

完美的抛物线就是围绕着焦点和准线运动的曲线。

对人生来说,这个焦点就是初心,只有不忘初心,才能继续前进。只有不忘初心地前进,才能走出一条完美的人生之路。对人生来说,这条准线就是底线,是道德底线,也是法律底线。

忘记了初心,失守了底线,人生必定残缺,这是命运抛物线之第五定理。

"不忘初心,方得始终。"中国共产党人的初心和使命,就是为中国人民谋幸福,为中华民族谋复兴。中国共产党之所以能够带领中国人民从站起来到富起来,再到今天的强起来,是因为党始终坚持站在人民立场上,保持同人民群众的血肉联系,坚守为人民谋幸福,为民族谋复兴的初心使命,得到了广大人民的支持,有着深厚的群众基础。因此,中国共产党取得今天的成就是历史和人民的选择,所以我们要尊重历史规律,坚守初心使命,始终坚持中国共产党的领导,在党的领导下开展各项工作,当好人民公仆。

2.数学格言

人们在欣赏优美的数、式和数学图形时,将其与现实生活联系起来,引入人们的精神境界,产生丰富的联想和创造,反映出人们崇高的思想境界和要求,因而产生了风格独特、内涵深刻、语言新颖的数学格言。

数学格言是数学殿堂的一颗大放异彩的明珠。人们将数字语言、数、式和图形赋以新的内涵,使之充满了人生哲理和丰富的寓意美,进一步显示了人们的审美观已进入了更高的层次。

零和负数:在实数里,负数比零小;在生活里,没有思想比无知更糟。

零与任何数:任何数与零相加减,仍得任何数;光说不做,只能在原地停留。

小数点:丢掉了小数点,数值会变大;两个相反数,相加等于零;不拘小节,会犯大错误。

相反数:聪明不勤奋,将一事无成。

分数:人好比是一个分数。他的实际才能是分子,而他对自己的估价是分母,分母越大,则分数值越小。

(1)人生的痛苦在于追求错误的东西。所谓追求错误的东西,就是你在无限趋近于它的时候,才猛然发现,你和它是不连续的(见图2-6、图2-7)。

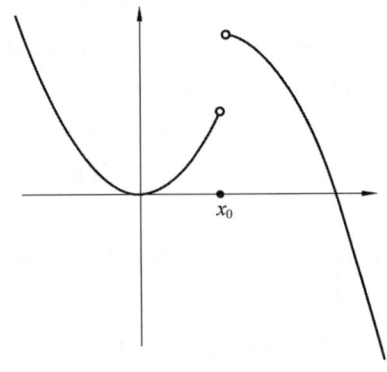

图 2-6　间断点图

图 2-7 反向图

（2）人和人就像数轴上的有理数点，彼此可以靠得很近很近，但你们之间却始终存在隔阂（见图 2-8）。

（3）人是不孤独的，正如数轴上有无限多个有理数点，在你的任意一个小邻域内都可以找到你的伙伴。但人又是寂寞的，正如把整个数轴的无理数点标记上以后，就一个人都见不到了。

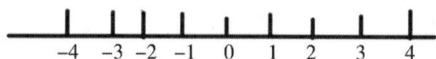

图 2-8 数轴图

（4）人生是一个级数，理想是你渴望收敛的那个值。不必太在意，因为我们要认识到有限的人生刻画不出无穷的级数，收敛也只是一个梦想罢了（见图 2-9）。不如脚踏实地，经营好每一天吧。

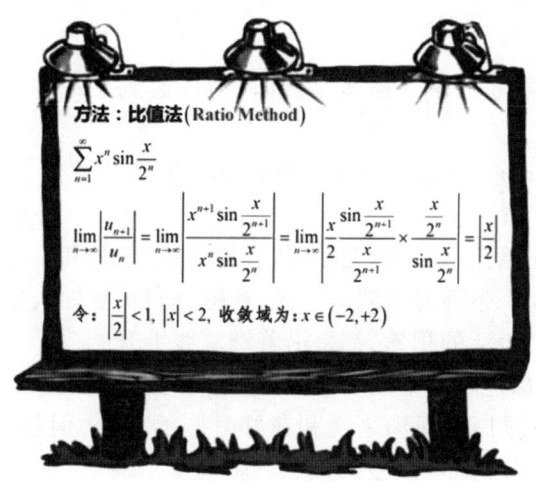

方法：比值法（Ratio Method）

$$\sum_{n=1}^{\infty} x^n \sin \frac{x}{2^n}$$

$$\lim_{n \to \infty} \left| \frac{u_{n+1}}{u_n} \right| = \lim_{n \to \infty} \left| \frac{x^{n+1} \sin \frac{x}{2^{n+1}}}{x^n \sin \frac{x}{2^n}} \right| = \lim_{n \to \infty} \left| \frac{x}{2} \frac{\sin \frac{x}{2^{n+1}}}{\frac{x}{2^{n+1}}} \times \frac{\frac{x}{2^n}}{\sin \frac{x}{2^n}} \right| = \left| \frac{x}{2} \right|$$

令：$\left| \frac{x}{2} \right| < 1$，$|x| < 2$，收敛域为：$x \in (-2, +2)$

图 2-9 收敛图

（5）有限覆盖定理告诉我们，如果一件事情是可以实现的，那么你只要投入有限的时间和精力就一定可以实现（见图 2-10）。至于那些在你能力范围之外的事情，就随它去吧。

图 2-10 有限覆盖图

（6）痛苦的回忆是可以缩小的，但不可能消亡。区间套最后套出的那一个点在整个区间上微不足道，但一定是存在的，而且刻骨铭心（见图2-11）。

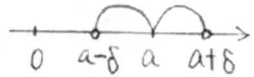

图2-11　领域图

（7）我们曾有多少的理想和承诺，在经历几次求导的考验之后就面目全非甚至荡然无存？有没有那么一个誓言叫作$f(x)=e^x$？（见图2-12）

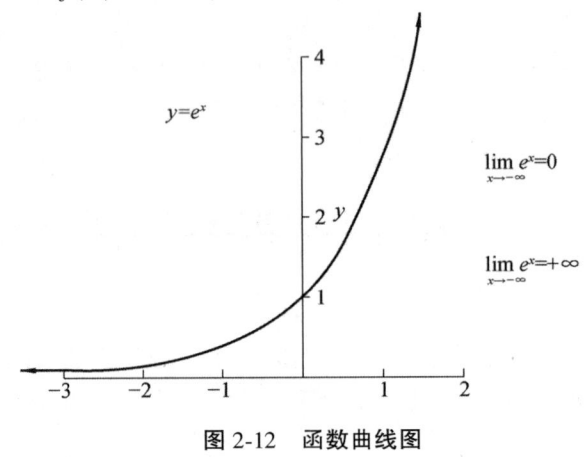

图2-12　函数曲线图

3.几何图形中的哲理

水平线：当一个人本能地追求一条水平线时，他体验到了一种内在感、一种合理性、一种理智。

垂直线：人要追随一条垂直线，是由于一种狂喜和激情的驱使，就必须中断他正常的观看方向，而举目望天。

直线：向两边延伸，无始无终，无边无际，代表着果断、刚劲和一往无前的毅力。

曲线：轻快流畅，犹如一条静静流淌的小溪；蜿蜒、曲折，犹如人生的轨迹。

螺旋线：知识的掌握，生活的积累，都是沿着螺旋线上升的。

圆形：从各个方向看都是同一个图形，有其完美的对称性，使人产生"完美无缺"的美感和向往。难怪有圆满、圆润、圆通、圆场之说和花好月圆的成语，但是"圆滑"一词，却为人们所不爱。

等腰三角形：有扎实、深厚的基础知识功底，才能构建起尖端的科技大厦。

倒三角形：头重脚轻根底浅，如大厦将倾。华而不实的浮夸者，亦有如是的立世后果。

4."点"的自述

我是一个"点"，

曾为自己的渺小而难堪，

对着庞大的宏观世界，

只有闭上失望的双眼。

经过一位数学教师的启发，

我有了新的发现：
两个"点"可以确定一条直线；
三个"点"能构成一个三角；
无数个"点"能构成圆的"金环"。
我也有自己的半径和圆心。
不信，从月球看地球，
也是宇宙间渺小的雀斑。
我欣喜，我狂欢！
谁没有自己的位置？
不！你的价值在闪光，
只是，你还没有发现。

第三章　数学与美术

【思政目标】

1.通过对黄金分割的研究,让学生进一步了解数学的美,激发学习兴趣。

2.通过学习数学与美术,让学生发现美,从而创造美。

3.培养学生勇于创新的精神。

一般地说,我更想把数学视为是艺术,而不是科学。因为我们可以说,数学家的活动,当他受外部的理性世界所引导,而不是被控制时,不断地进行创造性的活动,与一个艺术家、一个画家的活动相类似,有着实在的,不是虚幻的相似点。数学家这一方面的严密演绎推理可以比喻为画家那一方面的绘画技巧。恰如没有一定技巧的人不能成为一位好画家一样,没有一定的精密推理能力的人不能成为一位好的数学家。但是,这些尽管是他们的基本特质,还不足以使一个画家或数学家名副其实。画图技巧与推理能力,说实在的,终究不是最重要的因素。远为敏感的,为二者都是主要的一类特质是想象力,它才能造就一名杰出的艺术家或杰出的数学家。

——博歇

在数学与绘画之间似乎没有明显的相似之处,数学与形的概念可以上溯至远古的石器时代。先民们把现实对象(如野牛、野猪、羊、鹿等)的轮廓线抽象出来绘在壁上,并用代表不同意义的符号记录牲畜的头数和发生的各类事情,这些原始绘画和记号已具有几何对称的特征和一定的数的意义。

数学本身是研究数与形的一门科学,是逻辑思维的产物。美术属于艺术,而艺术是用形象来反映现实但比现实更具有典型性的社会意识形态。严谨的数学与浪漫的美术有没有关系呢?答案是肯定的,考察人类的历史进程,我们会发现几乎人类一切科学的发展和进步都或多或少用到数学。其实数学既是一门科学,也是一门艺术。数学的简洁美、对称美、和谐美对许多艺术流派的发展都有着深远的影响。数学充当了研究、提高、简化和完善艺术的工具,甚至有些艺术作品没有数学知识是不可能创作出来的。而对数学的艺术追求也是数学发展的重要动力。

作为具有高度的抽象性、严密的逻辑性的数学被看作"思维的体操",它与美术有关系吗?答案是肯定的。正如想象力不是艺术家的专利品一样,美也是数学思维中的极佳境界,更是数学探索中孜孜不倦追求的一个目标。

剖析我们比较熟知的绘画、雕塑工艺美术、建筑艺术等美术作品,其中隐含着代数、平面几何、立体几何、解析几何、拓扑学、透视学、对称性质和旋转变化等诸多数学知识。无论是哪种美术作品,材质和色彩可以千变万化,却总离不开形状和尺寸,而形和数是数学的研究对象。数学使得美术更易掌握,美术使得数学平易近人。可以说,数学是没有上色的美术,美术是数学的形象表达。

3.1 规矩

"方圆之至,本于规矩;有规矩,就有方圆之至",人生也是如此。人生的规矩,既是一种秩序的规范,又是行为不失其宜的标准。犹如"故以尺寸量短长,则万举而万不失矣"一样,人生一旦拥有规矩的准绳,则行为有秩而并行不悖。

规和矩是中国古代绘制工程图样的工具和仪器,规为绘制圆弧和画圆的绘图仪器,矩为绘制直线与垂线的绘图工具。规和矩的使用,为图样绘制的精确性和科学性提供了保证。尽管规矩之用在秦汉之际的史料中论述甚多,但人们从文献中无法想象规矩这两件工具的具体形状。一图胜千言,汉代石刻——汉画像石伏羲和女娲握规执矩图(见图3-1),不仅向人们展示了早期工程制图工具的真实画像资料,也为图学史与科技史的研究提供了最为重要的实物根据。

图 3-1 汉代石刻——汉画像石伏羲和女娲握规执矩图

汉代画像石刻中的"伏羲手执矩,女娲手执规",是我国乃至世界图学史上最早有关作图的最基本的工具——规和矩的图像资料(见图3-2)。根据石刻图像来看,规的结构具有平行两脚,一脚定心,一脚画圆。这种圆规如现代的木梁圆规,为作半径较大的圆所用。直至目前,仍有圆木工人,以较厚竹片为梁,一端垂直固定一钉以定心,一端则根据需要尺寸钻出若干小孔,用以插入铁针作圆。汉代画像石中的图像资料,恐怕就是我国几千年所用的传统画圆工具。在长沙发掘出土的楚器中,有一柄两足形木器,两头都为尖形,现称为木剪,即古之圆规。

伏羲手执矩,则和当前木工使用的"角尺"形式完全一样。且有的已做成短垂边较厚、长垂边较薄,并且有刻度。当短边靠拢工件时,不仅可画出与工件垂直的直线,而且移动时,以竹

图 3-2　伏羲女娲手持规矩图

笔或其他笔对准刻度紧附尺边,还可画出与工件平行的直线,以及矩形或方形等榫口形象,起着现代三角板和丁字尺联合使用的作用。

在伏羲女娲手持规矩图中,女娲高举圆规,伏羲紧握角尺,上有太阳,下有月亮,边有北斗七星等星辰,祥云缭绕、气势磅礴。女娲利用手中圆规说明她有补天力量,伏羲利用手中的角尺说明他可以丈量世间万物,作为数学绘图工具的圆规和角尺出现在女娲、伏羲手中,体现了世界万物离不了数学,数学是解决宇宙谜题的关键。

伏羲女娲手持规矩图之传说

根据中国古代男左女右的礼俗,伏羲在左,左手执矩,女娲在右,右手执规,人首蛇身,蛇尾交缠。二人上方有以象征太阳的一周画圆圈的圆轮,尾下是象征月亮的一周画圆圈的半月,画面四周画象征星辰的以线连接的圆圈。我国古代有"天圆地方"之说,女娲执规象征天,伏羲执矩象征地。由于寓意深奥,"规、矩",代表着规矩、制度。"无规矩不成方圆",伏羲与女娲作为创造人类的始祖神,也为人类制定了一系列的制度与规则。传说,伏羲传授人类打鱼、狩猎、养殖等生存本领,而女娲制定了婚姻制度,教导人类要遵守伦理道德……女娲手中的"规",意在教导人类为人处世要灵活变通,只有顺应宇宙万物的自然规律,人类才能长久地生存下去,否则便会回到原点,人类文明将停滞不前;伏羲手中的"矩"告诫人类应懂得自我衡量,应该懂得自足,学会适可而止。如果人类过度索求于自然万物,超出了自然的承受能力,无疑是自取灭亡。

伏羲女娲手持规矩图,向人们展示了中国古代科技符号的象征,蕴含着中国传统文化所具有的人文精神与科学精神。中国传统文化向来是灵活融通,标准法度也是中华文化之根。正如这数千年前的规矩图画就已早有暗示,女娲的规象征着圆滑融通,伏羲的矩喻示着方严正直,严正却不苛刻,圆滑却有法度,这才是中华传统文化的精髓。

在中国古代绘画里也用到了大量的数学方法以及"规"和"矩"等数学制图工具,以建筑物为主体的画种——界画就是充满数学元素的代表之作。界画或称"楼阁""屋木",为中国绘画十三科之一。它最初是建筑师使用的图纸与设计方案,继而为画师们所借鉴并发展,成为中国绘画中一个独特的分支。

使用界笔、直尺这样的数学制图工具,是界画的特色,张彦远在其《历代名画记·论画六法》中认为,使用界笔、直尺的台阁、车舆、器物等画,"传移模写","直要位置背向而已"。宋人郭若虚在其《图画见闻志·论制作楷模》中说:"今之画者,多用直尺,一就界画,分成斗拱,笔迹繁杂。""画屋木者""笔画匀壮"。《琅嬛文集·与包严介》中载:"楼台殿阁,界画写摩,细入毫发。"这些记载表明,界笔直尺应用于表现楼台亭阁的绘画,已能表现各种复杂的建筑物体,对线型的要求已经达到了相当高的水平。而且单线勾勒的写实能力在于它有可能表现对象的形状、质感。界画作为中国绘画"以似为工""以真为师"的代表,实现用界笔、直尺作线画图,就更能保证绘画的质量,更准确地表现物体的形状,提高绘图的效率,恰如宋人邓椿在《画继》中所说:"画院界画最工,专以新意相尚""笔墨精微,背阴向阳,不失规矩绳墨""盖一时所尚,专以形似"。

3.2 黄金分割

3.2.1 斐波那奇数列的故事

对于斐波那奇数列的发现者斐波那奇(L.Fibonacci),我们并不陌生,他是 12 世纪末与 13 世纪初欧洲数学界的一个代表性人物,是第一位研究印度和阿拉伯数学理论的欧洲人,对把印度和阿拉伯数学引入欧洲做出了很大贡献。

斐波那奇是意大利人,大约公元 1175 年出生于比萨,早年跟随经商的父亲到北非的布日伊(Bougie,今阿尔及利亚东部的小港口贝贾亚)并在那里接受教育。之后他又到埃及、叙利亚、希腊、西西里、法国等地游历,接触和熟悉了不同国度在商业上的算术体系。

大约在 1200 年,斐波那奇回到比萨,他开始潜心钻研,把他多年来在各地学习、访问中看到、学到的数学知识系统地整理出来,并写成书。他的书保存下来的共有 5 种。最重要的是《算盘书》(1202 年完成,1228 年修订)。算盘并不单指罗马算盘或沙盘,实际是指一般的计算,《算盘书》刚问世时,仅有为数寥寥的学者才知晓印度(阿拉伯)数字。这部著作迅速传播,引起了神圣罗马帝国皇帝腓特烈二世(Friedrich Ⅱ)的关注。斐波那奇应召觐见,在皇帝面前受命解决五花八门的数学难题。自此,他与腓特烈二世以及其宫廷学者保持了数年的书信往来,交换数学难题。其中,他在《算盘书》中提出过一个"养兔问题",被无数人算过。这道题目是:

有雌雄小兔一对,若第二个月它们成年,第三个月生下小兔一对,以后每月生产一对小兔(见图 3-3)。而所生小兔亦在第二个月成年,第三个月生产另一对小兔,以后亦每月生产小兔一对,试问 9 个月后共有小兔几对?多年后兔子每月的增长速度怎么样?(假设所有的兔子不会死亡)

以此类推,可以得到每个月后兔子的总对数为 1,1,2,3,5,8,13,21,34,55,89,144,233,

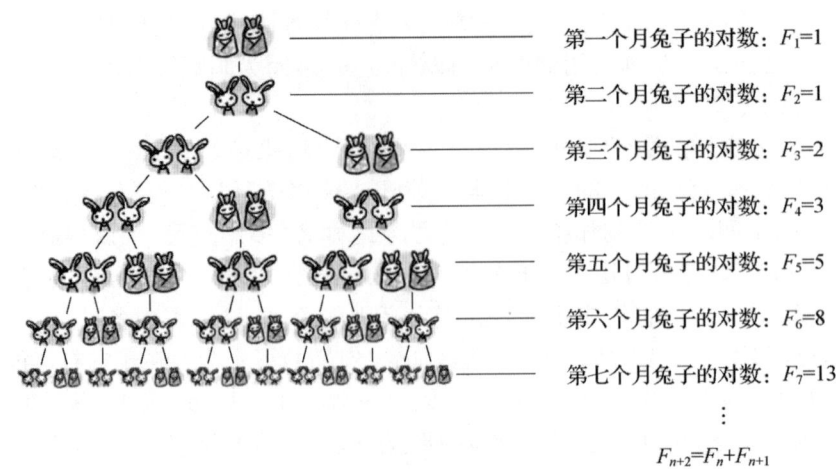

第一个月兔子的对数：$F_1=1$

第二个月兔子的对数：$F_2=1$

第三个月兔子的对数：$F_3=2$

第四个月兔子的对数：$F_4=3$

第五个月兔子的对数：$F_5=5$

第六个月兔子的对数：$F_6=8$

第七个月兔子的对数：$F_7=13$

$$F_{n+2}=F_n+F_{n+1}$$

图 3-3　养兔问题

377,610,…兔子对数满足的数列就是著名的"斐波那奇数列"。斐波那奇数列第 n 项与第 $n-1$ 项之比的极限值为黄金分割数。因此，多年后数列中的兔子将以每月 61.8% 的速度增长。这个例子充分展示了生活中蕴含着的秩序和规律。

与斐波那奇数列紧密相关的一个重要极限

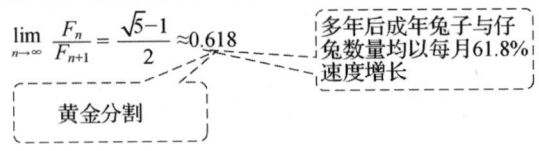

$$\lim_{n\to\infty}\frac{F_n}{F_{n+1}}=\frac{\sqrt{5}-1}{2}\approx0.618$$

多年后成年兔子与仔兔数量均以每月61.8%速度增长

黄金分割

波兰数学家斯坦因豪斯(H.Steinhaus)在其名著《数学万花筒》中提出这样一个问题：

一棵树一年后长出一条新枝，新枝隔一年后成为老枝，老枝又可每年长出一条新枝(见图 3-4)，如此下去，10 年后新枝将有多少？（巧合的是，各年的新枝数量排列出来恰好也是"斐波那奇数列"）

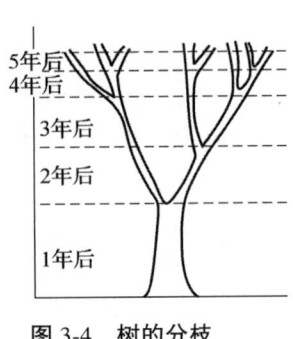

5年后
4年后
3年后
2年后
1年后

图 3-4　树的分枝

3.2.2　什么是黄金分割

神奇的数字——斐波那奇数列

向日葵种子的排列方式(见图 3-5)：仔细观察向日葵花盘，你会发现两组螺旋线，一组顺时针方向盘旋，另一组则逆时针方向盘旋。虽然不同的向日葵品种，种子顺时针、逆时针方向和螺旋线的数量有所不同，但往往不会超出 34 和 55,55 和 89 或者 89 和 144 这三组数字，这每组数字就是斐波那奇数列中相邻的两个数。前一个数字是顺时针盘旋的线数，后一个数字是逆时针盘旋的线数。

为什么斐波那奇数列会有这样多的"巧合"呢？这是动植物在大自然中长期适应和进化

向日葵的种子

以斐波那奇螺旋方式
排列的向日葵种子

图 3-5　向日葵种子的排列方式

的结果。生物的形态所显示的数学特征是它们的生长繁殖在动态过程中会产生的结果,当前阶段的生长自然会受到它前一阶段生存状态的影响,所以生长也就体现出了递推的关系。用递推关系式表示数量关系的斐波那奇数列和生命现象紧密相连。

　　在斐波那奇数列中隐含着神秘的规律,斐波那奇数列前项与后项比值的极限值竟然是黄金分割数。上面"养兔问题"也提到了黄金分割数,那么究竟什么是黄金分割?或许大多数人只知道 0.618 这个数字,难道黄金分割就只有这一个数字吗?事实上黄金分割是一种数学上的比例关系。黄金分割具有严格的比例性、艺术性、和谐性,蕴藏着丰富的美学价值。

　　2000 多年前古希腊雅典学派的第三大算学家欧多克斯首先提出黄金分割。黄金分割比实质上是将一条单位直线段分为两部分(见图 3-6),使 $\dfrac{AB}{AC} = \dfrac{AC}{BC}$。

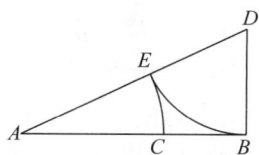

图 3-6　黄金分割比例

　　设 AC 长为 x,则 BC 长为 $1 - x$,于是有 $\dfrac{1}{x} = \dfrac{x}{1 - x}$,解得 $x = \dfrac{-1 \pm \sqrt{5}}{2}$,取其正值 $x = \dfrac{-1 + \sqrt{5}}{2} \approx 0.618$。这是一个十分有趣的数字,由于以此数字为比例设计的造型十分美丽,因此称为黄金分割数,也称为中外比。通过简单的计算就可以发现:$1/0.618 \approx 1.618$,$(1 - 0.618)/0.618 \approx 0.618$,两者的小数部分相等。

　　1977 年,美国数学家和诗人布罗克曼(Brockman)在《斐波那奇季刊》中发表短诗《恒常的比例》以记之:

> 黄金比例可真荒唐,
> 荒唐得有点不寻常。
> 如果你把它倒一倒,
> 与自身减一没两样,
> 如果你把它加个一,
> 得到自己的二次方。

　　一个很能说明问题的例子是五角星/正五边形。五角星是非常美丽的,我们的国旗上就有五颗,还有不少国家的国旗也用五角星。这是为什么? 因为在五角星中可以找到的所有线段之间的长度关系都是符合黄金分割比的。正五边形对角线连满后出现的所有三角形,都是黄金分割三角形。由于五角星的顶角是 36°,这样也可以得出黄金分割的数值为 2sin18°,黄金分割点 ≈ 0.618。而 0.618∶1 是指分一线段为两部分,使得较长的那部分跟原来线段的长的比为黄金分割的点。线段上有两个这样的点。利用线段上的两黄金分割点,可作出正五角星和正五边形。

黄金分割在文艺复兴前后,由阿拉伯人传入欧洲,受到了欧洲人的欢迎,他们称为"金法",17 世纪欧洲的一位数学家,甚至称它为"各种算法中最可宝贵的算法"。这种算法在印度称为"三率法"或"三数法则",也就是我们现在常说的比例方法。其实有关"黄金分割",我国也有记载。虽然没有古希腊的早,但它是我国古代数学家独立创造的,后来传入了印度。经考证,欧洲的比例算法是源于我国经过印度由阿拉伯传入欧洲的,而不是直接从古希腊传入的。因为它在造型艺术中具有美学价值,在工艺美术和日用品的长宽设计中,采用这一比值能够引起人们的美感,在实际生活中的应用也非常广泛,建筑物以及美术作图过程中某些线段的比就科学地采用了黄金分割,舞台上的报幕员并不是站在舞台的正中央,而是站在台上一侧,以站在舞台长度的黄金分割点的位置最美观,声音传播得最好。正因为它在建筑、文艺、工农业生产和科学实验中有着广泛而重要的应用,所以人们才称之为"黄金分割"。

3.2.3　中国古代绘画中比例的应用

比例是绘画形式语言的重要元素,有什么样的审美观念,就有什么样的比例、尺度和形式。在美术创作的过程中,我们首先遇到的就是构图问题。曾经有这样一个故事,有一位画家将自己的作品交给裱画者进行装裱。由于画作的创作时间已经很久了,画作边缘破损严重,装裱师在未与作者沟通的情况下,将画作破损的边缘裁掉了。画装裱完毕了,在外人看来一切都很不错。但是,当画家来取作品的时候,他却拒绝接受并将裱画师告上法庭,理由是由于裱画师的擅自所为,破坏了画面原本的结构。这就是构图比例的问题。

中国古代绘画对比例的精确度要求极高。以亭台楼阁为主体的界画讲究建筑形体的精确性,讲究图样按真实的建筑物和器物的尺寸进行折算,符合实物的比例尺寸,并须遵循一定的"法度"。《佩文斋书画谱》载宋人《德隅斋画品》,《郭忠恕楼居仙图》云:"屋木楼阁,恕先自为一家,最为独妙。栋梁楹桷,望之中虚,若可投足,栏楯牖户,则若可以扪历而开阖之也。以毫计寸,以分计尺,以寸计丈,增而倍之,以作大宇。皆中规度,曾无少差,至详至悉,委曲于法度之内,皆不能也。"

《图画见闻志》记叙了界面的做法,须"折算无亏",即要与实物的比例大小达到完全一致。

这些论述讲到了比的大小,讲到了数学方法的运用;特别是"至详至悉""少差",反映了古代画家认真仔细的绘图作风。衡量一门学科的成熟与否,精确性是重要的尺度之一,精确性越高,它的科学价值就越大,正因为界画讲究精确性,使中国古代绘画在绘制方面提高了质量,并得到了很大的发展。

3.2.4　自然界中的黄金分割

随着人类对自然界(动物、植物、宇宙、人类自身)认识的日益深入,人类关于"黄金分割"这一神奇的比例的了解也越来越丰富,人们发现自然界中这一神奇的比例几乎无处不在,从低等动植物到高等的人类,从数学到天文现象,几乎都暗含着这种比例结构。

黄金分割与植物:植物叶子,千姿百态,生机盎然。尽管叶子形状随种而异,但它在茎上的排列顺序(称为叶序),却是极有规律的。从植物茎的顶端向下看,经细心观察发现上下层中相邻的两片叶子之间约成137.5°。如果每层叶子只画一片来代表,第一层和第二层的相邻两叶之间的角度差约是137.5°,以后二到三层,三到四层,四到五层⋯⋯两叶之间都成这个角度数(见图3-7)。植物学家经过计算表明这个角度对叶子的采光、通风都是最佳的,可见叶子的排布多么精巧。

叶子间的137.5°角中,藏有什么"密码"呢? 这是因为一周是360°,$\dfrac{137.5°}{360°-137.5°}=\dfrac{137.5°}{222.5°}$ ≈0.618。这就是"密码"！在叶子精巧而神奇的排布中,竟然隐藏着0.618,有些植物的花蕊,主干上枝条的生长,也是符合这个规律的。

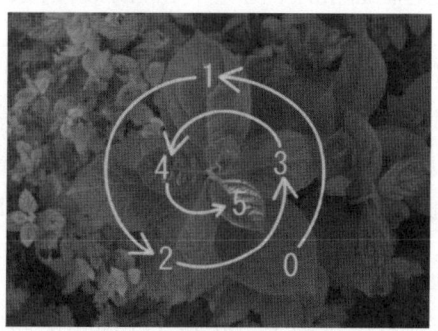

图3-7　植物叶子的排布

黄金分割与动物:动物界中,形体优美的动物形体,如马、骡、狮、虎、豹、犬等,凡是看上去健美的,其身体的长与宽的比例也大体上接近黄金分割;翩翩起舞的蝴蝶双翅展开后的长度与身长之比也接近于0.618(见图3-8)。

图3-8　体形优美的动物

3.2.5　生活中的黄金分割

令人惊讶的是,人体自身也和 0.618 密切相关。对人体进行美学观察,医学界推崇的是人体比例学说。所谓比例学说,就是用数学方法来表示标准人体。根据一定的基准进行比较,以同一人体的某一部位为基准,制定它与人体的比例关系的方法称为同身方法。达·芬奇认为八头身(即身长是头高的 8 倍)的身材,且以两侧髂骨最高点连线将身体分为上下相等的两段才是健康男女青年理想的身材。此外,人的肚脐应位于身长的 0.618 处,身材会看起来更加完美(见图 3-9)。

同学们来算一算自己需要穿多高的鞋,才能让自己的身材比例看起来更协调。

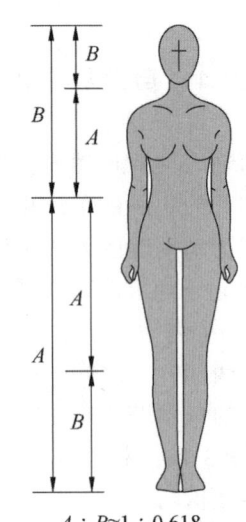

$A : B \approx 1 : 0.618$

图 3-9　人体的黄金分割比例

摄影中的黄金分割:摄影构图通常运用的三分法(又称井字形分割法)就是黄金分割的演变,把长方形画面的长、宽各分成三等分,整个画面呈井字形分割,井字形分割的交叉点便是画面主体(视觉中心)的最佳位置,是最容易诱导人们视觉兴趣的视觉美点(见图 3-10、图 3-11)。摄影构图的许多基本规律是在黄金分割基础上演变而来的。但值得一提的是,每幅照片无须也不可能完全按照黄金分割法去构图。千篇一律会使人感到单调和乏味。关于黄金分割,重要的是掌握它的规律后加以灵活运用。

"三分法则"实际上仅仅是"黄金分割"的简化版,其基本目的就是避免对称式构图,对称式构图通常把被摄物置于画面中央,这往往令人生厌。在图 3-12 和图 3-13 中,可以看到与"黄金分割"相关的有四个点,用"十字线"标示。用"三分法则"来避免对称在使用中有两种基本方法。

第一种:我们可以把画面划分成分别占 1/3 和 2/3 面积的两个区域。

图 3-10　三分法景色摄影(一)

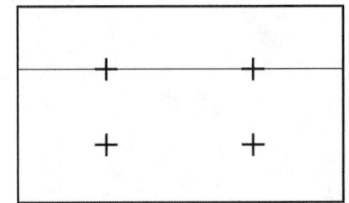

图 3-11　三分法(一)

第二种:直接参照图示的四个"黄金分割"点。例如,设想我们看到了非常引人入胜的风景,但缺少具有优美几何结构的被摄主体,这样拍出来的照片只会是一个空洞乏味的场景。那该如何处理呢?试着寻找一个与这种单调的环境形成鲜明对比的物体,并将这一被摄物置于如图 3-13 中的其中一个"十"字点位置,这样照片就有了一个明显的锚点,并将观众的目光由此出发引导至整个风景。

图 3-12　三分法景色摄影(二)

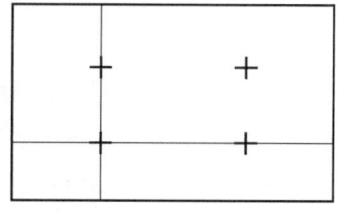

图 3-13　三分法(二)

3.3　透视学原理在绘画中的应用

3.3.1　透视现象

当我们站在街道上,向道路的远方望去时,将看到这样一种现象:街道向远方延伸的同时,由宽逐渐变窄,以至于交会在远方。道路两边的电线杆从高大逐渐变得低矮,电线杆之间的距离也由长变短,随同街道汇聚在远方。在许多电影、电视上出现这样的镜头:一对恋人在铁轨中间向前方走去,镜头摇向铁轨的前方,两条笔直的铁轨由宽变窄,一直前伸,交会在远方一点。我们每个人都很容易理解这种现象,因为我们所观察到的景象就是这样。

这就叫透视现象(见图 3-14)。如果我们通过眼睛来观察和研究,将发现透视现象有如下的特点:近大远小,近高远低,近疏远密,水平方向的平行支线、延长线都将在远方消失于一点。这种现象符合人眼的视觉习惯和规律,所以给人以真实感、立体感。

图 3-14　透视现象

数学中有重量、远近、高低的概念,奠定了几何的基础,抽象地表明物体的方位和相对比较,在绘画中充分应用数学中的几何原理(透视)来表达空间方位关系。绘画中除了利用透视表达空间方位关系,明暗(深浅)也是很重要的影响因素。自然界中有光,光照在物体上就会呈现出色彩的差异性,面向光源的地方会显得浅一些,背朝光源的地方会显得深一些,这一浅一深的对比,带来视觉立体的效果,在平面上就呈现出物体的实物感。

素描就是最好的例证(见图3-15)。一支铅笔就可以在纸上通过深浅线条的组合,表达活灵活现的几何图形。深浅明暗的表达是呈现自然的关键。

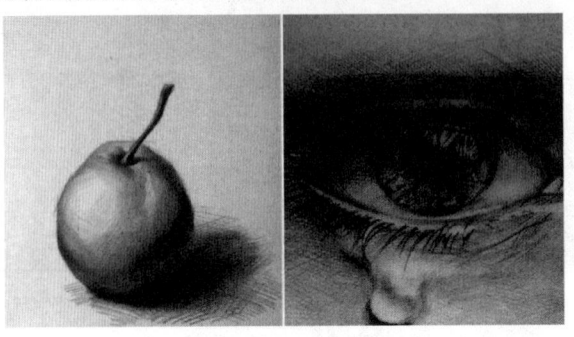

图 3-15 素描

对于画品和实物之间的关系,我们的前辈艺术大师早就有非常深刻的见解。而这些见解也是后来的数学所应用的理念。大家熟知的画竹大师郑板桥就有这样一段名言:"其实胸中之竹并非眼中之竹也。因而磨墨展纸,落笔倏作变相,手中之竹又不是胸中之竹也。总之,意在笔先者,定则也。趣在法外者,化机也。独画云乎哉。故画竹,必先得成竹于胸中,执笔熟视,乃见其所欲画者……"其咏竹的诗《竹石》如图3-16所示。

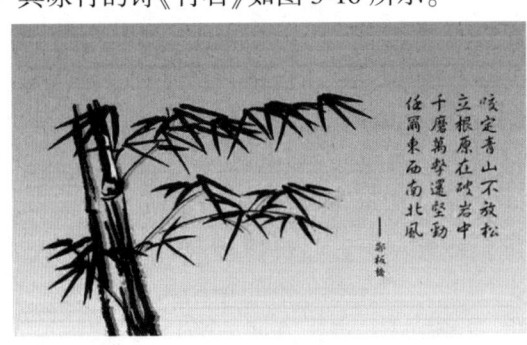

图 3-16 《竹石》

郑板桥的艺术理念实际点出了一个重要的数学概念:映射。他给出了三个空间:客观空间、主观空间和模型空间。他指出这三个空间的对象(竹)之不同,通过这些对象在这三个空间中的关系(函数),建立起这些对象的联系(映射)。在西方纠结于文艺复兴工业革命之艺术何去何从时,郑板桥的理念无疑是先进的。

3.3.2 透视学在绘画中应用

我们看下面两幅作品(见图3-17),左边一幅是中世纪的作品,明显没有空间的感觉,换言之,它不像我们在三维空间看到的真实场景。右边一幅是文艺复兴时期的作品,看起来远近分明,立体感很强。

为什么会有这样鲜明的对比和本质的不同呢?很简单,因为文艺复兴时期艺术家拥有了

图 3-17　透视现象

数学工具——透视学。这一时期,描绘现实世界是画家的重要目标,如何把三维的现实世界绘制到二维的画布上,其本身就是一个现实的数学问题。

文艺复兴时期的绘画与中世纪绘画的本质区别在于三维的引入,也就是在绘画中处理了空间、距离、体积、质量和视觉印象。三维空间的画面只有通过光学透视体系的表达方法才能得到。这样一来,专注于研究透视的学者们就从投影线和截景原理中获得了一系列定理。

焦点透视:其基本原理是,将隔着一块玻璃板看到的物象,用笔将其画在这块玻璃板上,就得出一幅合乎焦点透视原理的绘画。其特征是符合人的视觉真实,讲究科学性。在艺术与科学相结合的思想指导下,运用焦点透视,掌握了表现空间的规律。

达·芬奇的《最后的晚餐》(见图 3-18),即是一点透视的典范之作。如果分析《最后的晚餐》这幅画的话,你会发现,天花板的透视线与桌边平行线全部汇聚于耶稣的头部(见图3-19)如果稍微画歪斜一点点,整个透视线就会歪掉,就不会有最后交叉于耶稣头部一点这样的现象出现!

图 3-18　最后的晚餐

这方面的成就是在 14 世纪初由杜乔(Duccio)和乔托(Giot-to)取得的。在他们的作品中出现了几种方法,而这些方法成为一种数学体系发展过程中的一个重要阶段。

透视体系的基本数学定理:假定画布处于通常的垂直位置,从眼睛到画布的所有垂线,或

图 3-19 《最后的晚餐》透视分析

者到画布延长部分的垂线都相交于画布的一点上,这一点称为主投影点,主投影点所在的水平线称为地平线,如果观察者通过画布看外面的空间,那么这条地平线将对应于真正的地平线。

图 3-20 是这些概念的直观化,表示观察者所看到的大厅过道,观察者眼睛的位置处于与画面垂直且通过 P 点的垂线上。P 点是主投影点,D_1PD_2 就是地平线。

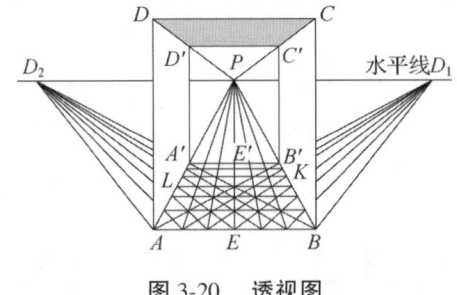

图 3-20 透视图

定理 1 景物中所有与画布所在平面垂直的水平线在画布上画出时,必须相交于主投影点。

例如,AA',EE',DD' 和其他类似的直线都在 P 点相交,也就是所有实际上平行的线都应该画作相交。这与我们的日常经验符合吗?符合。大家知道,两条铁轨是相互平行的,但是在人眼看来,它们相交于无穷远处,这就是为什么把 P 点叫作投影点。但在现实的景物中没有一个点与之相应。

一幅画应该是投影线的一个截景。从这条原理出发可以导出另一个定理。

定理 2 任何与画布所在平面不垂直的平行线束,画出来时与垂直的平行线相交成一定的角度,且它们都相交于地平线上的一点。

在水平平行线中有两条非常重要,在图 3-20 中,AB' 和 EK 在现实世界中是平行的,并且与画布所在的平面成 45° 角。AB' 和 EK 相交于 D_1,这个点称为对角投影点。PD_1 的长度等于 OP 的长度(从眼睛到主投影点的距离)。类似地,水平平行线 BA' 和 EL 在现实世界中与画布成 135° 角,画出来时,必须相交于第二个对角投影点 D_2,而且 PD_2 的长度也等于 OP 的长度。随着观察者,实际景物中上升或下降的平行线被画出来时,也必须相交于相应的地平线上的上方或下方的点。这个点将位于从眼睛发出的平行于所讨论的穿过画布的那条线上。

　　定理3　景物中与画布所在平面平行的平行水平线,画出来是水平平行的。

　　对于真正从事创作的艺术家来说,要达到写实主义的理想境地,还有许多其他定理可供使用,但进一步追求这些特殊的结果将使我们离题太远。

　　数学对绘画艺术做出了贡献,绘画艺术也给数学以丰厚的回报。1435年阿尔伯蒂(Leon Battista Alberti)著有《论绘画》一书,这是文艺复兴时期的第一本论述透视的著作。阿尔伯蒂认为艺术的美应与自然相符,而数学是认识自然的钥匙,他主张利用透视法进行艺术创作。他认为做个合格的画家,首先要精通几何学。在《论绘画》中他说道:"如果一名画家尽可能精通所有的自由艺术,那将令人愉悦,但首先我希望他懂得几何学。"

　　有关焦点透视理论早在中国也有系统记载,见于南朝宋。当时的画家要在画面上绘出山水景色,首先就得解决透视问题。宗炳的《画山水序》提出了具体的绘制理论:"且夫昆仑之大,瞳子之小,迫目以寸,则其形莫睹,迥以数里,则可围于寸眸。诚由去之稍阔,则其见弥小。今张绡素以远暎,则昆、阆之形,可围于方寸之内。竖画三寸,当千仞之高;横墨数尺,体百里之迥。"这是对古代透视思想的生动描述,可作为第三角画法理论的先导。从视点到"绡素"即投影面,从"绡素"到"昆间之形"即投影的物体,其投影关系即投影面在视点和被投影的物体之间。

　　焦点透视又称为平行透视,关于平行透视理论,在宋人郭熙《林泉高致集》的"山水训"中也曾有论述:"学画竹者,取一枝竹,因月夜照其影于素壁之上,则竹之真形出矣。"这就是平行透视理论的具体应用。古代画史画论及平行透视之法,虽是纲要之论,却不无卓见。尽管古代的科学技术还没有达到为绘画艺术提供严密的理论体系,但古代的图学家们已从半经验、半直观的实践中运用透视投影方法绘制图样,取得了巨大的成就,并推动着古代工程图学的发展。对一个呈现出立体感的物体,使用的透视方法除焦点透视外还有两点透视和三点透视(见图3-21)。当消失点有两个时为两点透视,消失点有三个时为三点透视,三点透视一般用于超高层建筑的俯瞰或仰视图中。

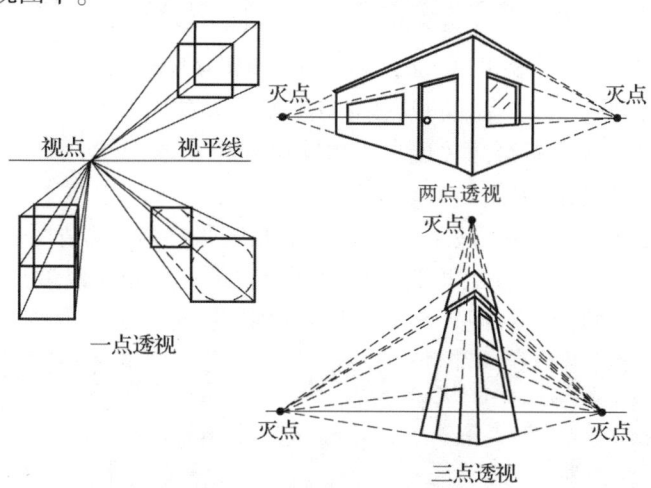

图3-21　一点、两点、三点透视图

　　近代以来,中国画中透视的画法随处可见,画者依靠二维平面表达视觉深度的错觉,在中国画中,物象讲究近大远小、近实远虚、近重远淡的透视关系。远近是指对视觉空间的表述,需要运用不同的浓淡墨色或色彩在平面空间内强化其远近关系。一幅画一般都有近、中、远三个层次,表现在墨色运用上,通常都是用一层浓一层淡、又一层浓一层淡这样的推远法来拉开视觉空间关系,从而在画面中营造出千里之遥的空间效果。

散点透视:中国古代绘画的构图,特别是反映大型建筑的壁画和山水长卷,一般采用"散点透视"的方法。和焦点透视不同,焦点透视画中只有一个视点(即人的视角)和一个消失点,这接近于人类观察自然界的实际状况。而散点透视有许多个消失点。画面中,画家的视角是随意移动的,因而产生了多个消失点,这叫作散点透视。这种构图的特征是视点高、物象远,不把视点固定在一定的位置,可以随着观画人的视线运动。这样的构图可以表现出广阔深远的境界。

宋代王希孟的《千里江山图》(局部)和现代张大千的《长江万里图》(局部),用"散点透视"画法来表现绵延千里的壮丽山河,能"全景式"描绘出崇山峻岭深广博大的境界(见图 3-22、图 3-23)。

图 3-22　王希孟《千里江山图》(局部)

图 3-23　张大千《长江万里图》(局部)

中国画家取景时,要步步移、面面观,创造出"景随人移""时空转换""三远法"等独特的观察与表现手法。中国画的横卷,能"咫尺千里",创造出山水起伏、绵延千里的奇景。画家和欣赏者就像坐在船上,景物随着船的移动而移动。

中国绘画中散点透视的运用,最著名的画作是北宋张择端的《清明上河图》卷,其局部如图 3-24 所示。场景之大,人物之众,均为世界绘画史之最。该画作以散点透视的手法,把绵延几十里的北宋都城内外的景象展现于 5 m 多长的画幅里,这在西方绘画中是无法实现的。

图 3-24　张择端《清明上河图》(局部)

3.3.3　中国画中点、线、面的艺术魅力

点是绘画艺术中的最小视觉元素和语言元素。点是一种符号,是一种情绪的流淌;而线,是点的累积,如敦煌中婀娜多姿的飞天,流畅饱满的线条似云舒展;面,是线进行移动的轨迹,垂直线平行移动为方形,直线回转移动为圆形,直线以一端为中心,半圆移动为扇形,等等。

中国画创作中点的作用,如潘天寿说:"画事用笔,不外乎点线面三点,然线实由点连接而成,面也是点扩而得,所谓积点成线,积点成面是也。"石涛说:"一画者,众有之本,万象之根。"中国绘画以线为基础,点为一画之根本。由此可见点在中国画中的重要性。画法以一画为开始,而点确是一画的开始,追溯其本源,线与面都是由点扩积而成,点为一线,一面之母。"画龙点睛"靠点传神,点在一画上,点多点少,都有讲究。运用得当可以把画的神韵揭示出来,如运用不当,则适得其反。黄宾虹道:"积点可以成线,然而点又非线,点可以千变万化,如播种了,长成果。作画也如此,故落点需慎重,画点宜活,活而不宜板。"可见,在绘画中点的运用是实中有虚、灵活多变的,"点"虽然不起眼,但却是构成一切形态的基础,"点"能将欣赏者的视线聚集到一起,引到画面的中心,形成视觉的集中点。

中国画创作中线的作用:线条是作为表现的一种特殊形式,中国画中的线条不仅仅是让人们去感受外界事物并做出抽象的概括,还要做到准确地把握主观对象的一种视觉作用。所以,线条不但是艺术生命力的体现,还是艺术界的支点及骨架。在古代,有一种叫作积点成线的说法,在数学中很多人都学到过:点,是线的基本元素,而线则是点的延伸。正因此,线条艺术是中国画表现形式中一种极为重要的手段。线条艺术随着中国画不断的变化与发展,贯穿了中国画的发展历史。

在中国画中,线条不仅拥有塑造形体的能力,同时还可以表达出画家的意念、思想、情感的手段。画家把线条艺术作为心灵律动以及意蕴的表现特征,通过对线条的控制来绘制出自身对于自然的感悟以及心中的想法。在中国画中,最为强调的就是"以形写神",所以在中国画中,可以通过运用线条来表达出画作的内在神韵,达到形神高度统一,画与神融为一体等目的。画家运用线条本身的变化多样来形容自己对于自然的感悟和理解,运用毛笔的特性将不同的线绘制在宣纸上,表现出不同的气度、质感、神态等,同时还能够将画家对于物象的情感灵活地融入其中,塑造出多样的自然物象,以达到中国画中形神兼备的要求。在形神兼备这方面,我国历代的知名画家给予了我们最好的典范。北齐画家曹仲达善于绘制佛像,其密线紧身,从而表现出人体的美感;唐代画家吴道子所画的人物,服装飘逸,表现出潇洒的姿态,也出现了"曹衣出水,吴带当风"之说;明代画家徐渭运用解衣磅礴式的线条表达出自身奇崛和狂妄之情。这种虚实相生、白当黑、疏密相间对线条的速度、力度都要有良好的把控性,从而使中国画线条艺术富有抽象性、抒情性、装饰性。这也使中国画线条拥有了独特的审美价值。因此,中国画线条成了历代画家祖露情感、"写胸中逸气"、倾诉心灵、表现画家修养和才气的独特方式。

线条,作为中国画造型的媒介,它好像建筑中的大厦,支撑着整个框架,故线条的优劣,关系着一幅绘画作品给人的审美感受。中国画中有"十八描"的种种线形变化,还有"骨法用笔""笔断气连"等线形的韵味追求。中国画历来讲究"以形写线"就是塑造中国画形的重要手段。

顾恺之的《洛神赋图》画中对大量人物形象的塑造,对云和水的描绘,显出笔上单纯的形式与千变万化的组合。高古游丝描,主要运用的是曲线,将人物的衣褶表现得动感有韵律,在

微风吹动下柔软飘逸。有意蕴的线条,是中国绘画的基础与骨干,通过有生命的线的律动、线的节奏形成了中国绘图特有的笔法、笔式和笔情。中国画线犹如天地间流行的气,气之流动而成物,物之流动而成形,画中那充满灵气的形象,就是由一条条变化无穷的线构成的,是中国画美之根本。

中国画创作中面的作用:面,给人一种整体感,是点和线的延伸。如果说线在中国画的创作中起到骨架的作用,那么,面就是肉。中国画的侧锋用笔以及泼墨等技法,通过墨的浓淡干湿、笔的徐疾顿挫来表现物象的体面关系和画面的意境,像草木宽大的叶片、山石斑驳的纹理、为烘托画面气氛的大片背景等。这种面要求浓中有淡、淡中有浓、干湿结合,使塑造的面富有变化,以达到气韵生动的审美要求,古人"墨分五色"的规律,在面中体现得淋漓尽致。山水画中的大小斧劈皴、马牙皴、拖泥带水皴、雨淋墙头皴等技法都是以面为主的皴法。

如南宋宫廷画家梁楷的《泼墨仙人图》,画面上的仙人除面目、胸部用细笔勾出神态外,其他部位皆用阔笔横涂竖扫,笔笔酣畅,墨色淋漓,通体都以泼洒般的淋漓水墨块面抒写,那浑重而清秀、粗阔而含蓄的大片泼墨,可谓笔简神具、自然潇洒,绝妙地表现出仙人既洞察世事亦难得糊涂的精神状态和性格特征。再如潘天寿的花鸟画,总喜欢在下半部画一块石头,有棱有角,来增加整体画面的分量感。面运用在中国画的创作中,使画面更丰富,有了面的衬托,画面显得更整体、不凌乱,增加了画面的重量感。

3.3.4 数学元素在美术中的应用

轴对称在美术中的运用:艺术来源于生活,我们的美术活动无论是绘画、雕塑还是建筑,只要有对称美的形式,就是与数学息息相关的。德国数学家魏尔(Weier)曾说:"美和对称紧密相连。"对称美,是美学形态中较为直观和理性的美。我们每一个人对对称的图形如数家珍:等腰三角形、长方形、圆形……

从绘制的方法来看,将一个基本图形通过平移或旋转可以创作出一个崭新的对称图形。对称分为轴对称、中心对称、平移对称、旋转对称和滑移对称。如:剪纸中的团花就是旋转对称图形。面具艺术大多也是对称艺术的体现,其方法都是数学对称的运用。

平移、旋转在美术中的运用:平移能使直线与曲线有规律地重复,形成节奏和韵律。通过旋转,用线段组成绒球,为画面增添动感。

拓扑在美术中的运用:简单地说,拓扑就是研究有形的物体在连续变换下,怎样还能保持性质不变。这里所说的变换是拉长或弯曲,但不是撕裂或折断。荷兰版画大师埃舍尔(M.C. Escher)是拓扑变形的杰出代表,其代表作是《画廊》。画面的整体感觉就是一句诗:你站在桥上看风景,看风景的人在看你。整个画面是游戏、是幻觉、是"迷惑的图画",是一个封闭式的环形膨胀动态,没有开端也没有结尾。解析其过程只能通过数学来表达。数学教师布鲁诺·恩斯特(Bruno Ernst)与他亲密接触两年,最终写成《魔镜:埃舍尔的不可能世界》一书,对埃舍尔的想象世界做出诠释。在恒定空间状态下时间发生变形位移扭曲,是不是过去的我能和未来的我相遇在现在?明明是沿着楼梯上二楼,却不知为什么返回到了一楼。鸟儿在不断的变化中不知什么时候却突然变成了鱼儿。这些图画就是埃舍尔所描绘的幻想的异次元空间,它以不可思议的魔力征服着人们的心。

交集在美术中的运用:从数学的角度看,交集指的是由两个元素中的共同元素的集合。

其实任何图形都可以分解成点的集合。在美术设计中有种共生画,以甘肃莫高窟中的三兔图为例。这幅画中其实只有三只耳朵,但是每只耳朵长在两只兔子头上,也就是每只耳朵被两只兔子共用。这三只兔子共同生存的状态产生了共生美。

大家在很多书上见到的一个杯子与两个侧面头像的共生,少女与老太婆在一个图像中的共生都是共生图。将共生图形运用到极致的典型人物是达利。他的一幅作品将伏尔泰的头像变成了两个女人。一形多像,一像多意,让一个有限的二维空间变得无限丰富。中国也不乏这样的画家。赏读八大山人的作品,《杂画》很好地利用了假山石的空洞,一个洞是酒壶,另一个洞是方形酒盏。《竹石图》画的哪是石头,分明就是一幅人物肖像,是缓缓前行的达摩祖师。

课堂实践

有人曾说过:"数学是没有色彩的美术,而美术则是数学的形象表达。"在剪纸方面,数学让我们的审美变得更加具体。因为"数字"和"艺术"之间巧妙的联系,让人们发现所有美的图案大多和黄金分割比这种固定的比例有关。当然,剪纸也无一例外。剪纸具有一定的象征性和比喻性,而特定的几何曲线恰恰能形象地体现剪纸的这些特性。

幸运的四叶草:四叶草也叫幸运草,4片叶子分别代表着不同的含义,包含有两种说法,第一种分别代表真爱、健康、名誉、财富,第二种分别代表希望、信心、爱情、幸运。四叶草的花语是幸福,等待爱情出现。这样美丽而富有象征意义的四叶草,我们一起来学习下它的剪纸吧(见图3-25)。

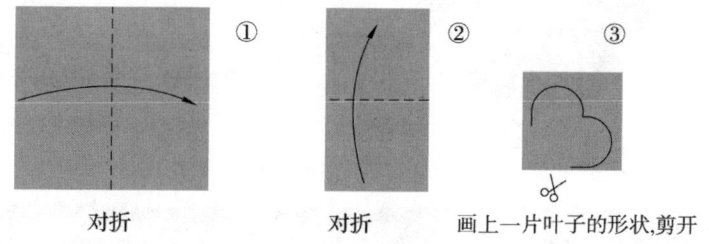

① 对折　　② 对折　　③ 画上一片叶子的形状,剪开

图3-25　剪纸过程图

团花剪纸:一把剪刀、一张纸,就能创造出许许多多美好、纯真、极富有情趣的艺术形象(见图3-26)。正如郭沫若所说:"一剪之巧夺神功,美在人间永不朽。"这确实是对剪纸艺术最恰当的评价。

三阳(羊)开泰:"三阳开泰"不但是我国传统的吉祥语,也是吉祥图案之一(见图3-27)。在剪纸时,"三阳(羊)开泰"的图案通常以三只羊(谐音"阳")在温暖的阳光下吃草或晒太阳等来表现。创作时,主要元素由三只羊、一个太阳组成。中间根据你的构图添加相应的如青草等装饰符号连接填充。还有一种情况就是由两只羊和一个太阳组成"三阳(羊)开泰";或者直接是由四只羊组成"三阳(羊)开泰"。

剪纸的发展历史

先唐时期:在西汉之前,运用薄片材料通过镂空雕刻的技法制成工艺品的技术就已经流行。用雕、镂、剔、刻、剪的技法在金箔、皮革、绢帛,甚至树叶上剪刻纹样(见图3-28)。

唐代时期:唐代剪纸已经处于大发展时期,杜甫《彭衙行》中"暖汤濯我足,剪纸招我魂"就足以说明剪纸在当时已流传民间了(见图3-29)。现藏于日本正仓院的对羊剪纸如图3-30

所示。

百变团花

很久以前，我们的祖先就用灵巧的双手创作出了民间剪纸。团花是一种四周呈放射状的或旋转式的圆形装饰纹样。它造型优美，花纹繁多，其纹样内容多寓意人们的美好愿望。

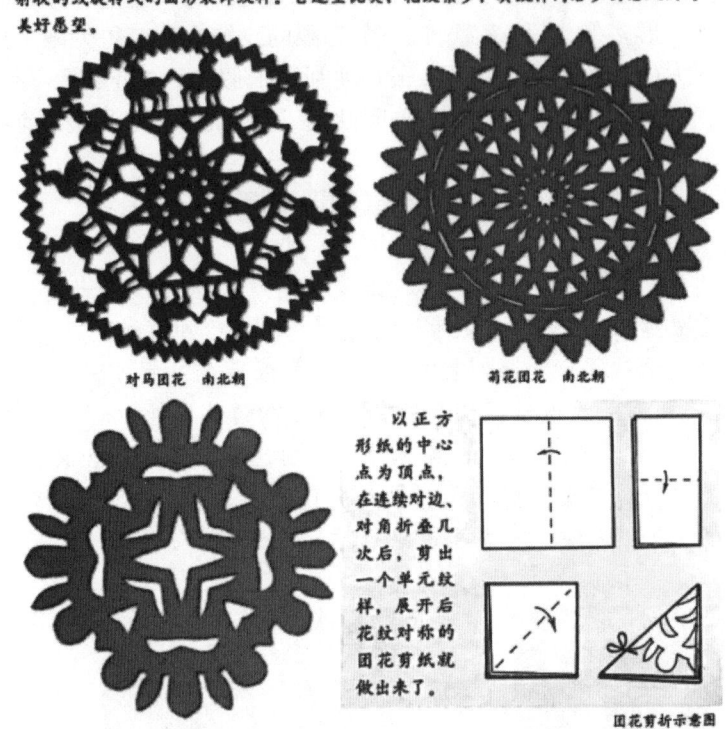

对马团花　南北朝　　　　　　　菊花团花　南北朝

以正方形纸的中心点为顶点，在连续对边、对角折叠几次后，剪出一个单元纹样，展开后花纹对称的团花剪纸就做出来了。

团花剪折示意图

图 3-26　团花过程图

图 3-27　三阳开泰

宋代时期:南宋出现了以剪纸为职业的行业艺人。有专门剪簇花样、诸家书字的艺术。

明清时期:剪纸手工艺术走向成熟并达到鼎盛,运用范围更为广泛(见图 3-31)。剪纸作为装饰家居的饰物,能够美化家居环境,如窗花、柜花、门栈……

近现代时期:20 世纪 40 年代,以现实生活为题材的剪纸开始出现。延安的剪纸作品,运

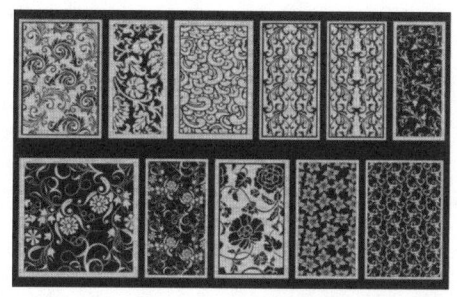

图 3-28 镂空图

现藏于大英博物馆的唐代剪纸

当时剪纸手工艺术水平已经极高，画面构图完整，表达天上人间的理想境界。

图 3-29 唐代剪纸

现藏于日本正仓院的对羊

其羊的纹样是典型的剪纸手工艺术表现手法。

唐代流行颉，其镂花木版纹样具有剪纸特色。

图 3-30 对羊

用了民间传统的样式，描绘了抗日战争时期人民生产生活的新内容，使传统的民间剪纸发生了革命性的变化(见图 3-32)。这为新中国成立后剪纸艺术的发展拉开了序幕，开创了中国剪纸的新纪元。

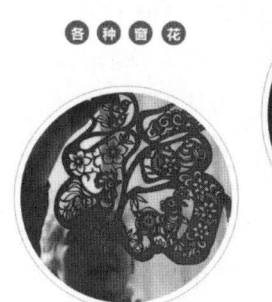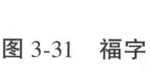

图 3-31 福字

图 3-32 延安的剪纸作品

3.4 分形艺术

3.4.1 雪花曲线

我们来考虑这样一个问题:"具有有限面积的平面图形,其周长是有限的还是无限的?"大部分人会毫不犹豫地说:"当然周长也是有限的。"

我们在中学学的平面几何是欧几里得几何,长期以来,人们总是用欧几里得几何的对象和概念(诸如点、线、面、三角形、正方形、圆)来描述我们生存的这个世界。然而在 1906 年瑞典数学家科克(Koch)作了一条"雪花曲线",它的面积是有限的,然而它的周长是无限的。

先作一个等边三角形(见图 3-33),再把每边三等分,将居中的 1/3 部分向外作一个小等边三角形,并把每一个小等边三角形的底抹掉,得到一个六角星形(见图 3-34);再在六角星形的每一条边上以同样的方法向外作出更小的等边三角形,于是曲线变得越来越长,开始像一片雪花了(见图 3-35)。再如此下去,曲线将变得越来越长,图形也更美丽(见图 3-36)。如果不断地作下去,则曲线可以要多长有多长,若无限地如此作下去,自然就有无限周长了。

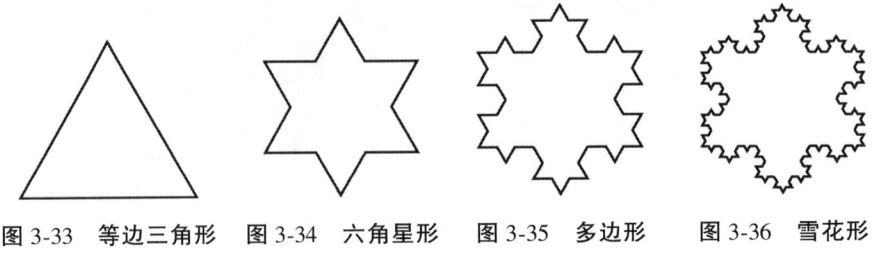

图 3-33　等边三角形　　图 3-34　六角星形　　图 3-35　多边形　　图 3-36　雪花形

3.4.2 分形的由来

雪花曲线实则就是分形图案。分形是一种"无限循环"的模式,在不同的尺度上不断重复自己。在很久之前人们称这些分形曲线为"病态曲线",而将一些研究对象称为"畸形现象"。这些"怪物"当时不被数学家所接受,还被认为没有丝毫的科学价值。因为他们所得到的"分形"与公认的数学相矛盾(如"雪花曲线"具有有限面积,却具有无限的周长,有些分形曲线竟能充满空间)。

进入 20 世纪以来,人们常常发现自然界许多随机现象已经很难用欧几里得几何来描述了。如对植物形态的描述,对晶体裂痕的研究,还有对海岸线、山脉、星系分布、云朵聚合物、大脑皮层褶皱、肺部支气管分支及血液微循环管道的研究等。我们需要新的数学方法。

1967 年,美国《科学》杂志发表了一篇标题为"英国的海岸线有多长?统计自相似和分数维度"的文章,作者是美籍犹太裔数学家、计算机专家芒德勃罗(B.B.Mandelbrot)。他认为,无论你做得多么认真细致,你都不能得到英国海岸线有多长的正确答案,因为根本就没有正确答案。

海岸线是陆地与海洋的交界线,芒德勃罗指出:"事实上任何海岸线在某种意义上都是无穷的长,从另一种意义上说,答案取决于你所用的尺的长度。如果用 1 km 的尺子沿海岸测量,那么小于 1 km 的那些弯弯曲曲就会被忽略掉;如果用 1 m 的尺子去测量,测得的海岸线长就会增加,但 1 m 以下的弯弯曲曲又会被忽略掉;如果用 1 cm 的尺子去测量,则测得的海岸线长又会增加,但那些 1 cm 以下的曲折亦会被忽略掉。如果让一只蜗牛沿海岸线爬过的每一个石子来看,这海岸线必然会长得吓人。"因而,通常我们谈论的海岸线长度只是在某种标度下的度量值。芒德勃罗以此为突破口,进行了艰难的探索,在前人研究的基础上,于 1973 年在法兰西科学院讲课时,首先提出了分维和分形几何的思想。芒德勃罗创立了分形几何,并于 1975 年以"分形:形状、机遇和维数"为名发表了他的划时代专著,第一次系统地阐述了分形几何的内容、意义、方法和理论。在数学史上,一门独立的学科——分形几何诞生了。

3.4.3 分形几何与经典几何的区别

经典几何是建立在公理之上的逻辑体系,其研究的是在旋转、平移、对称变换下各种不变的量,如角度、长度、面积、体积等,其适用的对象是规则、平整、光滑的。

分形几何与传统几何相比有以下特点:

(1)从整体上看,分形几何图形是处处不规则的。例如,海岸线和山川形状,从远距离观察,其形状是极不规则的。

(2)在不同尺度上看,图形的规则性又是相同的。上述的海岸线和山川形状,从近距离观察,其局部形状又和整体形态相似,它们从整体到局部都是自相似的。当然,也有一些分形几何图形,它们并不完全是自相似的。其中一些是用来描述一般随机现象的,还有一些是用来描述混沌和非线性系统的。

分形作为一种新概念、新方法,正在许多领域开展应用探索。美国著名物理学家惠勒(Wheeler)说过:"今后谁不熟悉分形,谁就不能被称为科学上的文化人。"

3.4.4 分形的特征:自相似性

一个系统的自相似性是指某种结构或过程的特征从不同的空间尺度或时间尺度来看都是相似的,或者某系统或结构的局域性质或局域结构与整体类似。对于欧几里得几何,它们的形态是极其规则的,而且是严格对称的,人们描述起来很容易。例如我们想要描述一个圆形,那么只要给出圆点和半径,就能很快得出具体的图形。

然而,对于不规则的物体形态,我们就会显得束手无策。凹凸不平的地表,怪石林立的山峰,诸如此类的实物形态,我们是无法用欧几里得理论来描述的。尽管大自然的物体形态是千变万化的,但是如果我们从一个分形上任意选取一个局部区域,对其进行放大,再将放大后的图形与原图加以比较,我们发现它们之间形状特征呈现出令人惊讶的自相似性。

图 3-37 是一棵蕨类植物,仔细观察,你会发现,它的每个枝杈都在外形上和整体相同,仅在尺寸上小了一些。而枝杈的枝杈也和整体相同,只是变得更加小了。那么,枝杈的枝杈的枝杈呢?自不必赘言。

图 3-37 蕨类植物

当然,自然界的事物是自相似的,但不是严格的完全相似。尽管我们观察的分形体有很多的相似之处,然而,严格来说它们还是有一定差别的。这就存在一个问题,即相似度。它用来表示一个分形的局部与局部以及局部与整体之间的相似程度。另外,相似并不代表相同或者简单的重复。如果我们将局部图形用放大镜放大若干倍后,不一定会和原图完全吻合。

3.4.5 分形哲学:自然界中的分形现象

一种被称为分形的庞大的图案家族同时吸引了数学家的想象力。它们意味着世界中还有世界,真实中还有真实。"分形艺术"往往是数字化的、丰富多彩的、纷繁复杂的。最近,分形被用来在《大英雄 6》和《奇异博士》之类的电影中模拟奇幻世界。

对分形的数学研究是受到自然图案的观察驱动的,数学艺术家们利用严谨的知识来生成自然界中没法直接观察到的图案,而这些图案给人一种不可思议的印象,介乎于自然和超自然之间。

自然界有许多自然景物非常像分形图形,我们可以用简单的分形程序画出一些分形,其逼真程度可以和自然界的实物照片相比,如桧树的叶子(见图 3-38)、羊齿树的叶子等。

图 3-38 桧树的叶子

自然界由单纯的规则组成,而且这个规则涉及自相似的所有层次,这是很自然就能想到的,这一点特性与分形非常相像,如支配羊齿树的叶子的全体的规则同时也支配左右分开的树枝的一个一个小叶,而且对小叶中的小叶也是如此。

几何起源于自然界物质的抽象,自然界有许多自然物体可以用分形来加以描述,如海岸线、云彩的边界等。但是,应该说这些物体没有一个是真正的分形,因为用充分小的比例观测它们时,它们的分形特征就消失了。然而,在一定的比例范围内,它们表现出了许多类似分形的性质,因而在这个范围内可以看成是分形。

早在曼德尔布罗特(Mandelbrot)提出分形理论以前,他和同事沃斯(R.F.Voss)等已经在计算机上绘制了大量的逼真的月球地形,类似行星、岛屿、山脉以及类似蜗牛、水母等分图形。这就是说,从分形开始创立时,分形就是与自然界物体密切相关的,也为人类认识许多复杂的自然界物体提供了新的工具。可以说,数学上标准的分形一开始就是和自然界的现象结合在一起的。为此,曼德尔布罗特猜想,自然界的许多东西都是由简单步骤的重复而产生出来的,这就使我们能够解释一些让人们困惑的事件:为什么相对少量的遗传物质可以发育成复杂的结构,如肺、大脑,甚至整个机体;为什么只占人体体积5%的血管能布满人体的每一个部分,等等。

正是因为许多基本的自然现象具有分形特征,如山脉、河流、云形等,现在有一种所谓“分形层次宇宙论”认为宇宙就是一个分形:宇宙本身才是最能反映分形性的。这个理论的基本思想是:首先将银河系比作最基本的结构(相当于生成元、发生器),其构成元素就是一颗颗星星,这些星星集中起来形成涡旋状的银河。在上一层宇宙(高宇宙),涡旋状的银河本身又变成构成元素,从而形成更大的涡旋状银河。再进入上一层,又由这些更大的涡旋状银河作为构成元素进一步形成更大的涡旋状银河系。

像这样重复相同规则的无限结构就表示了层次宇宙论所指的宇宙结构。如果这个理论是正确的话,宇宙本身就是一个最大的分形。

课外延伸阅读

有趣的四色定理

在一个遥远的地方有一个神奇的城市,这个城市叫作动物城。顾名思义,在这个城市中生活的公民都是动物,它们在这座城市中友好和平地生活着。这个故事中的主角就是动物城油漆店的主人,一对猴子双胞胎——笑笑和梦梦。

有一天,笑笑和梦梦接到了马老板的订单。原来,这个有“炫富症”的土豪突发奇想,想在墙上画一个图案(见图3-39),可是他不知道如何涂色。马老板要求每一个区域都要用四个颜色标记而不会使相邻的两个区域得到相同的颜色。

这下,笑笑和梦梦可谓又喜又悲,这既是一棵摇钱树,又是燃眉之急呀!如果做成了,一定有很大的报酬,可是这太难了,根本没有插入点,也没有任何地方值得参考。大家来帮笑笑和梦梦想想办法吧。

四色定理

四色定理又称四色猜想或四色问题,是世界近代三大数学难题之一。地图四色定理(Four

Color Theorem)最先是由一位叫古德里(Francis Guthrie)的英国大学生提出来的。

四色问题的内容是"任何一张地图只用四种颜色就能使具有共同边界的国家着上不同的颜色"。也就是说,在不引起混淆的情况下,一张地图只需四种颜色来标记就行。

用数学语言表示即"将平面任意地细分为不相重叠的区域,每一个区域总可以用1、2、3、4这四个数字之一来标记而不会使相邻的两个区域得到相同的数字"。这里的"相邻的两个区域"是指有一整段边界是公共的。如果两个区域只相遇于一点或有限多点就不叫相邻,因为用相同的颜色给它们着色不会引起混淆。

图3-39 填色图

11 幅名画:养风度,蓄风雅

1.力拔山兮气盖世——《千里江山图》(见图3-40)

有一个人,宋徽宗亲授其法;

有一个人,一幅画成就了他短暂的一生!

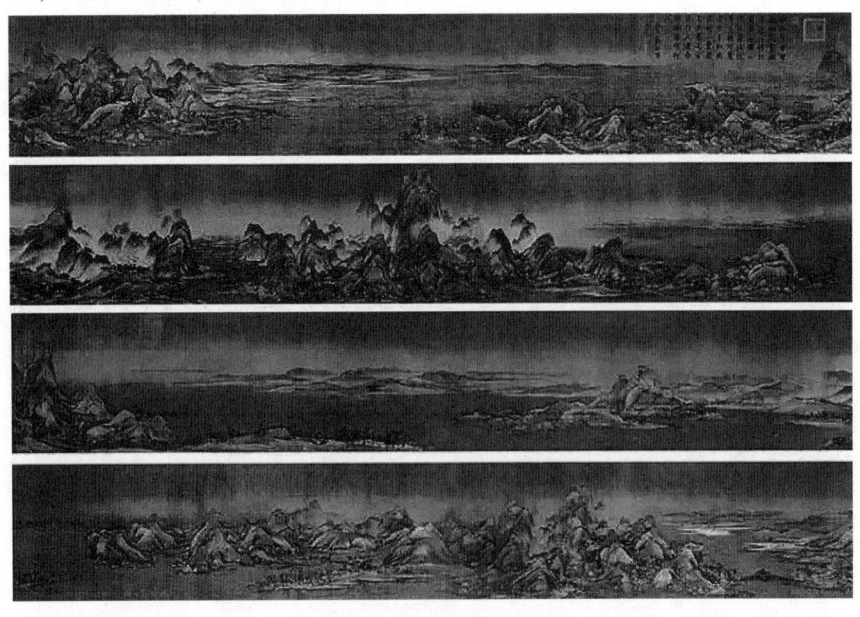

图3-40 《千里江山图》

这个人便是王希孟。他用了半年时间终于绘成名垂千古之鸿篇杰作《千里江山图》,时年仅十八岁,不久英年早逝。《千里江山图》(局部)如图 3-41 所示。

图 3-41　《千里江山图》(局部)

2.海到尽头天是岸,山至高处人为峰 ——《富春山居图》(见图 3-42)

《富春山居图》是"元四家"之首的黄公望的力作。此画不仅被视为中国古代山水画的高峰,也被视为黄公望绘画艺术的巅峰之作。其苍润洗练的笔墨、优美动人的意境不仅使人"于宁静处感悟平淡,于细致处品味天真",而且生动真切地展现了富春江两岸的山川风物,带给人超凡脱俗的飘逸感。《富春山居图》(局部)如图 3-43 所示。

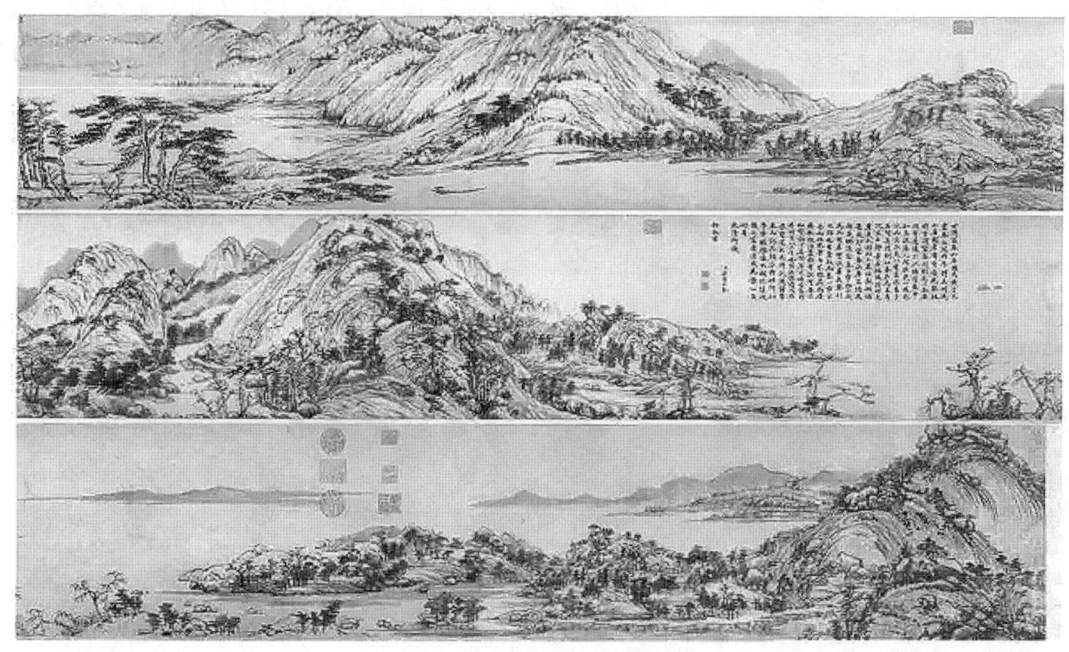

图 3-42　《富春山居图》

图 3-43　《富春山居图》(局部)

3.《五牛图》(见图 3-44)

《五牛图》是唐代画家韩滉画牛的精品力作。此画被称为"中国十大传世名画"之一,有勤劳致富、勤恳忠实、诚信友好、年富力强、事业兴旺之寓意,值得今人借鉴!《五牛图》(局部)如图 3-45 所示。

图 3-44　《五牛图》

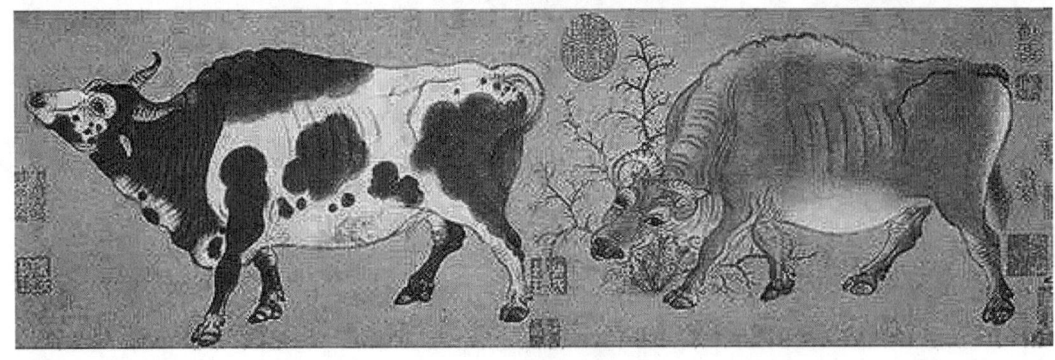

图 3-45　《五牛图》(局部)

4.《韩熙载夜宴图》(见图 3-46)

《韩熙载夜宴图》描绘了官员韩熙载家设夜宴载歌行乐的场面。此画绘写的就是一次完整的夜宴过程,即琵琶演奏、观舞、宴间休息、清吹、欢送宾客五段场景。整幅作品线条遒劲流畅,工整精细,构图富有想象力。《韩熙载夜宴图》(局部)如图3-47 所示。

图 3-46 　《韩熙载夜宴图》

图 3-47 　《韩熙载夜宴图》(局部)

5.人生得意须尽欢 ——《李白行吟图》(见图 3-50)

"君不见黄河之水天上来,奔流到海不复回。"

"长风万里送秋雁,对此可以酣高楼。"

"花间一壶酒,独酌无相亲。"

从这些千古不朽的名诗佳句中,我们似乎看到了唐代大诗人李白那宽阔的胸怀,无畏的气概,因不满现实而借酒浇愁的思绪,以及才气横溢、风度翩翩的潇洒之态。

6.好男儿,烈马疆场壮志豪迈 ——《奔马图》(见图 3-49)

徐悲鸿画马多注重刻画骨骼和肌肉结构,有着一定的写意成分,往往是挥墨一气呵成。人们常用"一洗万古凡马空"来称赞其笔下的骏马,矫健的身姿、高昂的头,嘶鸣千里的气势,体现出一种迅疾的速度、力量和雄壮的美。

图 3-48　《李白行吟图》

图 3-49　《奔马图》

7.做人当为君子,君子亦如竹——《墨竹图》(见图 3-50)

郑板桥所写墨竹,瘦硬坚劲,萧萧飒飒,光明磊落,具有一种孤傲刚正的桀骜不驯之气。在艺术构思上提出"眼中之竹,胸中之竹,手中之竹"的画竹三阶段论述,影响之深远,至今仍常为人们所引用。

8.不与百花争高洁 ——《冰姿倩影图》(见图 3-51)

中国画史上将文徵明与沈周、唐寅、仇英并列,合称"吴门四家"。这幅墨梅作品古朴质拙、韵高神清,以朗朗清气、疏影暗香,衬出梅的铮铮傲骨,是文徵明的传世国画之精品。

梅花以它的坚贞不渝、高洁、坚强、谦虚的品格,给人以激励。在严寒中,梅开百花之先,独天下而春。

自古以来,人们都赞美梅花的傲雪精神,以及它的那种孤独的不与百花争春的高洁的美。所以,梅花象征高洁、坚强的人。

9.锲而不舍,金石可镂 ——《愚公移山》(见图 3-52)

这幅画取材于《列子·汤问篇》,故事是人所熟知的。徐悲鸿在抗日战争时期画《愚公移山》,其用意是要以愚公精神鼓励全国军民不畏艰苦、坚持抗日,夺取最后的胜利。

图 3-50　《墨竹图》　　　　　　　图 3-51　《冰姿倩影图》

图 3-52　《愚公移山》

10.《洛神赋图》(见图 3-53)

　　曹植的作品中,除了《七步诗》,最有名的就是《洛神赋》了。顾恺之依据《洛神赋》画了流传千古的画作《洛神赋图》,其中最感人的一段描绘是曹植与洛神相逢,但是洛神却无奈离去的情景。《洛神赋图》(局部)如图 3-54 所示。

图 3-53 《洛神赋图》

图 3-54 《洛神赋图》(局部)

展开画面,只见站在岸边的曹植表情凝滞,眼睛望着远方水波上的洛神,痴情向往。高高的云鬓,被风而起的衣带,给了水波上的洛神一股飘飘欲仙的来自天界之感。她欲去还留,顾盼之间流露出倾慕之情。

初见之后,整个画卷中画家安排洛神一再与曹植碰面,日久情深,最终缠绵悱恻的洛神,无奈驾着六龙云车,在云端中渐去,留下此情难尽的曹植在岸边,终日思之,最后依依不忍地离去。这其中泣笑不能、欲前还止的深情,最是动人。

11.《贤母图》(见图 3-55)

从此图的题款"临民听狱,以庄以公。哀矜勿喜,孝慈则忠",可以推知此为贤母向即将离家赴任的儿子所做的教诲。画家以高超的笔法将贤母严肃训诫却又暗含离别伤感之态、儿媳恭顺侍立而又对丈夫依恋不舍之情、儿子恭敬聆听却踌躇难离之意,刻画得极其生动传神。

图 3-55　《贤母图》

第四章　数学与建筑

【思政目标】
1.通过发现中国建筑中的数学美,提高审美能力。
2.培养学生热爱中国文化的精神。
3.培养学生在实践中发现美、创造美的能力。

数学是可以书写宇宙的文字;

建筑是人类在天地之间的创造;

一个是研究数量、结构、变化、空间以及信息等概念的学科;

一个是用结构来表达思想的科学性艺术;

建筑离不开数学;

一些经典的数学概念也时常会出现在各类建筑中。

4.1　数学与建筑的交响曲

在中华大地五千年的历史中,勤劳、智慧的华夏儿女创造了无数举世闻名的建筑。回顾历史,有明清时期"三重蓝顶,一道圆墙,二十八柱"的祈年殿,通过建筑的数与形传达属于自己的文化底蕴;有精致细腻的回音壁,巧妙地运用几何聚声效应实现远距离对话;还有家喻户晓的雷峰塔,《白蛇传》中魔幻的神话故事映托了它的神秘,八面五层、砖砌木雕更是展现了它的辉煌……

古时的能工巧匠将数字与图形通过建筑来展现,传承着属于那一时代的精神。时至今日,受古建筑的熏陶,中国现代化建筑通过数学巧妙地将东方古典美和现代美相结合,成就了一个个闻名世界的建筑。东方明珠塔,由 3 根斜柱、11 个球再现了"大珠小珠落玉盘"的唯美与壮丽;有上海最早、中国第一之称的上海博物馆,传承古时"天圆地方""上浮下坚"的思想,将数学的图形美与东方的文化美相结合,透露出中华文化的博大精深、源远流长;还有矗立于香港中心、绚烂耀眼的香港中国银行,运用棱柱玻璃几何形体设计出 70 层的高楼,于蓝天白云中反射七彩云光,甚是美丽。

北京市朝阳区麦子店街道的凤凰国际传媒中心(见图 4-1)采用的是钢结构体系,设计和施工难度都比较大。它运用的是现代先进的参数化非线性设计,打破了传统的思维,不通过画图,而是借助设计师的经验和数字技术协同工作,运用编程来完成大楼的设计和施工。凤凰国际传媒中心钢结构工程是一个技术创新型工程,在"莫比乌斯环"内,每一个钢结构构件弯曲的方向、弧度以及长度都是不一样的,而这所有的不一样,成就了这座雄伟的、独一无二的建筑。

图 4-1 北京凤凰国际传媒中心

长沙市建筑事务所为湖南长沙龙王港(见图 4-2)设计的人行桥梁同样以莫比乌斯环为原型,与北京凤凰国际传媒中心不同的是,大桥还融入了中国结元素。其独特的莫比乌斯环造型为坚固的桥梁注入柔美气质,如缎带般优美柔和的人行桥,仿佛舞者的水袖掠过梅溪河。该设计采用多种工艺,行人可在不同高度选取路线过桥。其实此桥设计不只是杂糅莫比乌斯环和中国结,行人在行走路线的选择中,也在向著名的"七桥问题"致敬。

图 4-2 湖南长沙龙王港

4.2 建筑中的数学元素

建筑是人类生存的基本活动之一。建筑也是所有人生戏剧或故事的最重要的舞台。哲学家赵鑫珊说:"建筑是建筑师从大自然中派生出来的或暂时借来的空间;是一种'加工'过的自然。"

从古至今,美轮美奂的建筑就像一部部记载着时代变迁的史书,展示着每个时代的政治、经济、文化、技术、艺术和哲学,当然,也蕴含了丰富的数学元素。

4.2.1 建筑中的比例

"比例",原指数量之间的对比关系或局部在整体中所占的分量。建筑中的"比例",常包含多方面的概念,如建筑整体或它的某个局部本身的宽度、高度、深度之间的大小关系,建筑物及建筑空间整体与局部的面积、体积比例,建筑局部互相之间的长度、面积、体积关系等。我们评判一座建筑是否漂亮,首先就是从建筑的外形上进行判断。评判一座建筑的美学效果,要看这座建筑的外形比例。很多美学家认为建筑的外形比例或许就是建筑美学的基础,建筑中用不同的比例往往会呈现出不同的美学视觉。

古希腊的立柱就将这种不同比例之美呈现得淋漓尽致(见图 4-3)。在古典建筑中,立柱是一种常见而重要的元素,它往往对于建筑者意图的表达有着至关重要的意义。古希腊的圆柱基本可以分为三种柱式:多立克柱式、爱奥尼柱式、科林斯柱式。同时,建筑师们在实地测绘古代建筑时,意识到维特鲁威之后的古罗马人在后来的建筑中吸收了古希腊三种柱式的元素,在此基础上又发展出了两种新的柱式:塔斯干柱式(也称托斯卡纳柱式)、混合式柱式。

古希腊人认为,给建筑带来美感的比例规则是基于人体比例的。哲学家普罗泰戈拉(Protagoras)曾经说过:"人是万物的尺度。"根据维特鲁威的记载,古希腊人在为阿波罗神庙布置柱子时,为了保证柱子能够承受荷载的同时,保持公认美观的外貌,于是试着测量人体的脚长与身长。他们发现,男子的脚长是身长的六分之一,所以就把同样的情形搬用到柱子上来——以柱径:柱身=1:6的比例建造。

图 4-3 古希腊的立柱

这样,粗壮的多立克式柱子就在建筑物上开始显现出男子身体比例的刚劲和优美,在希腊文化中被认为是男性美的象征,所以多立克柱式是个"顶天立地的汉子"(见图 4-4)。

后来,希腊人又用同样的方法建造了阿尔忒弥斯神庙的柱子。由于是优雅的阿尔忒弥斯的神殿,脚长便改用窈窕女子的尺寸,柱径与柱身的比例为 1：8 或 1：9。与多立克柱式相比,爱奥尼柱式是一种更为优雅高贵的柱式。两个涡卷据说来自女子秀丽的卷发,柱身的纵向沟槽是衣裙上垂坠的褶纹,柱身底部设计成靴状的突出线脚。所以爱奥尼柱式象征着"爱美而窈窕的女神"(见图 4-5)。

而科林斯柱式作为华丽的诞生,有着一个浪漫的故事(见图 4-6)。相传古希腊的科林斯市有一名少女婚前早逝,她的乳母将少女的心爱之物收在篮子里,用一片石瓦盖住,放在了墓碑上。篮子碰巧压在了莨苕草根上。到了春天,莨苕的茎叶沿着篮子边缘向上蔓伸,又被石瓦压成涡卷的曲线。雅典的卡里马库斯(Callimachus)根据这只柔和地长满了莨苕草叶的篮子设计出了科林斯柱式。

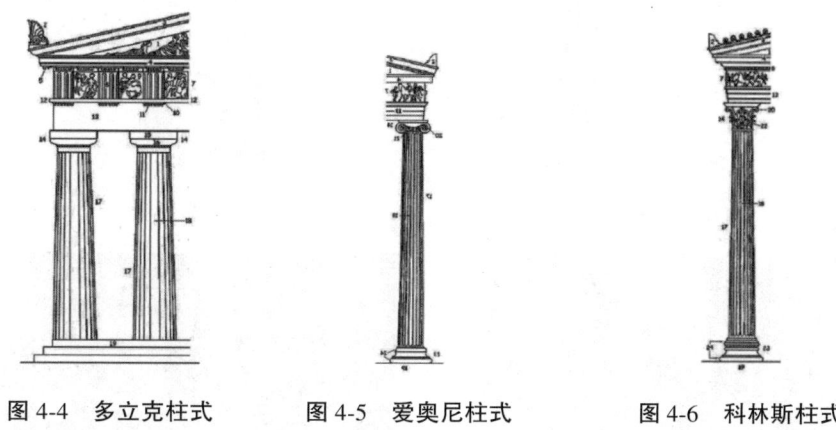

图 4-4　多立克柱式　　　　图 4-5　爱奥尼柱式　　　　图 4-6　科林斯柱式

科林斯柱式实际上是爱奥尼柱式的一个变体,两者各个部位都很相似,只是科林斯柱式的柱头以毛莨叶纹装饰,而不用涡卷纹。毛莨叶层叠交错环绕,并以卷须花蕾夹杂其间,看起来像是一个花篮置于圆柱顶端,其风格也由爱奥尼式的秀美转为豪华富丽。它的优点之一是,在华丽美观之余还可置于建筑物的任何部位,柱头图案呈环绕状,因而适应各种观赏角度。此外,科林斯柱式的比例也比爱奥尼柱式更为纤细,相较于多立克柱式和爱奥尼柱式,科林斯柱式有非常强的装饰性。

塔斯干柱式比较尴尬(见图 4-7)。罗马人刚建国的时候比较穷,据说修柱子时,连最朴素的多立克柱式都修不出来,只好光秃秃地一整根一整根地杵在那里。后来,罗马发达了,柱式怎么华丽、怎么复杂就怎么设计,于是有了混合式柱式(见图 4-8)。

古希腊的这几类柱式十分形象地呈现出不同比例应用在建筑中起到的不同审美效果。接下来,你能认出来以下柱式分别是多立克柱式、爱奥尼柱式、科林斯柱式中的哪一种吗?(见图 4-9、图 4-10)

建筑中的黄金分割比例:所谓的黄金分割比例,是指事物的各个部分之间的一定的数学比例关系,如果将一个整体一分为二,大部分与较小部分之比,等于整体与较大部分之比,一般数值比例为 1：0.618,即较小部分为较大部分的 0.618,大部分也为整体的 0.618。黄金分割比例是被公认的最具审美价值的比例,也是最能引起人们美感共鸣的比例,这个比例的分割点也被称作黄金分割点。东方明珠塔、帕提侬神庙、巴黎圣母院等的设计都融入了黄金分割比例。东方明珠塔简图如图 4-11 所示。

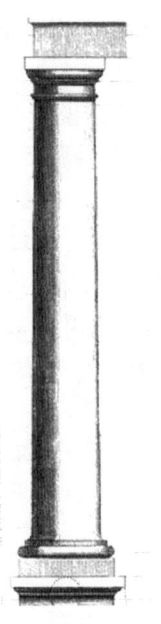

图 4-7　塔斯干柱式

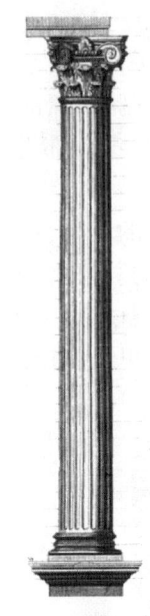

图 4-8　混合式柱式

图 4-9　天津老银行

图 4-10　法国卢浮宫

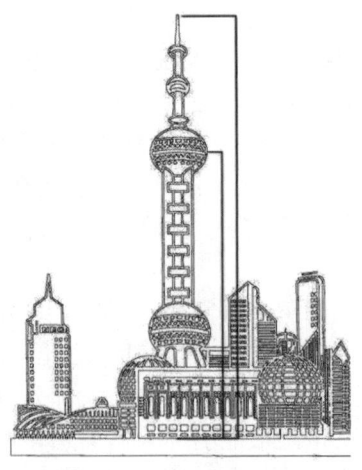

图 4-11　东方明珠塔简图

位于上海黄浦江畔的东方明珠塔，它的塔身高达 468 m，仿佛一把刺天长剑直冲云霄。上球体到塔底的距离约为 289 m，二者之比非常接近黄金分割比例 0.618，因此显得格外挺拔美观。事实上此建筑的几何组成上是十分单调的，完整的圆形或球形也因为在画面中过于抢眼而常常被避讳。但是设计师在这个建筑中多处运用了黄金分割的比例，使其协调、美观。

古希腊的建筑师们也很早就把黄金分割比例运用到建筑实践中了，黄金矩形的结构能够让建筑物比例更加协调、美观。著名的帕提侬神庙就是用黄金分割比例修建的建筑之一（见图 4-12）。雅典卫城石灰岩的山岗上耸峙着一座巍峨的长方形建筑物，矗立在卫城的最高点，这就是在世界艺术宝库中著名的帕提侬神庙。如果我们在帕提侬神庙周围描一个矩形，就会发现，它的长是宽的大约 1.6 倍，这种矩形称为黄金矩形。

图 4-12　帕提侬神庙

法国巴黎圣母院的正面高度和宽度的比例是 8∶5，它的每一扇窗户长宽比例也是如此，尽显黄金分割比例之美（见图 4-13）！

图 4-13　巴黎圣母院

黄金分割比例在建筑学中的运用，将建筑美学推向了更高的层面。除了外观上的优美，建筑工程师们还发现，通过黄金分割比例修建的建筑在结构上也更加稳定。对于建筑学家来说，对建筑学的探索是无止境的，也只有对这些知识深刻地运用和发展，才能让我们拥有更多更美的建筑。

不管是东方明珠塔、帕提侬神庙还是巴黎圣母院，总是美得让我们应接不暇，黄金分割比例的魅力让我们感受到建筑的美，建筑的美又让我们感受到数学的美！

建筑中的勾股定理：勾股定理，又称"毕达哥拉斯定理"，是初等几何中的一个基本定理。这个定理有着十分悠久的历史，人们对勾股定理的证明颇感兴趣，因为这个定理太贴近人们的生活实际,以至于古往今来,上至王侯将相,下至平民百姓,都愿意探讨和研究它的证明。它是几何学中一颗闪亮的明珠。

相传毕达哥拉斯在一次散步中,偶然看见了地上由几块三角形瓷砖拼成的一个长方形瓷砖(见图4-14)。

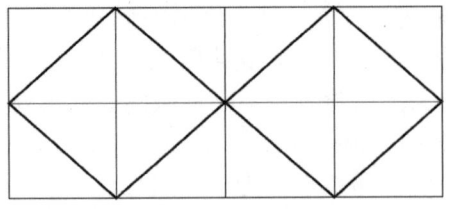

图4-14 三角形瓷砖

毕达哥拉斯灵机一动,用手在上面比画了起来。毕达哥拉斯经过研究,得出这样一个结论:在一个直角三角形中,底边的平方+高的平方=斜边的平方。这就是我们熟悉的勾股定理。

我国古代对这个定理的发现、应用和研究也具有自己明显的特色,如"勾三、股四、弦五"(见图4-15)就是我国古代研究勾股定理的一个最著名的例子。

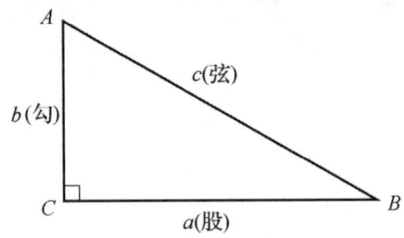

图4-15 勾股定理

大约在公元前11世纪,周朝数学家商高就给出了"勾三、股四、弦五"这样一个特殊的直角三角形。在中国古代早期的经典《周髀算经》中,就记录着商高同周公的一段对话。在研究测量问题时,商高对周公说:"故折矩以为勾广三,股修四,径隅五。"这句话的意思是:当直角三角形的两条直角边分别是3(勾)和4(股)时,径隅(弦)则为5。这是一个最基本的直角三角形,也是古人确定直角的一种方法,认为边长为3、4、5的三角形一定是直角三角形。所以,后人就简单地把这个事实说成"勾三、股四、弦五"。根据该典故,此定理在中国就被称为"勾股定理"或"商高定理"。

勾股定理在生活中处处可见,古埃及在宏伟的建筑如金字塔(见图4-16)、巨大的神庙和无数的雕塑和绘画作品时,也用到了勾股定理。

胡夫金字塔位于埃及首都开罗西南的吉萨高地,是埃及现存规模最大的金字塔。它是埃及第四王朝第二位法老胡夫的陵墓,距今有4700年左右的历史。这座金字塔除了以其规模的巨大而令人惊叹外,还因其高超的建筑技巧而得名。塔身的石块之间没有任何水泥之类的黏着物,而是一块石头叠在另一块石头上面。每块石头都磨得很平,历时数千年后,至今人们也很难把一把锋利的刀插入石块之间的缝隙。如此精湛的工艺,出自4700年前古埃及的工匠或奴隶之手,这不能不说是建筑史上的奇迹。

但更令人吃惊的是发生在胡夫金字塔上的数字"巧合"。如果把胡夫金字塔的原高度146.59 m乘以10亿,结果约等于地球与太阳的平均距离。塔高(146.59 m)与塔底正方形周长(230 m×4 m)的比就是地球半径与周长之比,因而,用塔底周长除以高度的2倍,结果约等于

图4-16 金字塔

3.14,正是圆周率 π 的数值,精确程度堪比我国祖冲之对圆周率的计算成就。

胡夫金字塔内部的直角三角形厅室,各边之比为 3∶4∶5,体现了勾股定理的数值,而勾股定理是在金字塔建成 1000 年以后才出现的。这种数字与建筑之间完美地结合在一起的金字塔,凝结着古埃及人的知识和智慧,至今仍不断吸引着成千上万的人去探索。

4.2.2 · 建筑中的对称

《国语·楚语》中有云:"夫美也者,上下、内外、小大、远近皆无害焉,故曰美。"里里外外皆均衡妥帖,方为"美"。建筑是智慧和文明的结晶,也是一个民族文化和思想的外在体现。我国文化深受入世的儒家文化和出世的道家文化两方面的交互影响,反映在建筑中,无论是宏伟的宫殿、庄严的寺庙、幽静的园林,还是丰富多彩的民宅,都极大程度地表达着这两种文化的形式语言,表述出了丰富而深刻的传统思想观念。从古至今,中国人一直追求着造物里的对称美,从皇城宫苑到普通民宅,从群体建筑的规划到一户一室的布局,从亭台楼阁到轩榭廊舫,我们处处都可见中式建筑中对称的影子。

中国传统思想观念最重要的一种形式,就是对称。对称是指一种同形同量的形态,如果用直线把画面空间分为相等的两部分,它们之间不仅质量相同,而且距离相等。从力学的角度来看,对称性的结构形式,在建筑物的重力感、力的传递与支撑的关系中表达出建筑结构的作用。对称性与空间艺术形式合理地融合,使建筑结构本身既富有美学表现力,又顺应力学规律,达到建筑适用、安全、经济和美观的目的。

对称的建筑通常有以下几个特点:

(1)对称的建筑能够突出庄严肃穆感,政府建筑多用之,如人民大会堂。

(2)经常布置在群体里的中轴线上,是视觉中心和景观焦点,起到统领作用,如大学校园里轴线上的图书馆或办公楼等。

(3)具有古典美感和秩序感,因为无论是中国还是欧洲国家,古典建筑多为对称的。

从美学的角度来看,对称也是自然美的形象表征。对称往往与均衡联系在一起,对称是均衡的天然格局,让人产生健康和平静的均衡感。对称讲究相同部分间规律的重复,呈现在建筑上,往往给人一种庄严肃穆的感觉,具有古典美感和秩序感,这也是我国古代皇城、宫殿、庙宇、陵墓多为左右对称的缘故。

中国许多古城的建筑,都有自己严格的中轴线。在中轴线上,左右对称,城内街道东西、南北呈棋盘格子状。空间位置的这种对称性设计,是对大自然的有机模仿,在这种模仿中,人类得到感官的愉悦和情操的陶冶。

从文化的角度来看,在儒、释、道的传统文化氛围中,中国文化讲究中庸和谐。"中为适应之谓,庸为经久不渝之意。"在几千年的演变中,逐渐演绎为不偏不倚、允当适度之意。"中庸"的观念体现在古代建筑上,就是建筑的平面做对称均齐布置,布局上必须有一条庄重的南北中轴主线,起着中枢神经作用。这一格局成为中国古代各类建筑组合方式的缩影,如宫殿、王府、衙署、庙宇、祠堂、会馆、书院等。

这种关于中轴线的建筑空间意识,也体现在北京的四合院民居住宅中。受大教育家孔子的影响,中国人讲究重伦守礼,维护等级与秩序。中国古代建筑只有充分满足这些要求,才能最终与古代中国人传统上按远近、长幼、亲疏,继而按高下、尊卑、贵贱来处理社会人际关系的行为模式同步一体。因此,对称建筑衍生出的主次、内外等级的区别也可以用于区分人的等级,以维护阶级社会的秩序。

故宫就是对称建筑中的典型例子(见图4-17、图4-18)。故宫严格地按《周礼·考工记》中"前朝后寝,左祖右社"的帝都营建原则建造。整个故宫,在建筑布置上,用形体变化、高低起伏的手法,组合成一个整体,同时达到左右均衡和形体变化的艺术效果。金黄的宫殿、朱红的城墙、汉白玉的阶、琉璃瓦的顶,沿着一条子午线对称分布,共同构筑出重叠的空间序列。

图4-17 故宫(一)

故宫的建筑依据其布局与功用分为"外朝"与"内廷"两部分。"外朝"以太和殿、中和殿、保和殿三大殿为中心,是皇帝行使权力、举行盛典的地方。"内廷"也叫"后寝",以乾清宫、交泰殿、坤宁宫为中心,在它们的东西两侧各有六个宫院相连,被称为"三宫六院",是皇帝与后妃居住、休闲之所。

故宫的正门叫午门,是凹字形的建筑结构。午门门楼两侧的明廊内,安放有钟鼓;午门前的广场上,象征权力的日晷居右(西侧)、嘉量居左(东侧)。太和门、太和殿区域能看到很多采用平面轴对称设计的元素,无论屋顶、彩画、梁柱、门槛和坡道等都是整齐划一、精美绝伦。太和殿门前的汉白玉石雕石匦、石亭东西对称;青绿色的铜狮分立两旁,一雄一雌。东侧雄狮脚踏绣球,象征着皇家权力一统天下,西侧雌狮左足抚慰幼狮,象征皇家子孙绵延昌盛。太和殿外平台上陈列着日晷和嘉量各一,象征着皇家对时间和空间的掌控。

图 4-18　故宫（二）

　　故宫的建筑布局讲究对称，但对称并不是在相对位置上的建筑一定要一模一样。御花园西南角的养性斋（见图 4-19）和东南角的绛雪轩（见图 4-20）就不同。养性斋平面呈凹字形，正好与平面呈凸字形的绛雪轩互补，十分契合。

图 4-19　养性斋

图 4-20　绛雪轩

汉宝德先生在《中国建筑文化讲座》中指出："中国建筑的中轴线对称式布局不仅源于平面形制上以人为本的对称,而且有更深层次的意义,能使观察者沉浸式地体会到建筑的对称美——从空间布局上来说,中轴线引领的大规模对称、均衡的建筑极易在视觉上形成冲击力,同时营造出庄重严肃的空间氛围,进而使人们在精神层面迅速达到共鸣、产生感触。"以故宫为例,漫步在其中轴线上,途经的所有建筑物,如午门、太和殿、中和殿、保和殿和乾清宫等都呈现出左右对称、两翼舒展、层层递进的形式,一股磅礴大气的和谐统一之美,伴随着目光所见油然而生,使人不禁产生一份敬畏之情,这就是中国"以人为本"的中轴线真正的意义。

故宫中轴线也受儒家文化"中庸之道"的影响(见图 4-21)。"中也者,天下之大本也;和也者,天下之达道也。致中和,天地位焉,万物育焉。"这样的理念造就了中轴线的重要地位,也决定了沿中轴线布局的建筑有着均衡和谐、包容统一的特点。

故宫主要建筑依次排列于中轴线上,次要建筑有序地排布在中轴线两侧,总体上呈现出均衡而不失变化的院落式对称布局,这是中国儒家思想影响下"中庸"与"均衡"的结果。

泰姬陵在建筑美学上最引人注意的也是其完全对称(见图 4-22)。从主殿中心向两向延伸之轴线切割之中轴线,可以看到相对于中轴线之距离相等之处,必存在数量、尺寸及样式完全对称之雕饰。其中轴线贯穿园区各门、水池及道路等之中线。

对称不仅仅是为了美观和气势,也是为了让建筑物更加坚固和持久。无论是桥梁还是摩天大厦,只有建筑在牢固的地基上,才能避免变形或坍塌,因此计算地基的稳固性至关重要。以艾菲尔铁塔为例(见图 4-23),设计师古斯塔夫・埃菲尔(Gustave Eiffel)领衔的工程师团队,将 9 000 t 总重量平均分配在 4 根支柱上,即每根柱子分担 $9\ 000 \div 4 = 2\ 250$ t 重量。然后,他们又为每根支柱配备了 4 根倾斜的椽梁,则每根斜椽各自承担 $2\ 250 \div 4 = 562.5$ t 重量。最终的结果是,每平方厘米地面所承受的重量只有 3~4 kg,与高跟鞋的鞋跟所承担的重量相当。经过科学的计算,能让铁塔经久屹立不倒。

图 4-21　紫禁城中轴线

随着人类的发展，人们从自然界的美丽事物中有所领悟，将对称手法运用到科学、艺术、建筑等多个领域。作为常见的艺术设计手法之一，对称手法为当代建筑空间设计也提供了很多有效而又易于表达的设计思路。也因为源自对自然中对称元素的提取，对称手法在平和端正气氛的营造上具有其他表现手法所没有的先天优势。在结构设计和外观设计上采用对称设计将力与美结合起来，也可以保证设计成品除了更稳定，还具有好的美学表现力和更高的美学价值。

图 4-22　泰姬陵

图 4-23　埃菲尔铁塔

4.2.3　建筑中的曲与直

曲中有直:广州电视塔的外形是典型的单页双曲面,即直纹面。单页双曲面的每条母线都是直线,通俗来说,虽然看上去广州电视塔外边是光滑的曲线,中间细两头宽,但是事实上每一根柱子自下而上都是直的,所以广州电视塔是一堆笔直的柱子斜着搭起来的。单叶双曲面是一种双重直纹曲面,可以用直的钢梁建造。这样会减少风的阻力,同时也可以用最少的材料来维持结构的完整。该曲面在建筑上被广泛应用,除了广州电视塔以外,日本神户港塔、巴西利亚大教堂等也具有单叶双曲面形状。

广州电视塔构造给人以柔和舒缓的感觉,却也承重万石,可抵抗巨大的风的阻力(见图4-24)。就像人生的脊梁,有时需要弯曲,以谦和的姿态去待人接物,有时必须挺直,不畏艰难险阻。"曲中有直,直中带曲",它以宽容的姿态海纳百川,同时又有风寒雪梅的铮铮傲骨。

图 4-24　广州电视塔

那么到底什么是单叶双曲面呢?

定义:互不垂直的两条异面直线,以其中一条直线为旋转轴,另一条直线绕着它旋转,得到的曲面即为单叶双曲面。双曲面如图4-25、图4-26所示。

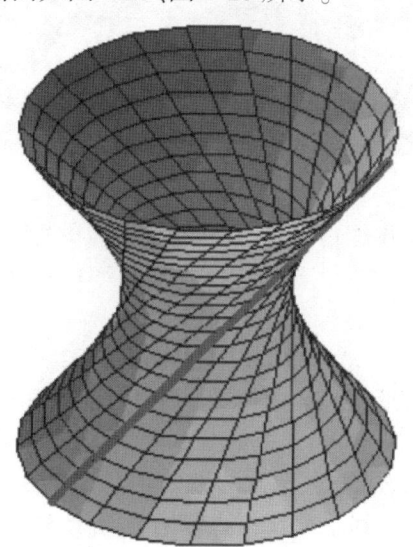

图 4-25　双曲面(一)

在空间解析几何里,单页双曲面的标准定义如下:

定义:在直角坐标系下有方程$\dfrac{x^2}{a^2}+\dfrac{y^2}{b^2}-\dfrac{z^2}{c^2}=1$($a,b,c>0$),所表示的图形称为单叶双曲面。

化曲为直：许多的建筑外形都有着流畅的曲线与柔软的曲面，其实它们都可以看成从线到面的一种变换，而不同的变换又能得到不同的曲面。广州大剧院外形独特、气势宏伟，宛如两块被珠江水冲刷过的灵石，奇特的外形充满奇思妙想。全球顶级声学大师为其精心打造的声学系统，达到世界一流水平，使其传递出近乎完美的视听效果，获得全球建筑界及艺术家的极高评价，为中国夺得了无数殊荣。

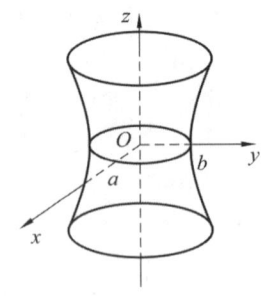

图 4-26　双曲面（二）

现代的一些建筑师喜欢做曲面的建筑，为了降低成本，通常的做法往往是化曲为直，用种类有限而数量巨大的多边形来拼合出外表皮。这是蕴含着极其复杂的算法的，通常是各大曲面设计所的核心机密，算法好坏的一个评判标准是表面的流畅程度。

广州大剧院的设计应用了"化曲为直"的数学思维（见图 4-27）。这是一种极限思想方法，即把圆、曲面或不规则运动轨迹想象成无数长度很小的直线连接在一起的图形，然后代入题目运算。在这个过程中，平均分的小段越小，得到的结果越接近准确答案。

图 4-27　广州大剧院

化曲为直的数学思想早在我国古代就已引入。刘徽的"割圆术"在人类历史上首次将无穷小分割引入数学证明（见图 4-28）。众所周知，圆周率是一个开头为 3.14 的无限不循环小数，古人是如何得到这个数值的呢？

刘徽利用割圆术成功求解了 π 的数值。他从直径为 2 尺（约为 66.67 cm）的圆内接正六边形开始割圆，依次得正 12 边形、正 24 边形等，割得越细，正多边形面积和圆面积之差越小，用他的话说就是："割之弥细，所失弥少，割之又割，以至于不可割，则与圆周合体而无所失矣。"他首先从圆内接六边形开始割圆，每次边数倍增，算到 192 边形，得到总边长与直径的比等于 3.14，又算到 3 072 边形，得到总边长与直径的比等于 3.141 6，该值称为"徽率"。刘徽提出的计算圆周率的科学方式，奠定了此后千余年来中国圆周率计算在世界上的领先地位。

古人用自己奇特的方法解释了圆周率的数值。尽管现在计算机已经将圆周率精准计算到十万亿的位数，也不能停止我们对古人的敬仰。

曲直能相生，曲径可通幽。世间的一切事物，其运动轨迹都是波浪形的。山脉的起伏是一条曲线；河流的下泄与上冲是一条曲线；春、夏、秋、冬的气温升降是一条曲线；月亮的圆缺是一条曲线。直线无澜,曲线生姿,曲直皆为人生之态。

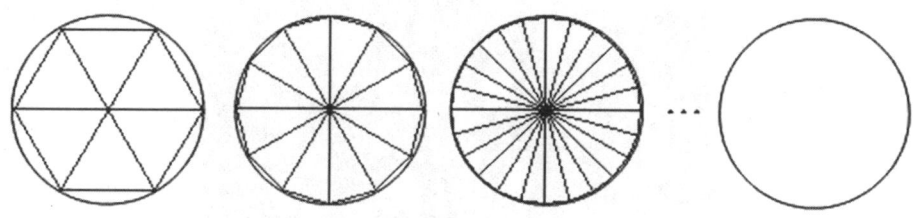

图 4-28　割圆术

4.2.4　建筑中的几何

在古往今来的建筑中,无论是富丽堂皇的宫殿还是端庄典雅的楼阁,都少不了几何的应用。不同类型的几何运用在建筑中,会呈现出不同的审美效果。那么,三角形的内角和一定等于 180°吗? 下面介绍数学中的几何类型,以及它们与建筑的美丽邂逅。

欧几里得几何(也称欧式几何):欧几里得几何主要研究平面上的问题,认为人生活在一个绝对平面的世界里。在欧几里得几何中,三角形的内角和一定等于 180°,即我们常说的"平面三角形内角和等于 180°"。在建筑领域中,方形、圆形、三角形与六边形是比较常用的几何图形。这些图形明显地具有内聚性,且中心与边缘存在着等距的向心关系,本质上是静态的。其主要运用于二维平面与三维空间的设计上。

埃克赛特图书馆(见图 4-29),作为伟大的建筑师路易斯·康(Louis Kahn)的经典之作,表达了极强的几何感、对称感,呈现出一种理性的美。其外表方正,内部分隔出阅览、藏书、中庭三层结构。中庭的墙面上挖了 4 个巨型圆洞,人与巨型圆洞在尺度上形成鲜明对比,显示出人的渺小(见图 4-30)。阅览区的三角形独立座位,划分出静谧的私人空间。方形、圆形、三角形在这部作品里的运用,营造出一种静态的空间氛围,非常符合图书馆空间的设计需求。

图 4-29　埃克赛特图书馆

图 4-30 埃克赛特图书馆中庭

黎曼几何:前面提到,三角形的内角和一定等于 180°吗? 在黎曼几何中,三角形的内角和并不等于 180°。黎曼几何是德国数学家黎曼(G.F.B.Riemann)于 19 世纪中期提出的几何学理论。黎曼几何是非欧几何的一种,亦称"球面几何"。在黎曼几何中,三角形的内角和大于180°,即我们常说的"球面三角形内角和大于 180°"。数学上的黎曼几何可以看作欧几里得几何的推广,与欧几里得几何最主要的区别在于公理体系中采用了不同的平行公理(在黎曼几何学中不承认平行线的存在)。其基本规定是:在同一平面内任何两条直线都有公共点(交点);直线可以无限延长,但总的长度是有限的。

黎曼几何将曲面本身看成一个独立的几何实体,而不是把它仅仅看作欧几里得空间中的一个几何实体。黎曼几何将空间维度扩展到了四维甚至更高的维度。

在建筑领域中,黎曼几何在扎哈(Zaha)的建筑作品中运用得比较多(见图 4-31)。擅长用曲线做设计的扎哈,她的作品总是会带给人极强的视觉冲击力,人们往往惊叹于建筑灵动而和谐的美感。其实,扎哈是将由黎曼几何得来的"叶状结构"在建筑上做了各种创作。

图 4-31 黎曼几何建筑

　　叶状结构:就是将曲面分解成一簇曲线,每根曲线被称为一片叶子,叶子层叠在一起构成原来的曲面(见图4-32)。这样,扎哈的很多作品都可以用这个几何逻辑去分析,加深人们对建筑的理解与分析。

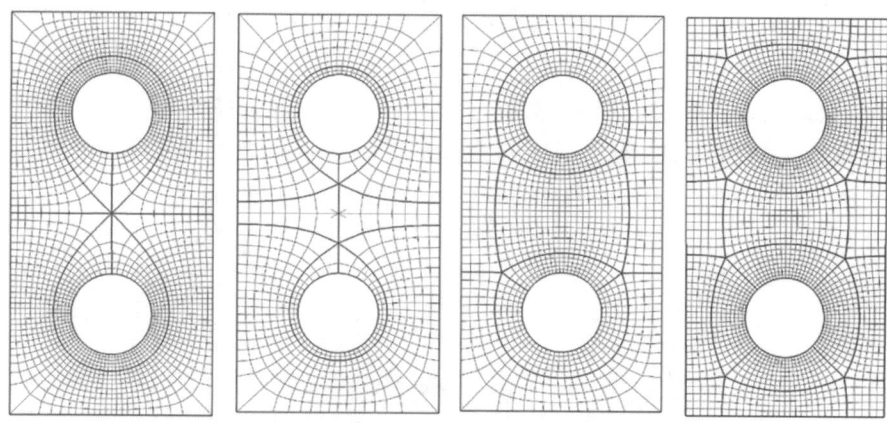

图 4-32　叶状结构

　　以扎哈设计的北京大兴国际机场为例(见图4-33、图4-34、图4-35)。如果我们从空中鸟瞰大兴国际机场的棚顶结构,会觉得有点酷似六芒星的结构。但是,如果我们对它的曲面进行划分,可以发现,这座建筑也是由"叶状结构"形成的。实际上看它内部的钢架结构,里面由两组彼此垂直的曲线结构组成,结构中间存在一个稳定的奇异点。

图 4-33　北京大兴国际机场(一)

图 4-34　北京大兴国际机场(二)

图 4-35　北京大兴国际机场(三)

罗氏几何:罗巴切夫斯基几何(简称为"罗氏几何"),又称双曲几何,也是一类非欧几何。在罗氏几何中,三角形的内角和小于180°。它与欧几里得几何最主要的区别在于,公理体系中采用了不同的平行公理("过直线之外一点有唯一的一条直线和已知直线平行"被代替为"双曲平行公理",即"过直线之外的一点至少有两条直线和已知直线平行")。

双曲抛物面是罗氏几何的一个重要模型。每个面上都有两条抛物线,形成的结构既能抗压也能抗拉。又因其形状酷似马鞍,也被称作"马鞍面"(见图4-36)。它的重要特征——直纹曲面,即它可看成由两组直线构成。这个特点为后期施工带来极大的便利性。

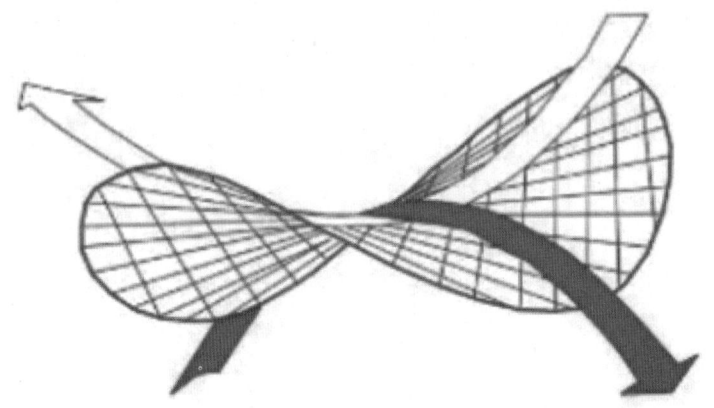

图4-36 马鞍面

在建筑上,将马鞍面运用到极致的是菲利克斯·坎德拉(Felix Candela)。同时,他也是混凝土薄壳大师。由马鞍面所形成的飘逸的屋面,在他的建筑作品中成了典型标签。从1个、3个、4个到多个马鞍面都建了一遍。

1个马鞍面——帕尔米拉教堂(见图4-37)

图4-37 帕尔米拉教堂

3个马鞍面——圣文森特·德·保罗教堂(见图4-38)

3个马鞍面壳靠在一起,中间通过钢桁架相连,形成透明光带,像森林里的一顶白帽子(见图4-39)。

4个马鞍面——霍奇米洛克餐厅(见图4-40)

多个马鞍面——Bacardí（百加得）瓶装厂（见图 4-41）

图 4-38 圣文森特·德·保罗教堂

图 4-39 马鞍面结构图

图 4-40 霍奇米洛克餐厅

图 4-41 Bacardí（百加得）瓶装厂

分形几何：分形几何主要研究无限复杂具备自相似结构的不规则几何形态，被认为是连接人造物与大自然的重要几何学。其被广泛地应用在设计领域中，如雪花图（见图 4-42）。分形是指局部与整体在形态、功能、信息、时间、空间等方面具有统计意义上的相似性，即具有自相似性。从数学的角度看，分形理论将维数从整数扩大到分数，从而突破了一般拓扑集维数为整数的界限。

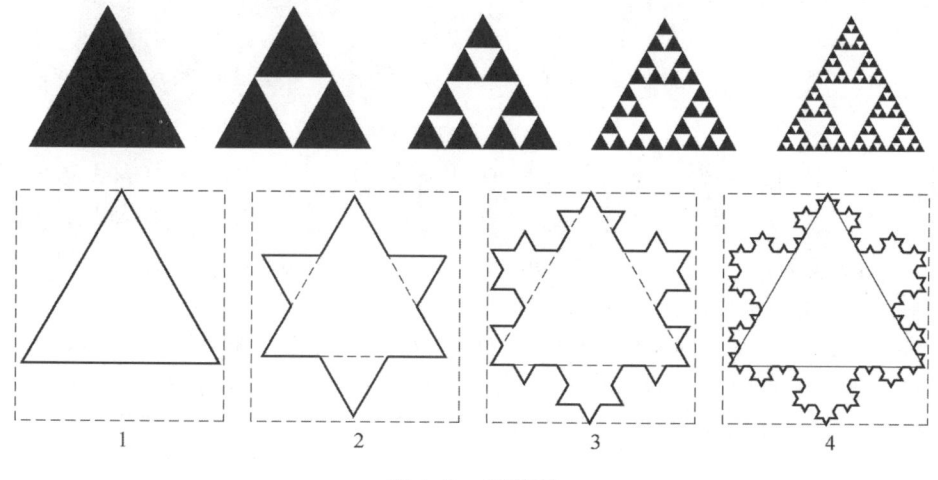

图 4-42 雪花图

分形几何在建筑设计中主要体现在两方面：一方面，注重建筑自身局部与整体、建筑与环境之间的关系；另一方面，分形几何的自相似性也是复杂非线性的空间的重要表达方式。

天津蓟州区于庆成雕塑展览馆是分形几何与建筑设计结合的典型案例（见图 4-43、图 4-44）。泥塑大师结合"捏泥巴"进行设计构思，以此展开设计。以"龟裂纹"形式表达建筑的局部与整体之间的关系，在无序的形式中包含着简单的分形规律。表皮纹理与表皮之间、表皮与不规则体块之间、不规则体块与大自然之间，逐级形成一种自相似性，实现建筑与环境之间的良好融合（见图4-45）。

图 4-43   于庆成雕塑展览馆（一）   图 4-44   于庆成雕塑展览馆（二）

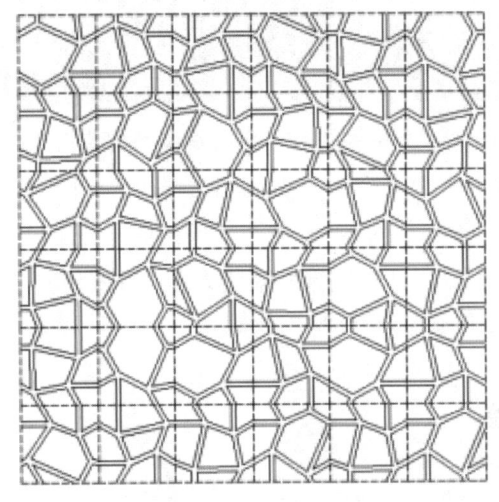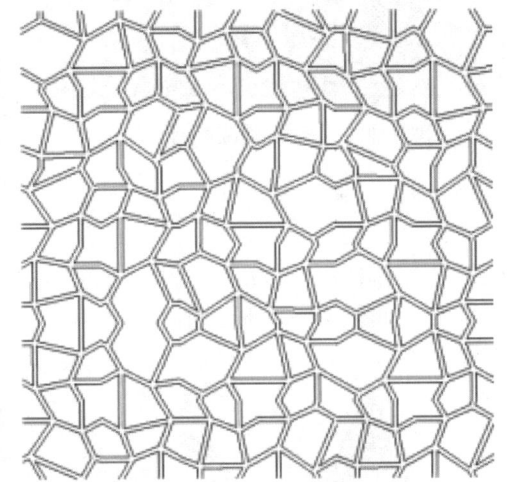

图 4-45   不规则体块

拓扑几何：拓扑几何的发现为研究地形地貌、生成自由的建筑空间与形式拓展了新的维度。拓扑几何主要研究它的不变性，也就是"拓扑等价"（见图 4-46）。比如，圆形、方形和三角形在拓扑变换的条件下，它们都是等价图形。一般地，对于任意形状的闭曲面，只要不把曲面撕裂或割破，它的变换就是拓扑变换，就存在拓扑等价。

从建筑设计的角度来看，拓扑几何的运用使得围合空间的界面可以在拓扑等价的条件下随意发生变化，从而创造出自由而灵动的非线性建筑（见图4-47）。然而，想要提高拓扑的复杂度，就要在上面"开洞"（专业术语叫"亏格"）。

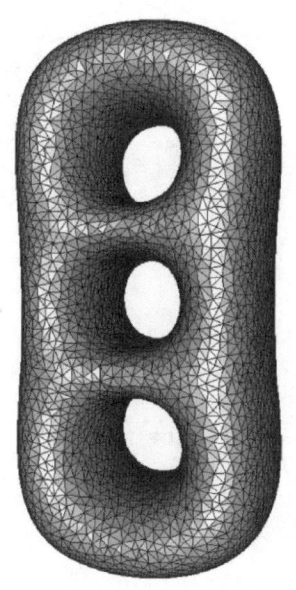

图 4-46　拓扑几何

图 4-47　拓扑几何建筑

在此基础上再做突破,就会涉及"拓扑优化"的概念。简单来讲,拓扑优化就是从力学的角度研究如何在物体上优雅"开洞"。在满足力学性能的前提下,在力学上的无效或低效区域删去材料(开洞),在需要材料的区域增加材料(填洞),最终结构将趋于优化。

日本著名建筑设计师矶崎新的团队所设计的卡塔尔国家会议中心(见图 4-48)和上海喜马拉雅中心(见图 4-49)的公共空间,将"拓扑优化"做了很好的诠释。其不仅满足建筑的功能需求、结构的力学性能,而且结合建筑的审美,形成了极具震撼力的建筑。

卡塔尔国家会议中心将长达 250 m 的入口支撑结构,运用拓扑优化的逻辑,设计成为类似树干状的有机形态。壮观的立面形如两棵相互交缠的大树,树干向上攀升,支撑着建筑的屋顶。

图 4-48　卡塔尔国家会议中心

矶崎新于上海喜马拉雅中心的公共空间设计中也运用了拓扑优化技术,形成的结构线像巨型的树干,营造出生生不息、自然生长的林木形态空间,仿佛将公共空间置于人工造就的自然之林。

图 4-49　上海喜马拉雅中心

4.3　建筑中的智慧

4.3.1　榫卯——以柔克刚

柱梁枋檩构华夏万间,斗拱椽桁续营造传承。中国传统建筑一直是中华文化的典型代表和具象体现。

建筑是智慧和文明的结晶,是历史沧桑的见证,更是文化和思想的外现。中国古代建筑在几千年的历史衍变过程中,都以其独特的形式语言,打上了传统文化的烙印,体现出丰富而深刻的传统思想观念,同时在这种思想观念的影响下,更体现出中国建筑大师们的智慧。

与西方砖石结构建筑的"以刚克刚"不同,中国传统的木结构建筑在抵抗地震冲击力时,采用的是"以柔克刚"的思维,通过种种巧妙的措施,其目标是以最小的代价,将强大的自然破坏力消弭至最低限度。

柔性的框架结构,墙倒屋不塌。中华民族不但自文明伊始就睿智地选择了木材等有机材料作为结构主材,而且发展形成了世界上历史最悠久、持续时间最长、技术成熟度最高的柔性的框架体系。我国木结构技术的发展,若仅从浙江余姚河姆渡遗址算起,迄今至少已有近 7 000 年的历史。

作为对比,西方数千年中一直采用承重墙体系,直到工业革命以来、近现代科学技术发展之后,才意识到框架结构的优越性,遂开始大规模地普及。更值得玩味的是,这种框架体系仍然是"以刚克刚"。而中国的传统木结构,具有框架结构的种种优越性,如"墙倒屋不塌"的功效,但其柔性的连接,又使其具有相当的弹性和一定程度的自我恢复能力。在汶川大地震中,许多文物建筑的墙体均不同程度地受损,但主体结构并未倒塌,就是这种柔性框架结构抗震能力的体现。

"以柔克刚"的典型建筑就是山西应县木塔(见图 4-50)。

图 4-50　山西应县木塔

保证木塔千年不倒的原因:从结构力学的理论角度来看,木塔的结构非常科学合理,榫卯结合,刚柔相济,这种刚柔结合的特点有着巨大的耗能减振作用,这种耗能减振作用的设计,甚至超过了现代建筑学的科技水平。

榫卯结构:榫卯结构是木制器具中通常在相连接的两构件上采用一种凹凸结合的连接方式,构成富有弹性的框架(见图 4-51)。凸出部分叫作榫(或榫头);凹进部分叫作卯(或榫眼、榫槽)。

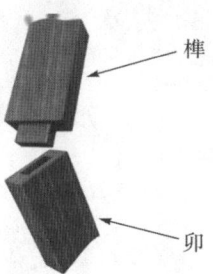

榫

卯

图 4-51　榫卯结构

榫卯工艺是古代工匠的必备技能,工匠手艺的高低,通过榫卯结构就能清楚地反映出来。好的师傅能让榫卯两部分严密扣合,达到天衣无缝的效果。它的优势是坚固耐保存、方便拆卸和搬运,还不伤木质,不像钉子那样易腐蚀。

榫卯被称作我国传统木制家具的"灵魂",其最大的特点就是不使用钉子(见图 4-52)。传统木制家具在现代被称为中国文化遗产,多半是榫卯结构的功劳。在古代,整套传统家具甚至整幢建筑都不使用任何金属,但却能在经历长期使用、自然损耗,甚至在遭遇地震时,也依然能够使用几百年甚至上千年,这在人类轻工制造史上简直就是奇迹!

榫卯工艺也契合了中国古人的文化理念。《易经·系辞上》里有"一阴一阳谓之道",这里的意思是世间万物都要遵循阴阳、盈亏的道理,互补共生,缺一不可。而榫卯结构正是按照这个道理设计的。

从结构上看,一般古建筑都采取矩形、单层六角形或八角形平面。而木塔是采用两个内外相套的八角形,将木塔平面分为内槽、外槽两部分。内槽供奉佛像,外槽供人员活动。内外槽之间又分别有地栿、栏额、普柏枋和梁、枋等纵向、横向相连接,构成了一个刚性很强的双层套桶式结构。这样,就大大增强了木塔的抗倒伏性能。

木塔外观为五层,而实际为九层。每两层之间都设有一个暗层。这个暗层从外看是装饰性很强的斗拱平座结构,从内看却是坚固刚强的结构层,建筑处理极

图 4-52　我国传统木制家具

为巧妙。在历代的加固过程中,又在层内非常科学地增加了许多弦向和经向斜撑,组成了类似于现代的框架构层。这个结构层具有较好的力学性能。有了这四道圈梁,木塔的强度和抗震性能也就大大增强了。

斗拱是中国古代建筑所特有的结构形式,靠它将梁、枋、柱连接成一体(见图4-53)。由于斗拱之间不是刚性连接,所以在受到大风、地震等水平力的作用时,木材之间会产生一定的位移和摩擦,从而可吸收和损耗部分能量,起到调整变形的作用。除此之外,木塔内外槽的平座斗拱与梁、枋等组成的结构层,使内外两圈结合为一个刚性整体。这样,一柔一刚便增强了木塔的抗震能力。木塔设计有近60种形态各异、功能有别的斗拱,是中国古建筑中使用斗拱种类最多、造型设计最精妙的建筑,堪称一座斗拱博物馆。

图 4-53　斗拱

在地质基础方面,木塔基土主要由黏土及沙类组成,工程地质条件非常好,其承载力远大于木塔给予的荷载。所以,直到现在仍然不必担心木塔会有因"底虚"而倾倒的可能。此外,夏天塔上居住着成千上万只麻燕,这些麻燕以木塔上的蛀虫为食,千百年来起着"护塔卫士"

的作用。

中国古建筑不仅坚实耐用，抗震能力强，还拥有着传奇的容貌。现在我们能在许多优秀的国产游戏甚至外国游戏中见到这些颇具魅力的中国传统建筑（见图4-54、图4-55），它们不仅展示了古代工匠们的想象力和创造力，还充分展现了中国人无与伦比的建筑智慧。

图4-54 游戏中的中国传统建筑（一）

图4-55 游戏中的中国传统建筑（二）

课堂活动：鲁班锁又名"孔明锁"（见图4-56），起源于中国古代建筑中首创的榫卯结构，一起来拼一拼吧。

图4-56 鲁班锁

4.3.2　建筑中的数字密码

1.紫禁城(见图 4-57、图 4-58、图 4-59)里神秘的数字密码

密码一:黄金分割点——0.618。

太和殿是紫禁城中重要的宫殿,又叫金銮殿(见图 4-60)。如果把太和殿放在中轴线上从大明门(今毛主席纪念堂的位置)到景山这个尺度上衡量时距离是 2 500 m,从大明门到太和殿广场的中心位置(中国古代建筑的传统审美观点是庭院中心)是 1 545 m,这两个数据的比值恰好是 0.618,是黄金分割点的位置。众所周知,"黄金分割比例"在古希腊建筑中得到普遍运用,这个比例关系被视为最美的比例。

图 4-57　紫禁城(一)

图 4-58　紫禁城(二)

图 4-59　紫禁城(三)

另外,太和殿广场的长度为 130 m,宽度为 200 m,其长宽比为 0.65,与 0.618 的黄金分割比例也十分接近。没有证据表明这种最美的比例在中国古代宫殿建筑中的运用是受到了西方的影响,只能说明人类对美的追求有着共通的成分,验证了黄金分割比的天然合理性。

密码二:9 和 5。"9"和"5"是紫禁城建筑中使用非常多的数字。古人把单数称为"阳数",双数称为"阴数"。皇帝办公的前朝宫殿的数量全是奇数个,而后宫宫殿全是偶数个。在阳数中,"9"是最大的阳数,寓意数量最多;"5"为居中的阳数,寓意包含东、西、南、北、中的全部空间。数字"9""5"的组合,形成具有特定含义的标记,即"九五至尊",寓意皇权的至高无上。

比如,紫禁城的太和殿(原为面阔九间,康熙朝改为十一间)、保和殿、乾清宫、天安门、端门、午门、城楼等重要宫殿的建筑都是面阔九间、进深五间的布局方式,以体现"九五至尊"的思想。

图 4-60　太和殿

紫禁城前朝三大殿的院落东西总宽度为 234 m,前三殿大台基东西宽为 130 m,二者之比为 9∶5;大台基南北长近 228 m,与前三殿院落东西总宽度基本相同,因此,大台基的长宽比基本也为 9∶5,而后两宫与其台基的长宽比,同样也为 9∶5。

又如,紫禁城里唯一的一块单面照壁——九龙壁(见图 4-61),位于宁寿宫皇极门外,深受乾隆皇帝的喜爱。其正面由 270 块琉璃塑块拼接而成,9 条高浮雕巨龙各戏一枚宝珠,其檐下有 45 块龙纹拱板,纵贯壁心的山崖奇石,将 9 条龙分隔为 5 个空间,暗合着九五之数。这九龙壁上面的 9 龙,正中的为正龙,两侧的分别为升龙和降龙。正龙黄色,位于正中,不管是从右至左还是从左至右数,都是第五条,这条黄色的正龙象征的就是天子。而这面照壁上显示出的数字,无不是 9 或 5 的倍数,它也成了紫禁城建筑中暗合九五之制的又一佐证。

图 4-61　九龙壁

密码三：11 和 6。有专家对紫禁城进行过实地测量，发现了 11：6 这个数字规律。如，后寝两宫的院落，南北长 218 m，东西宽 118 m，比值约为 11：6；前朝太和、中和、保和三大殿，南北和东西宽度之比仍约为 11：6；而且紫禁城里其他的院落，比例也都是 11：6。紫禁城总览图如图 4-62 所示。

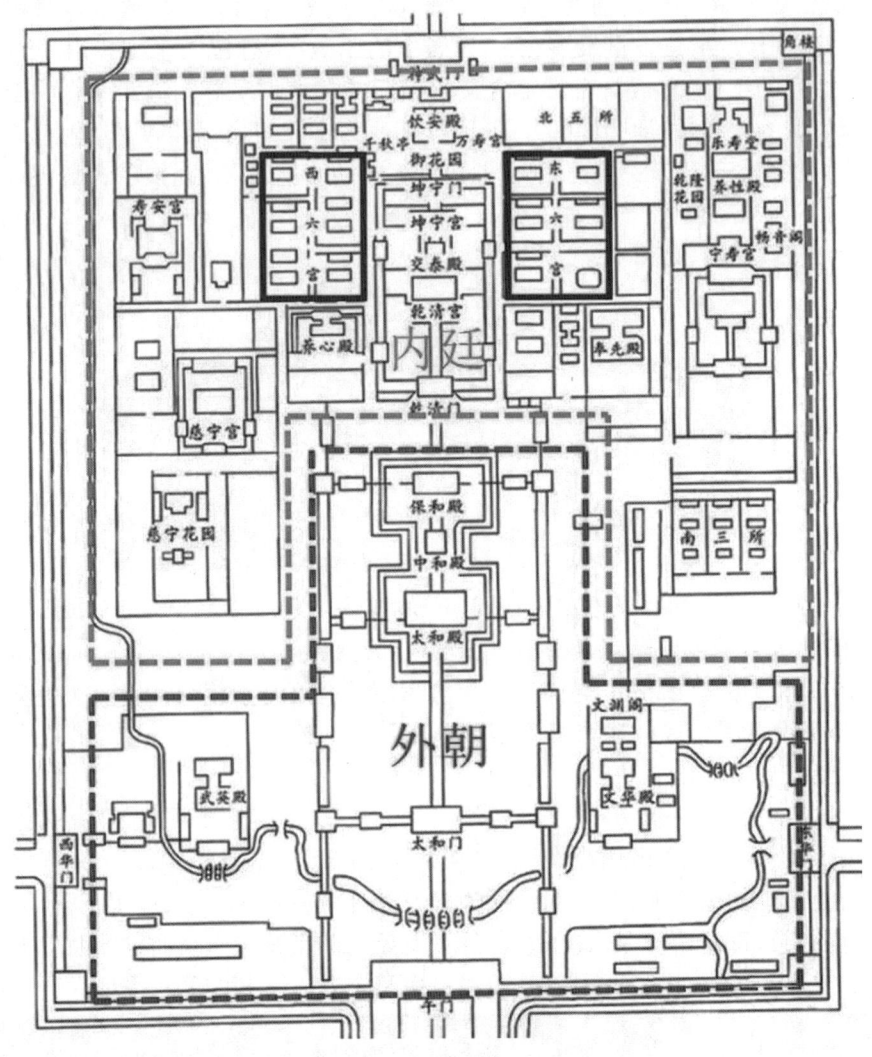

图 4-62　紫禁城总览图

另外，后寝部分东西六宫的面积，也与后两宫基本一致，这就说明，宫中的建筑在设计时是受某种比例控制的。

值得一提的是，这种比例还体现在明清时的城市建筑规划上。在天安门外，存在一个外凸形状的紫禁城外城，而外城的长宽比也为 11：6，外城的面积是后两宫面积的 9 倍。可以推测，紫禁城中各宫院均是以后两宫的长宽数、面积数为基准，成比例进行规划，以此来体现皇权和"唯我独尊"的理念。紫禁城俯视图如图 4-63 所示。

图 4-63　紫禁城俯视图

2.黄鹤楼中的数字密码

前面提到"9"和"5"是紫禁城建筑中使用非常多的数字。在黄鹤楼中这两个神秘数字同样存在。黄鹤楼素有"天下江山第一楼""天下绝景"之誉,不同的时代,由于社会生活的需要不同、科学技术的水平不同、人们的审美观念不同,黄鹤楼产生了不同的建筑形式和建筑风格。现在我们看到的黄鹤楼是以清代黄鹤楼为蓝本,于1981年重建、1984年落成的。黄鹤楼外观为5层建筑,高51 m,里面实际上是9层,其中有4个暗层。中国古代称单数为阳数,双数为阴数。"9"为阳数之首,与汉字"长久"的"久"同音,有天长地久的意思。黄鹤楼这些数字特征,也表现出其影响之不同凡响。

黄鹤楼的建楼传说是美丽的。传说1000多年前,有位姓辛的老人在蛇山上开了家酒店,常客中有一道士,每回喝酒都不买下酒菜,只用随身带着的水果下酒。店主人猜想他一定清贫,执意不收他的酒钱,同他交了朋友,道士也不推辞,就此领受。一天,他用橘子佐酒,饮罢,用橘皮在酒店的壁上画了一只黄鹤,自言道:"酒客至拍手,鹤即下飞舞。"遂去,再也没有见他回来。店中吃酒的人里,有好奇的,想当场试试,面对壁上的画拍手,那黄鹤展翅飞下,在店外舞了一圈,又复原位。此事迅速传开,酒店大旺,连店里的井水也被喝干了。当地一名贪官借口要除妖,命人把那面墙壁移到官府,谁想船行到中途,黄鹤抖翅飞走了,贪官追鹤,葬身江中。卖酒老人为怀念黄鹤,在原址建立了黄鹤楼。

古建筑屋顶造型中的数字密码:作为整个建筑冠冕的屋面,建筑造型艺术发挥得淋漓尽致。我们主要选取现存宋代建筑代表作——晋祠圣母殿、宋代李诚所著的《营造法式》等古建筑资料作为研究对象。研究着重分析两个数据:屋面的圆心角 $A°$、坡屋面高度半径 $H/$ 半坡宽度 W。

以下是晋祠圣母殿和《营造法式》中4个典型的屋面剖面图(见图 4-64)。从图中可以看到:

(1)5 个屋面的圆心角分别为 29°、29°、30°、31°、34°;

(2)平均值为 30.6°;

(3) H/W 分别为 0.533、0.579、0.587、0.583、0.607;

(4)平均值为 0.578。

可以得到古建筑中屋顶的第一个数学密码:从檐口到屋脊,以圆弧拟合屋面曲线,得到圆

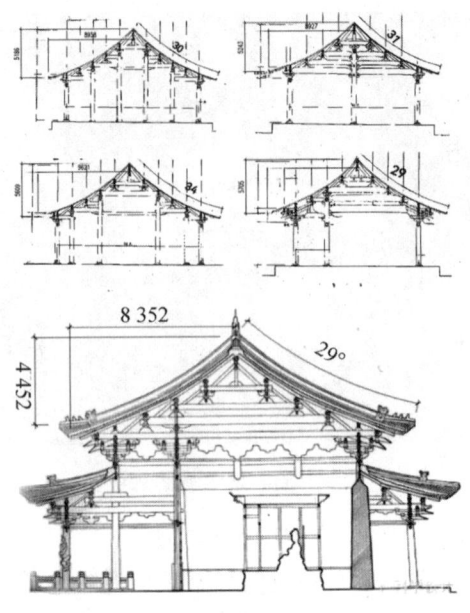

图 4-64　晋祠圣母殿剖面图

心角基本在 $30°\pm2°$。

第二个数学密码:从檐口到屋脊,坡屋面高度半径 H/半坡宽度 $W = 0.57\pm0.3$。

这些数据表达了古人的审美情趣。现代仿古建筑,包括庑殿顶、歇山顶、硬山顶、悬山顶建筑,均宜参照这两个密码营造。

第三个数学密码:最速降线和平抛抛物线(见图 4-65、图 4-66)。从对屋顶曲线进行数学拟合时,却发现最低降速线拟合度最佳,即在起点与终点确定并且忽略阻力的情形下,物体下滑所需时间最短的曲线(见图 4-67)。

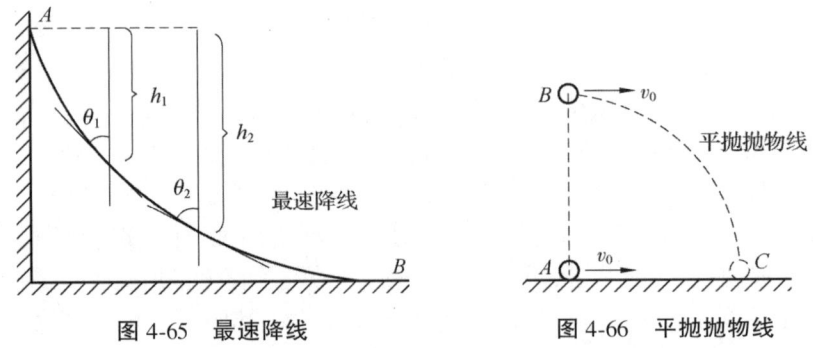

图 4-65　最速降线　　　　　　　　图 4-66　平抛抛物线

我们以拟合屋面的数学方程的方式,表达对古代营造者的敬意。这就是第三个数学密码:最速降线和平抛抛物线。

(1)最速降线的参数方程: $x = R(\theta - \sin\theta)$,$y = R(1 - \cos\theta)$。

(2)平抛抛物线方程: $x^2 = -2py(p>0,\ x\geqslant0)$。

第四个数学密码:不变形三角的斗拱支撑作用和 $1:1$ 弯矩。我们看一下晋祠圣母殿的实景图和按材料力学绘制的弯矩图,并用现代数学的方法来做结构力学分析(见图 4-68)。从图上可以看到,外挑的屋檐的弯矩与屋架内部的弯矩不协调,檐椽悬挑尺寸显然过大。

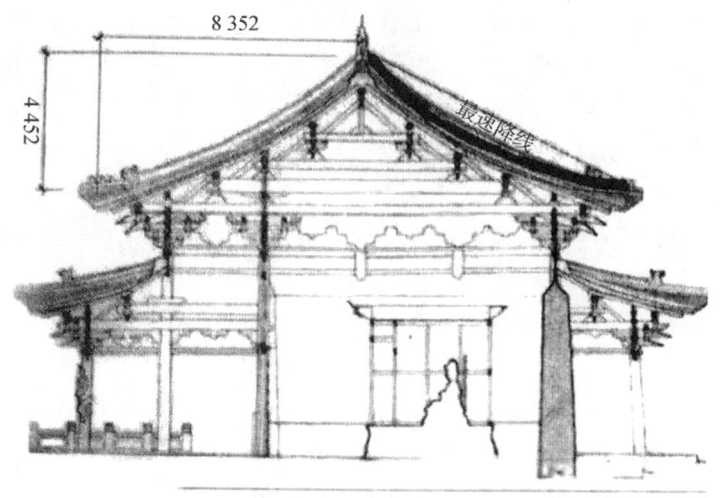

图 4-67　屋面最佳拟合曲线——最速降线

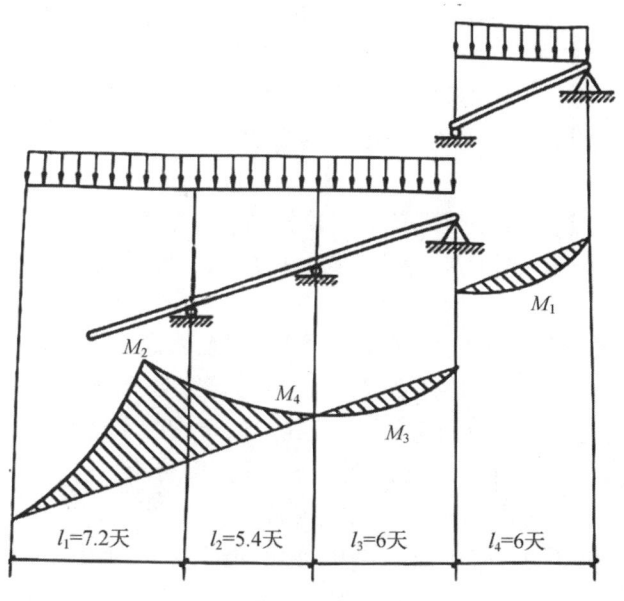

图 4-68　弯矩图

由于檐椽的弯矩 $M_1 = qL_1^2/2$，上架椽的弯矩 $M_2 = qL_2^2/10$，L_1 与 L_2 大体相等（L_1 甚至更大），那么弯矩比例达到 5 倍之多。

这必然会导致两种可能：要么檐椽不安全，要么上架椽断面尺寸过大造成无谓的浪费。

工匠们是如何来处理这个矛盾的呢？从材料性能和营造技术出发，他们给出的答案是斗拱（见图 4-69）。斗拱最初是作为檐椽下面的斜三角支撑，可以减少檐椽的外挑尺寸，从而减小弯矩，达到与上架椽基本协调的目的。斗拱端庄质朴，以实用为要务，充分体现了作为结构受力构件的内涵，实现了力与美的统一。从数学上说，斗拱的整体形象类似三角形，符合三角不变形的几何原理。

斗拱起到出跳承檐的作用，檐椽的根部弯矩减小为原来的 1/5 左右，与上架椽弯矩的比例

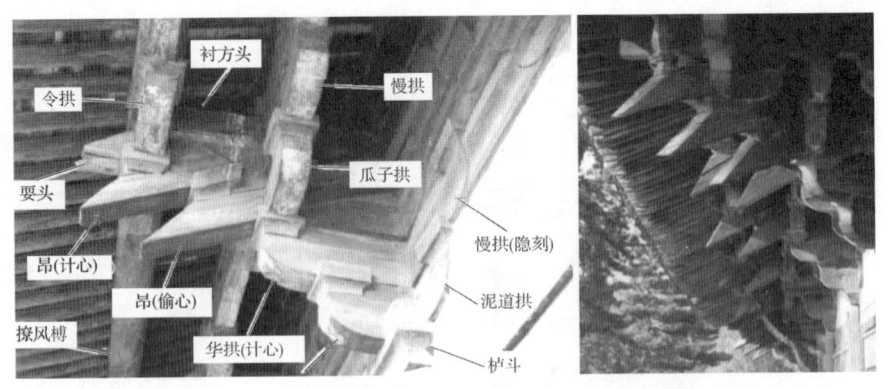

图 4-69　斗拱

达到完美的 1∶1,并且斗拱造型奇特、制作精巧,结构与装饰合二为一,给建筑增添了风采。这就是中国古建筑的第四个数学密码:不变形三角的斗拱支撑作用和 1∶1 弯矩。

古建筑屋顶上的学问远不止这些数字密码。古建筑屋顶位于中国式三段的上段,最为引人注目。它不仅是在建筑最上面起围护结构的作用,而且屋顶形式、屋脊做法和装饰物,以及采用的屋面材料等,都能反映出建筑的等级,建筑的使用性质、类别,建筑物主人的身份、地位等,并在这些方面有着严格的规定,是绝对不可逾越的。

屋脊类型繁多,古建筑不同屋顶"脊"的名称如下(见图 4-70):

(1)正脊:它是指沿前后两坡屋面相交线作成的脊。正脊往往是沿檩桁方向,且在屋顶最高处。

(2)垂脊(包括排山脊):凡是与正脊或宝顶相交的脊统称为垂脊。

(3)戗脊:戗脊是在歇山建筑中,前后坡与两山坡面交界线处的脊,该脊沿着四角 45°方向上与垂脊倾斜相交。

(4)角脊:角脊是重檐建筑屋顶中,下檐屋面转折处,沿角梁方向所作的脊。

(5)博脊:当坡屋面与竖向墙面交接时,往往要沿接缝处作脊,一般将此处的脊称为博脊。在歇山建筑中,两山坡面与山花板相交处,沿接缝方向所作的水平脊就是一种典型的博脊。

(6)围脊:重檐建筑下层屋面与木构架(如承椽枋、围脊板、枋等)相交处的水平脊。围脊能够头尾相接呈围合状,故俗称"缠腰脊"。

(7)排山脊:在歇山、悬山、硬山建筑两山部位屋面边缘,顺山尖而上所作的垂脊称为排山脊。

(8)披水梢垄:它是悬山、硬山建筑屋面在两山部位的简易处理,不作垂脊而仅作梢垄,不用排山沟滴,而仅用披水砖檐的做法。

(9)盝顶围脊:特指盝顶上部平台屋面四边的水平脊,因其围合相交,故称盖顶围脊,又因其在屋顶最高位置处,也称正脊。

屋顶脊饰的种类包括:

(1)鸱尾(见图 4-71)。它用于正脊两侧,围脊转角部位,尺寸有 2.5 尺、3.0 尺、3.5 尺、4.0 尺、4.5 尺,直至 1 丈。鸱尾由数块采用铁鞠(锯)拼接而成。

(2)正脊火珠、斗尖火珠与滴当火珠:a.正脊火珠用于寺观等殿阁正脊当中。火珠的直径有 1.5 尺、2 尺、2.5 尺三种。火珠都为两焰,在其夹脊的两面作盘龙或兽面。b.斗尖火珠用于四角亭子顶部。火珠的直径有 1.5 尺、2.0 尺、2.5 尺、3.5 尺等几种。火珠作两焰、四焰或八焰,

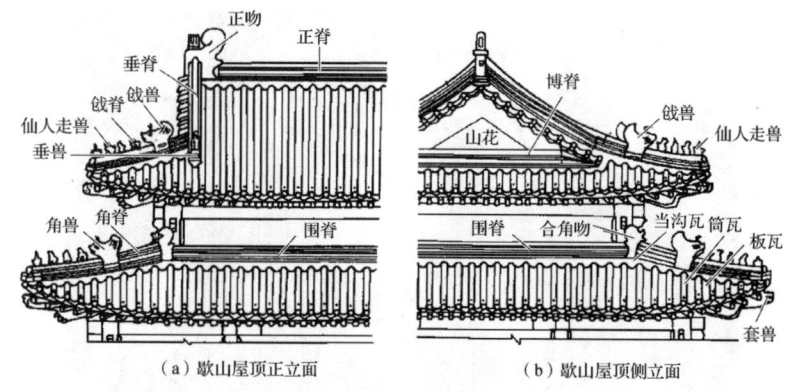

（a）歇山屋顶正立面　　　　　　　　（b）歇山屋顶侧立面

图 4-70　歇山屋顶

下部使用圆形的基座。c.滴当火珠用于华头筒瓦滴当钉之上（相当于清代的瓦钉钉帽），滴当火珠高 3 寸至 8 寸不等。

（3）兽头。兽头分为正脊兽头和垂脊兽头，有 1.4 尺、1.6 尺、1.8 尺、2 尺、2.5 尺、3.0 尺、3.5 尺、4.0 尺等几种。

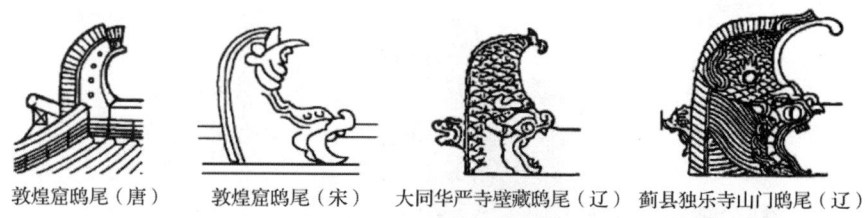

敦煌窟鸱尾（唐）　　敦煌窟鸱尾（宋）　　大同华严寺壁藏鸱尾（辽）　　蓟县独乐寺山门鸱尾（辽）

图 4-71　屋顶脊饰

（4）嫔伽、蹲兽、套兽。嫔伽为女身鸟状仙女（人头鸟身的神鸟）。蹲兽有九品，分别为行龙、飞凤、行狮、天马、海马、飞鱼、狎鱼、狻猊、獬豸。嫔伽高 0.6 尺到 1.6 尺不等，蹲兽高 0.4 尺到 1 尺不等。宋代蹲兽用双数，最多使用 8 个。套兽用于殿、阁、厅堂、亭榭转角子角梁端，套兽径从 4 寸到 12 寸不等。

屋脊上还放置走兽，古建筑上的仙人走兽不仅增添了艺术魅力，还包含着许多鲜为人知的故事。

仙人走兽出现在元代，兴盛于明代。古建筑上最早的装饰物，是主脊上的鸱吻，它是龙头鱼身的神兽。从有砖瓦开始，它就出现在中国建筑物的主脊上。

仙人骑凤是建筑垂脊装饰的头一个，它的位置最为醒目（见图 4-72、图 4-73）。一只振翅欲飞的凤鸟，背上驮着一位凝视远方的仙人。关于仙人的故事众说纷纭，颇具传奇色彩。

传说他是姜子牙的小舅子，总想借姜太公的身份扩大权势。姜子牙知道他没有真才实学，劝阻他不要过于贪图权贵，如果得到了超出自己能力范围的职位，弄不好会一败涂地。于是人们把他立于屋脊之上最前沿，以警世人不可擅离本职、好高骛远。

还有一种传说，说他是战国时期齐宣王之子齐湣王，作为齐国国君在位十七年，经历了秦国与楚国之间的战争。后齐国被攻破城池，为逃避敌军的追杀，他跑到一条大河边无路可走，面临生死关头，突然天降神风，齐湣王跨上凤背飞升而去，化险为夷。因此人们把他放在建筑脊端，寓意着逢凶化吉。

仙人走兽的最高建筑装饰在仙人骑凤之后还有 10 个，依次是龙、凤、狮子、天马、海马、狻

图 4-72　仙人骑凤(一)

图 4-73　仙人骑凤(二)

狻、狎鱼、獬豸、斗牛、行什(见图 4-74)。这是最高级别的建筑装饰,全国只有太和殿才有。

　　仙人走兽端坐檐角,象征殿宇威严,为古建筑增添了美感,使古建筑更加雄伟壮观、富丽堂皇,充满艺术魅力。梁思成先生评价道:"使本来极无趣笨拙的实际部分,成为整个建筑物美丽的冠冕。"

图 4-74　建筑装饰

4.3.3　建筑的美与智慧

1.三大园林比较

说到建筑的美,中国古典园林堪称绝佳。园林不仅让人有美的感受,背后的智慧更为其增添了一分色彩。

中国古典园林源于自然、高于自然,是建筑美与自然美的融糅,具有诗画的情趣意境与涵蕴。中国古典园林的地方特色如下:

(1)江南园林

园林受诗文、绘画的影响,追求"诗情画意"。江南园林主要分布于江浙一带,如苏州的拙政园、留园、网师园、沧浪亭等(见图4-75)。

图 4-75　江南园林

江南园林有三个显著特点:

第一,叠石理水。

江南水乡,以水景见长,水石相映,构成园林主景。太湖产奇石,玲珑多姿,植立庭中,可供赏玩。宋徽宗营建艮岳,设花石纲专供搬运太湖石峰,散落遗物尚有存者,如上海豫园玉玲珑、杭州植物园绉云峰、苏州瑞云峰等。

后又发展叠石为山,除太湖石外,并用黄石、宣石等。明清两代,叠石名家辈出,如周秉忠、计成、张南垣、石涛、戈裕良等,活动于江南地区,对园林艺术贡献甚大。今存者,扬州片石山房假山,传出石涛手。

戈裕良所叠山,以苏州环秀山庄假山(见图4-76)为代表,今尚完好。常熟燕园黄石假山经修理已失旧观。

第二,花木种类众多,布局有法。

江南气候、土壤适合花木生长,江南园林景色优美(见图4-77)。苏州园林堪称集植物之大成,且多奇花珍木,如拙政园中的山茶和明画家文徵明的手植藤。

扬州历来以琼花而闻名。清初扬州芍药甲天下,新种奇品迭出,号称花瑞。江南园林得天独厚的条件和园艺匠师的精心培育使得园林四季有花不断。

江南园林按中国园林的传统,虽以自然为宗,但绝非丛莽一片,漫无章法。其安排原则大

图 4-76　环秀山庄假山

图 4-77　江南园林景色

体是:树高大乔木以荫蔽烈日,植古朴或秀丽树形树姿(如虬松、柔柳)以供欣赏,再辅以花、果、叶的颜色和香味(如丹桂、红枫、金橘、蜡梅、秋菊等)。

江南多竹,品类亦繁,终年翠绿以为园林衬色,或多植蔓草、藤萝,以增加山林野趣(见图 4-78)。也有赏其声音的,如雨中荷叶、芭蕉、枝头鸟啭、蝉鸣等。

第三,建筑风格淡雅、朴素。

江南园林沿文人园轨辙,以淡雅相尚。布局自由,建筑朴素,厅堂随意安排,结构不拘定式,亭榭廊槛,婉转其间,一反宫殿、庙堂、住宅之拘泥对称,而以清新洒脱见称。这种文人园风格,后来为衙署、寺庙、会馆、书院所附庭园,乃至皇家苑囿所应用。

宋徽宗的艮岳、苑囿中建筑皆仿江浙白屋,不施五彩。清初营建北京的"三山五园"和承德的避暑山庄,有意仿效江南园林意境。

如清漪园的谐趣园仿寄畅园,圆明园的四宜书屋仿海宁安澜园;避暑山庄的小金山、烟雨楼都是以江南园林建筑为范本。

这些足以说明以蕴含诗情画意的文人园为特色的江南园林,已成为宋以后中国园林的主流。北方士大夫营建园林,也往往延请江浙名师为之擘画主持。

图 4-78 江南园林绿植

（2）北方园林

园林的规划布局,中轴线、对景线的运用较多,更赋予园林以凝重、严谨的格调。

北方园林主要分布于北京、河北一带:恭王府花园、米万钟勺园。相对于南方而言,此区雨量较少,华北湖泊较少,不可能像江南既有广袤平原,又有纵横水道,于是,在平原地区高耸的泰山和燕山就成为人们心目中的象征。

水源和水量的限制是北方园林的制约因素。地方性自然地理也有着十分密切的关系。在山东一带,因毗邻江苏,园林有模仿江南园林的迹象,如十笏园,就是园主游历江南后回家造的园林。

北京园林中除了皇家园林拥有湖泊之外,王公贵族只能得到皇家的残羹冷炙,水面不大,有些只能是平地造旱园,即使园中有水,也是水面很小。

相对于全园面积,北方园林的水面比例是很少的。北方园林的崇山性表现在园林的堆山上,园山雄伟,以高、壮为美。山体面积较大,高度较高。当然,清代皇家及贵族也有权力、财力以及人力营造如此雄伟的山,如北海的琼华岛、御花园的堆秀山、景山公园的景山、恭王府花园的假山等。景观效果最为有名的泰山和长城都是山景。

泰山在五岳中位居第一,泰山封禅是历代皇帝的最爱。园林中的孤立土山概取象于泰山。长城因地处燕山、连接隘口而闻名中外,园林中常有城关一景,就是长城的写照。

北方一带园林用石多为房山石、太湖石、青石,尤以青石为地方特色。太湖石虽是审美中最得宠的石材,但它并不十分普遍,因为此地远离江南。于是,北京一带较少,在山东一带相对较多。

与太湖石相近的房山石,人称北太湖石,倒是最为普遍的,因为此石就产于北京市的房山区,从开采到运输较为方便,不过,房山石在山东倒不十分普遍。青石在河北、北京一带用得较为普遍,平置和竖立皆可。

在植物方面,北方园林中柳树、槐树、松树、柏树、杨树、榆树等乔木类是用得较多的树种。

岭南园林四季景色差异性最大的主要表现在植物上:春来万物复苏,树木吐绿,仲春开始,百花齐放;夏季柳树成荫,荷花盛开;秋季枫叶变红,群山尽染;冬来万木凋零,雪花纷飞。北方园林的构筑物与自然关系密切,主要反映在温度和风向与建筑的关系上。北方寒冷,防寒是建筑最主要的功能,所有建筑的六个面都显出抗寒耐雪特征。如四面围墙都用厚墙、小窗,是为了减少室内热量流失。不论是围墙还是屋墙,窗子极少,窗扇用玻璃,很多用盲窗。

建筑屋顶都用了厚檐、吊顶,在望砖望板上的泥灰较厚,多层,瓦用厚筒瓦,出檐很浅,主要是为了防寒而不是为了泄水。梁架较粗,其中主要就是为了防止冬天积雪。

建筑物坐南朝北在北方园林中显得尤为重要。冬天时间长,北方寒流来临之时,正值万物休眠时节,人们往往把建筑作为最佳的庇护所。以防寒为主的建筑都把正立面朝南,背面朝北,正面开门开窗,北面极少开窗。

(3)岭南园林

岭南园林(见图4-79)的规模比较小,且多数是宅园,一般为庭院和庭园的组合,建筑的比重较大。其主要分布于广东省,如顺德区的清晖园、番禺的余荫山房、东莞的可园。

图4-79　岭南园林

岭南园林的发展历程:岭南,系我国南方五岭之南的概称,其境域主要涉及福建南部、广东全部、广西东部及南部,位于欧亚大陆的东南边缘,处于低纬。北有五岭为屏障,南濒南海,多山少地,河网纵横,受着强烈阳光的照射和海陆季风的影响,具有优良的气候条件。

北回归线横贯境内,由于受惠于季风的调节,这里仍然是山清水秀,植物繁茂,一年四季郁郁葱葱,呈现出一派典型的亚热带和热带自然景观,被誉为"南国风光",因而驰名中外。

由自然景观所形成的自然园林和适合岭南人生活习惯的私家园林,也不同于北方园林的壮丽和江南园林的纤秀,而具有轻盈、自在与敞开的岭南特色。

岭南园林非属山性,园山有几种:一是崖瀑潭局中的悬崖,如清晖园的九狮山和凤来峰;二是鼓石潭局的鼓石岛,如万石植物园的万石湖中的真鼓石和南湖公园中的塑鼓石;三是海礁局的礁岛,如佛山梁园中的龟石和湖心石;四是一般的堆山,如海口五公祠中的珊瑚石山。

岭南园林较少以土堆山,即便是现代公园也是如此,多因水为水、因山为山,如桂林园林中的真山水,几乎不改造。

岭南园林属水性,理水成多种格局:一是崖瀑潭局中的石潭和瀑布,如白天鹅宾馆中的故乡水和水潭,以及广州山庄宾馆的三叠泉;二是湖景,如惠州、潮州、雷州、福州、泉州的西湖,肇庆星湖,广州流花湖、东山湖和荔湾湖等;三是潭,与崖瀑潭局不同的是没有瀑布,水面较阔,如柳州龙潭公园的龙潭和雷潭、台湾日月潭;四是流觞之曲水,如广州雕塑公园中的云溪;五是井泉,如广州的廉泉和贪泉;六是一般水池。

石材和理石与江南及北方园林不同,石材有广西湖石、广东黄蜡石和英石、闽南花岗石、海南珊瑚石等。岭南理石不向上堆叠,而向水平方向展开,分为置石法、堆石法、挂壁法、塑石法。

置石法为黄蜡石、湖石和花岗石,分平置、抛石和埋石三法。石身置于土上,如随意抛置而成,故云抛置,如金茶花公园;石根入土半截以下称为平置,如湖里公园;石根超过一半没入土中称为埋石,如南山寺。

堆石法多为湖石或珊瑚石,如汕头中山公园海礁、海口五公祠珊瑚石山、台湾吴园咕咾石山。叠石法主要用于英石的壁山做法,称挂壁法,最富岭南风韵,如广州宾馆三叠泉,可用于室外室内,前者如广州流花湖公园茶室的壁山,后者如白天鹅宾馆石室中的壁山。塑石法用灰泥和水泥仿石,节省石材,现代公园里儿童游乐区的古洞探险几乎都用的是塑石,最好的当属闽南塑鼓石,如厦门南湖公园。石山如图 4-80 所示。

图 4-80　石山

从建筑类型上看,有碉楼、船厅、廊桥等。碉楼源于碉堡,如可园邀山阁、清晖园留芬阁和立园毓培楼;舫除了江南园林里的石舫外,还有岭南的舫,如宝墨园的紫洞舫,更有与众不同的船厅,把客厅与楼结合,略带船意,多为千金小姐用,故俗称"小姐楼",如清晖园和余荫山房。

亭廊的做法很不规范,千奇百怪,或用回廊、围墙围合,或用角梁与枋穿插,或少数民族式、俄罗斯式或西欧式(见图 4-81)。

桥在古典园林中多与廊结合成为廊顶石拱桥,如余荫山房,另有少数民族的风雨楼和山区的索桥。

图 4-81　亭廊

就组合方式看,用"高墙冷巷"把建筑院落进行多进多庭院组合,或用"连房博厦"把建筑与庭院连为一体;就单体形态看,多高柱础,宽檐廊,厚实墙,青瓦顶,压瓦砖,翘正脊,花玻窗,砖雕窗,灰塑门;就装饰来看,最典型的是"三雕三塑":木雕、砖雕、石雕、陶塑、泥塑、灰塑。

古典园林中三雕三塑遍布全园,在门头、门联、窗楣、基座、台案、檐口、檐柱、月梁、瓜柱、雀替、坐靠、栏杆、屋脊等处,其中以灰塑和砖雕最具岭南味,如清晖园中的"苏武牧羊"灰塑和板桥花园中的瓜果砖雕漏窗。

字画古园的字画相对较少,现代园林中更是少用,但也不乏佳作,如:惠州小桃园后门联"不深不浅湖水,半砖半阁人家";余荫山房门联"余地三弓红雨足,荫天一角绿云深";荔湾湖公园海山仙馆有联"荷花世界,荔子光阴";可园邀山阁联"大江前横,明月直入",雏月池馆联"大可浮家泛宅,岂肯随波逐流",正门联"十万买邻多占水,一分起屋半栽花";人境庐息亭联"有三分水四分竹添七分明月,从五步楼十步阁望百步长江"等。

植物可用"四季繁花,热带风光"八字概括,特征树有棕榈类的大王椰、假槟榔、大王棕、酒瓶椰,有藤本的炮仗花、夜来香、紫藤、绿萝,有耐阴的兰花、蕉类、芋类、蕨类、葵类,另有榕树、荔枝等。

岭南园林文化有因自然而上升的文化,也有因人工而积淀的文化,前者可归结为海岸文化和热带文化,后者可归结为远儒文化和世俗文化、享乐文化和商业文化、开放文化和兼容文化、贬谪文化和务实文化。

由自然而上升为文化的方面,如建筑的高活动面和高柱础与水涝和湿气的关系,缓屋面和台风的关系,宽檐廊与多雨的关系,高墙冷巷与高温的关系,龙形、鱼形、水草、龟、蛇、芭蕉主题与装饰的关系,塑鼓石与海蕉的关系,崖瀑潭局与自然山水的关系,等等,可资利用则模仿自然之物之景,有弊有害则千方百计通过设计回避或化害为利。岭南园林风景图如图4-82、图4-83所示。

远儒文化是岭南学者对岭南园林文化最精辟的阐释,如果说江南园林和北方园林的儒家意味较浓的话,岭南园林的儒家意味则很淡。

图 4-82　岭南园林风景图(一)

图 4-83　岭南园林风景图(二)

　　远儒性从品位上看可说是俗气,即世俗文化。它是岭南文化的主流,特别晚清以后,北方的政客官僚、江南的文人骚客、岭南的商家富豪成为三大地域园林的创作主体,岭南园林中的空间实用性及园宅一体的设计就是它的表现。

　　岭南园林的开放性、兼容性和多元性最早表现于南越国皇家园林对中原园林文化的全盘吸收上,到了清代,古典园林中大量用花色玻璃,形成与江南和北方两地迥然之别。另外,陈济棠公馆和张维立的立园那样的西欧式园林建筑、龙岩中山公园的俄罗斯园林建筑、草暖公园和云台公园的西洋规划布局,以及古典园林中大量的满洲窗都是开放和兼容的表现。

　　2.中国窗:窗外岁月,窗里人生

　　中国窗是艺术的冬梅夏荷,花鸟鱼虫,青丝白马,神话仙人,几乎所有的世间美景都会出现在中国的窗户上。雕梁画栋应犹在,就连最简单的线条,都能够在能工巧匠的手中变得创意非凡,中国的窗户开启的是最美的世界。

　　作为建筑的基本构成部分,通过窗户进行引景、借景,可以对室内视野进行艺术的再创造。这时窗户又被赋予了新的美学功能(见图4-84)。

　　在古人眼里,门窗有如天人之际的一道帷幕。而窗户,作为室内探测外界、外界窥觑室内的眼睛,在整个建筑史中成了独到的风景。

　　灯笼窗寓光明永照,书卷窗寓诗书传家。

图 4-84　圆形窗

六角窗应合"六六大顺"之意(见图 4-85、图 4-86)

图 4-85　六角窗(一)

图 4-86　六角窗(二)

方窗圆门——方正圆融;

六角窗与瓶形门——平安大顺;

正方形窗与八角门——四通八达;

多样构成的什锦窗——十全十美(见图 4-87)。

中国窗是浪漫的"小轩窗,正梳妆,相顾无言,惟有泪千行"。窗户封闭了自己,却连通了

图 4-87　什锦窗

世界。窗户虽然只是房间的一个角落,在中国人的眼中却成为打开心灵的开关,隔窗而望是世间桃源,临窗而立是岁月人生,窗是中国人浪漫的描画(见图 4-88)。

图 4-88　隔窗桃源

3.桥中的智慧

赵州桥(见图 4-89):河北省赵县赵州桥只用单孔石拱跨越洨河,由于没有桥墩,既增加了排水功能,又方便舟船往来,石拱的跨度为 37.7 m,连南北桥堍(桥两头靠近平地处),总共长 50.82 m。采取这样的巨型跨度,在当时是一个空前的创举。石拱跨度很大,但拱矢(石拱两脚连线至拱顶的高度)只有 7.23 m。拱矢和跨度的比例大约是 1∶5,可见桥高比拱弧的半径要小得多,整个桥身只是圆弧的一段。这样的拱,叫作"坦拱"。

2017 年 5 月,第一届"一带一路"国际合作高峰论坛在北京举行。与会者在作为主会场的

图 4-89　赵州桥

国家会议中心前还可以看到名为"丝路金桥"的大型景观雕塑。这是本次峰会主会场唯一的标志性人文景观。

"丝路金桥"的原型就是赵州桥。"丝路金桥"桥体全长 28 m,高 6 m,宽 4 m,共用了 30 t钢架及近 2 万块透明琥珀材质的金色砖块,整体重近百吨。钢架由近 2 万个长方形格组成,每格内镶一块"金砖",均按长城砖的大小来做,每块重 5 kg,寓意每一块砖都是为世界和平而"添砖加瓦"。由丝绸制成的国花或市花被嵌进了透明的"金砖"内。"金砖"中的花朵没有样式重复的,且花朵色彩都是交错布置,相邻"金砖"内的花朵不会同色,相似的颜色也尽量不放在一起。

一座"丝路金桥",将历史与现实、工程与艺术、政治与经济、理想与现实完美地结合起来。美轮美奂的造型与色彩,奇特奇妙的创意与构思,令与会者叹为观止。

相映成趣的两座数学桥:世界上有两座著名的数学桥,一座是英国伦敦的剑桥数学桥(见图 4-90),另一座是中国杭州的道古桥(见图 4-91)。这两座桥都拥有美丽的故事,充盈着丰富的文化智慧。

据传说伟大的数学家牛顿在剑桥大学任教期间,为了验证他创立的力学定律,经过精确的数学计算亲自设计和建造了这座剑桥数学桥,而且在建造过程中没有使用一颗铁钉。后来在维多利亚时代,女王学院一群崇拜牛顿的学生,为了探究这座桥梁的奥秘,同时也是为了纪念、超越老师,就以敢于向权威挑战的姿态,宣称牛顿大师能做到的事情,作为他的学生们也能够做到。他们毅然决然地把这座桥梁给拆掉了,然后胸有成竹地恢复重建。殊不知他们绞尽脑汁,也没有能够恢复成牛顿设计建筑的原样,最后只好采用螺钉予以固定,遂成为现在这样的状态。所以,这座桥也被称作"牛顿桥"。

这个美丽的传说真切地体现了剑桥大学的精神,传达出了剑桥大学的教学理念,那就是剑桥人对科学王国的神奇充满了好奇和兴趣,追求真理的执着犹如精卫填海、矢志不渝。学校鼓励学生独立思考、质疑创新、挑战权威、勇于实践,培养学生的发散性思维和动手能力。

图 4-90　剑桥数学桥　　　　　　　　　　　　图 4-91　道古桥

　　数学桥是真实存在的,传说却是虚构的。实际上,这座桥跟牛顿并没有直接的关系,牛顿是 1669 年来到剑桥大学教授数学的,在牛顿去世 22 年以后,数学桥才建成。作为世界上最为著名的数学家,牛顿来到剑桥大学任教,使得微积分理论在英伦大陆得到了广泛的传播,一举将英国的数学研究水平提升到了国际上的领先地位,这座小桥被剑桥人以牛顿的名字命名就是顺理成章的事情了。

　　早在剑桥数学桥建成 500 多年以前,中国的临安城(今杭州市)也有一座数学桥。它是由宋朝的大数学家秦九韶亲自设计并募资,于南宋嘉熙年间(1237—1240)建造的。南宋时期的《临安志》记载:"'西溪桥',本府试院东,宋代嘉熙年间道古建造。""元人朱世杰为纪念建桥人'道古',将'西溪桥'更名'道古桥',并书镌桥头。"文献中提到的"道古",就是秦九韶的字,朱世杰则是另一位宋元时期的数学家。

　　宋元时期是中国数学繁荣发展的黄金时期。这一时期,前后诞生了四位杰出的数学家,他们是秦九韶、李冶、杨辉和朱世杰。中国的这座数学桥与他们中间的两位数学家有着直接的关系,其意义远比虚构的牛顿造桥的故事浑厚深远。相较于剑桥大学的数学桥,中国的这座数学桥才堪称名副其实。

　　秦九韶出生在南宋的一个官宦家庭,自幼聪颖好学。他的父亲秦季槱曾经担任过秘书少监兼国史院编修官,掌管皇家的图书资料馆,主持天文历法的计算和编制。秦九韶随父亲在临安生活期间,把全部精力都投入学习,他利用父亲任职的有利条件,可以阅读大量先哲的学术著作,还能够向学识渊博的学者当面请教。通过努力,秦九韶扎实地掌握了天文历法、土木工程和数学方面的系统知识。秦九韶不仅重视理论学习,继承传统,他还善于独立思考,勇于创新。难能可贵的是,他具有人道主义的情怀,关心国计民生,体察民间疾苦,主张施仁政,很快就成长为一个有担当的知识分子。

　　南宋嘉熙二年(1238),其父亲病逝,秦九韶回临安丁父忧。这期间,他萌生了为民众做点事情的想法。他居住的西溪河两岸一直没有桥梁,民众要渡河办事很不方便。他便打算在西溪河上修建一座桥。秦九韶的父亲生前有一位挚友李心传,这时恰好在朝廷任秘书少监,掌管朝廷府库的银两调配。秦九韶设计好桥梁的图纸以后,亲自找到其父亲的挚友帮忙。李心传从朝廷舟桥营建的经费中拨出了一笔专款,予以资助,秦九韶又慷慨地捐出了朝廷给他父亲的部分恤禄,终于建造起了一座桥。桥梁建好后,秦九韶也没有刻意给它取名字,人们就习惯地叫它"西溪桥"。

后当朱世杰在杭州了解到秦九韶体察民情、关心民瘼、修建西溪桥的事迹以后,为了纪念这位他无比敬仰的数学前辈,他倡议用秦九韶的字"道古"直接命名西溪桥,理所当然地得到了当地人们的普遍赞同。朱世杰又亲自题写了"道古桥"的桥名,找人镌刻后矗立于桥头。

道古桥一直在西溪河上横卧了 770 多年,幽静曼妙,历经沧桑,直到 21 世纪初,杭州市政府为了西溪路的扩建改造,拆除了这座具有历史意义的桥梁。2005 年,在距离道古桥原址80 m 的天目山路南侧西溪支流上修建了另一座石桥。浙江大学数学系教授蔡天新亲自向浙江省政协提出提案,倡议以秦九韶的名字命名这座桥梁。因此,杭州市政府于 2005 年正式命名这座桥为"道古桥"。

4.4 密铺

魅力十足的建筑除了拥有独特的外形外,内部的设计也十分新颖。宫殿内对地板、天花板和墙壁的装饰要求也极高。我们经常看到富丽堂皇的宫殿内以密铺图案来装饰,效果令人称奇,那到底什么是密铺?

密铺,即平面图形的镶嵌,用形状、大小完全相同的几种或几十种平面图形进行拼接,彼此之间不留空隙、不重叠地铺成一片,这就是平面图形的密铺,又称作平面图形的镶嵌(见图 4-92)。我们都知道,铺地时要把地面铺满,地砖与瓷砖之间就能留有空隙。如果用的地砖是正方形,它的每个角都是直角,那么 4 个正方形拼在一起,在公共顶点处的 4 个角,正好拼成一个 360°的周角。六边形的每个角都是 120°,3 个正六边形拼在一起时,在公共顶点上的 3 个角度数的和正好也是 360°。除了正方形、长方形以外,正三角形也能把地面密铺。因为正三角形的每个内角都是 60°,6 个正三角形拼在一起时,在公共顶点处的 6 个角的度数和正好是 360°。

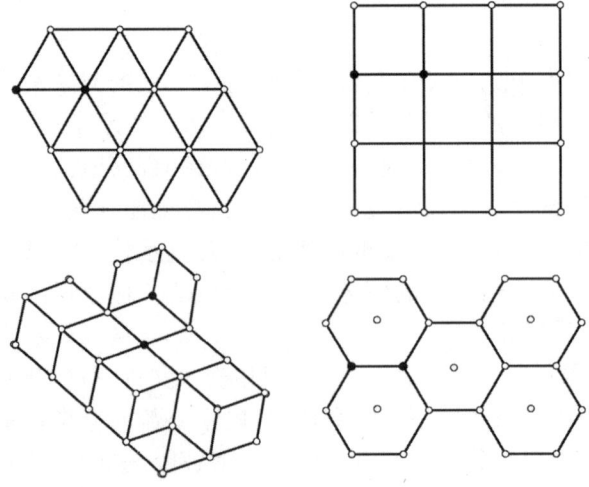

图 4-92 密铺图形

下面是阿兰布拉宫的密铺图案装饰(见图4-93、图4-94、图4-95)。

图 4-93　密铺图案装饰(一)

图 4-94　密铺图案装饰(二)

图 4-95　密铺图案装饰(三)

其实密铺不仅与我们的生活息息相关,它还有着悠久的历史,更是留下了有趣的作品。我们来一起了解一下密铺的历史。

1619年数学家开普勒(J.Kepler)第一个研究如何利用正多边形密铺平面。1891年俄国物理学家费德洛夫(E.S.Fedorov)发现了17种不同的密铺平面的对称图案。1924年数学家波利亚(Polya)和尼格利(Nigele)重新发现这个事实。

最富趣味的是荷兰艺术家埃舍尔。1936年,埃舍尔偶然到西班牙的格兰纳达旅行,在参观阿兰布拉宫时,发现宫内的地板、天花板和墙壁满是密铺图案的装饰。他因而得到启发,这些繁复精美的几何图形开启了埃舍尔与数学的缘分,他投入了大量的精力用这些平面结构进行创作,结果却以失败告终。

十年后,就在埃舍尔差点认为自己不会在平面填充这个方向有任何造诣的结论时,他又一次回到阿兰布拉宫。这一次,埃舍尔更加感受到了这些几何图案对划分平面的无限可能性。他和妻子在宫里进行了大量临摹,回到家后又进行了细致的研究。同时,埃舍尔读了大量平面填充数学原理以及装饰应用方面的书籍。最终,他研究出了一套创作系统,即:填充物不仅是规则的几何图形,还包括各种图形。

他首次将艺术与密铺图像相结合,作品《昼与夜》(见图4-96)大卖,且远超其他名作。

图 4-96 《昼与夜》

埃舍尔创作的密铺图案令人印象深刻。由此发展而来的密铺型瓷砖就被称为埃舍尔风格瓷砖。埃舍尔之后继续进行着密铺图形创作的延伸,将图形密铺与其他的数学思想相结合,对密铺图形有了全新的解读,比如:

将密铺与极限的概念相结合(见图4-97、图4-98、图4-99);

图 4-97 圆形极限 I

图 4-98 圆形极限 II

将密铺与莫比乌斯环概念相结合(见图4-100);

将二维密铺与三维世界相结合(见图4-101、图4-102)。

图 4-99　方形极限

图 4-100　天鹅

图 4-101　循环

图 4-102　相遇

数学世界真是处处充满惊喜,我们总能发现意外的惊喜,越靠近数学,就越容易发现,原来有趣才是数学的特质。在数学中,也只有在数学中,我们才能触摸到人类智慧的巅峰。

密铺图形小测试

下面给出了 12 组图案轮廓,并告诉了你这是由几个相同图案组成的(two pieces = 2 个相同图案;three pieces = 3 个相同图案)(见图 4-103)。试着将它们分隔开来吧!

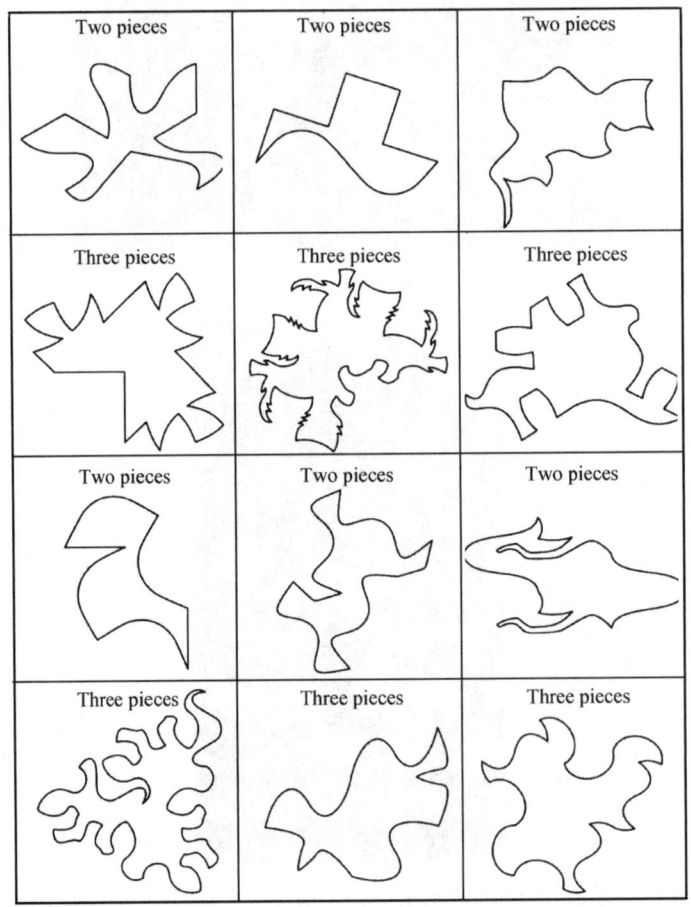

图 4-103　图案轮廓

举个例子,下面左边这个轮廓可以分解成右边的两条鱼(见图4-104)。

图4-104　鱼轮廓图

可组成下面这张棋盘画(埃舍尔瓷砖中最基础的一种)(见图4-105)。

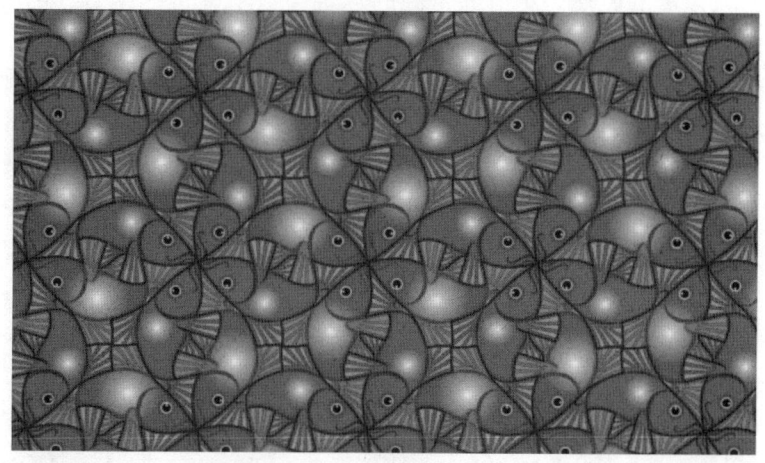

图4-105　棋盘画

提示:问题中的图片都是小动物图案。

课外延伸阅读

伊东丰雄的蛇形画廊(见图4-106)——旋转的立方体算法,是建筑设计师伊东丰雄和数学家贝尔蒙德(Balmond)合作的作品。它从外表上看似乎是一个非常复杂的随机模式,但其实是一种旋转的立方体算法。相交线形成了不同的三角形、梯形,透明和半透明感的无限次重复运动。尽管这个建筑只存在了3个月,却让到访的人无不惊讶一个盒子空间可以创造出的轻松动感。这些复杂但有据可循、可以延伸的算法、模型和矩阵,让伊东丰雄和贝尔蒙德在相互启发和影响的过程中对空间重新认识,最终成就了他们寻找的、越来越人性化的建筑空间。

慕尼黑奥运会场馆为极小曲面。在数学中,极小曲面是指平均曲率为零的曲面。举例来说,即满足某些约束条件的面积最小的曲面。在物理学中,由最小化面积而得到的极小曲面的实例可以是沾了肥皂液后吹出的肥皂泡。肥皂泡的极薄的表面薄膜称为皂液膜,这是满足周边空气条件和肥皂泡吹制器形状的表面积最小的表面。

充满智慧的建筑数不胜数,即使是最常见的数学曲线,如三角形、圆和圆锥曲线等,一旦与

图 4-106　蛇形画廊

建筑结合,也能给人以美的震撼。更有些奇葩的建筑与数学神奇的结合,如正态分布建筑、分形建筑,还有埃舍尔笔下的非欧空间,巧夺天工(见图 4-107~图 4-115)。

图 4-107　慕尼黑奥运会场馆

图 4-108　埃舍尔《阳台》

图 4-109　正态教堂

图 4-110　中国国家大剧院(椭球)

图 4-111　邮差薛瓦勒之理想宫

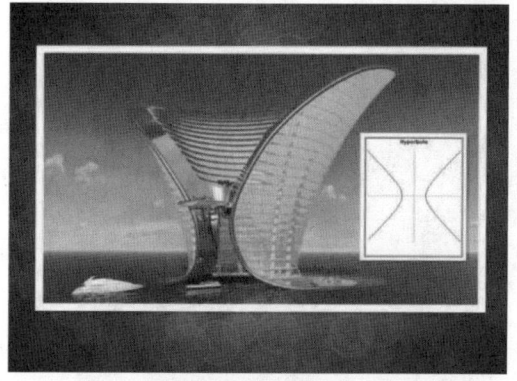

图 4-112　双曲面

图 4-113　富勒设计的蒙特利尔世博会美国馆

图 4-114　圣路易斯市杰弗逊国家纪念碑

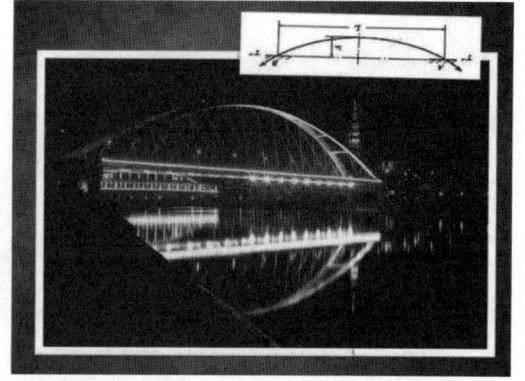

图 4-115　抛物线悬链线桥

中国十大名楼,你知道几个?

在中国历史上,历朝历代皆喜欢修建楼阁,于是常有文人墨客、达官贵人登楼望远、吟诗作赋,很多楼阁因为一些著名诗句而闻名天下。

今天来为大家介绍中国十大文化名楼,它们分别是:湖北武汉黄鹤楼、湖南岳阳岳阳楼、江西南昌滕王阁、山西永济鹳雀楼、山东烟台蓬莱阁、云南昆明大观楼、江苏南京阅江楼、湖南长沙天心阁、陕西西安钟鼓楼、浙江宁波天一阁。

1.黄鹤楼

黄鹤楼位于湖北省武汉市海拔高度61.7 m的蛇山顶,它以清代"同治楼"为原型设计(见图4-116、图4-117)。楼高5层,总高度51.4 m,建筑面积3 219 m²。72根圆柱拔地而起,雄浑稳健;60个翘角凌空舒展,似黄鹤腾飞。楼的屋面用10多万块黄色琉璃瓦覆盖。在蓝天白云的映衬下,黄鹤楼色彩绚丽,雄伟壮观。

图4-116　黄鹤楼(一)

图4-117　黄鹤楼(二)

黄鹤楼的建筑特色,是各层大小屋顶,交错重叠,翘角飞举,仿佛是展翅欲飞的鹤翼。楼层内外绘有以仙鹤为主体,云纹、花草、龙凤为陪衬的图案。第一层大厅的正面墙壁,是一幅表现"白云黄鹤"为主题的巨大陶瓷壁画。四周空间陈列着历代有关黄鹤楼的重要文献、著名诗词的影印本,以及历代黄鹤楼绘画的复制品。2~5层的大厅都有其不同的主题,在布局、装饰、陈列上都各有特色。黄鹤楼外观为5层建筑,里面实际上是9层。中国古代称单数为阳数,双数为阴数。"9"为阳数之首,与汉字"长久"的"久"同音,有天长地久的意思。所谓"九五至尊",黄鹤楼这些数字特征,也表现出其影响之不同凡响。黄鹤楼素有"千古名楼""天下绝景"之誉,不同的时代,由于社会生活的需要不同、科学技术的水平不同、人们的审美观念不同,黄鹤楼产生了不同的建筑形式和建筑风格。宋代黄鹤楼是由主楼、台、轩、廊组合而成的建筑群,建在城墙高台之上,四周雕栏回护,主楼二层,顶层十字脊歇山顶,周围小亭画廊,主次分明,建筑群布局严谨,以雄浑著称。元代黄鹤楼具有宋代黄鹤楼的遗风,但在布局与内容构成方面有不小的变化,植物配置的出现更是一大进步,使原来单纯的建筑空间发展成为浓荫掩映的庭院空间,特点是堂皇。明代黄鹤楼,楼高3层,顶上加有两个小歇山,楼前小方厅,入口两侧有粉墙环绕,特点是清秀。清代黄鹤楼的图形具有鲜明的特色。它拔地而起,高耸入云,表现出一种神奇壮美的气质。建制格调以三层八面为特点,主要建筑数据应合"八卦五行"之数。现代黄鹤楼以清同治楼为雏形重新设计,楼为钢筋混凝土仿木结构,72根大柱拔地而起,60个翘角层层凌空,琉璃黄瓦富丽堂皇,5层飞檐斗拱潇洒大方。

曾有唐朝诗人崔颢作诗曰:"昔人已乘黄鹤去,此地空余黄鹤楼。黄鹤一去不复返,白云千载空悠悠。晴川历历汉阳树,芳草萋萋鹦鹉洲。日暮乡关何处是?烟波江上使人愁。"千古佳作令人朗朗上口,加上有着仙人乘鹤西去的传说,更是成就了黄鹤楼的地位。

2.岳阳楼

岳阳楼位于湖南省岳阳市古城西门城墙之上,主楼高19.42 m,进深14.54 m,宽17.42 m,为3层、4柱、飞檐、盔顶、纯木结构(见图4-118、图4-119)。其独特的盔顶结构,体现了古代汉族劳动人民的聪明智慧和能工巧匠的精巧设计技能。岳阳楼中4柱高耸,楼顶檐牙高啄,金碧辉煌,远远看去,恰似一只凌空欲飞的鲲鹏。中部以4根直径50 cm的楠木大柱直贯楼顶,承载楼体的大部分重量,周围绕以廊、枋、椽、檩互相榫合,结为整体。再用12根圆木柱子支撑2楼,外以12根梓木檐柱,顶起飞檐。彼此牵制,结为整体,全楼梁、柱、檩、椽全靠榫头衔接,相互咬合,稳如磐石。岳阳楼的楼顶为层叠相衬的"如意斗拱"托举而成的盔顶式,这种拱而复翘的古代将军头盔式的顶式结构在我国古代建筑史上是独一无二的。

岳阳楼坐西朝东,构造古朴独特,气势恢宏凝重。岳阳楼的斗拱结构复杂,工艺精美,非人力所能为,当地人传说是鲁班亲手制造的。斗拱承托的就是岳阳楼的飞檐,岳阳楼3层建筑均有飞檐,叠加的飞檐形成了一种张扬的气势,仿佛八百里洞庭尽在掌握之中。3层的飞檐与楼顶结为一体,这顶就是岳阳楼最突出的特点——盔顶结构。据考证,岳阳楼是我国目前仅存的盔顶结构的古建筑。儒雅的岳阳楼因为将军的盔顶而平添了一番威武,刚柔相济,更加雄浑。

北宋范仲淹脍炙人口的《岳阳楼记》更使岳阳楼著称于世。岳阳楼下瞰洞庭,前望君山,自古有"洞庭天下水,岳阳天下楼"之美誉,因此与湖北武汉黄鹤楼、江西南昌滕王阁并称为"江南三大名楼"。

图 4-118　岳阳楼(一)

图 4-119　岳阳楼(二)

3.滕王阁

　　滕王阁位于江西省南昌市的赣江畔,连地下室共 4 层,高 57.5 m,占地达 47 000 m²,是江南三大名楼之首(见图 4-120、图 4-121)。滕王阁主体建筑净高 57.5 m,建筑面积 13 000 m²。其下部为象征古城墙的 12 m 高台座,分为两级。台座以上的主阁取"明三暗七"格式,即从外面看是 3 层带回廊建筑,而内部却有 7 层,即 3 个明层、3 个暗层,加屋顶中的设备层。新阁的瓦件全部采用宜兴产碧色琉璃瓦。正脊鸱吻为仿宋特制,高达 3.5 m。勾头、滴水均为特制瓦当,勾头为"滕阁秋风"四字,而滴水为"孤鹜"图案。台座之下,有南北相通的两个瓢形人工湖,北湖之上建有九曲风雨桥。楼阁云影,倒映池中,盎然成趣。循南北两道石级登临一级高台。一级高台,系钢筋混凝土筑体,踏步为花岗石打凿而成,墙体外贴江西星子县(今庐山市)产金星青石。一级高台的南北两翼有碧瓦长廊。长廊北端为四角重檐挹翠亭,长廊南端为四角重檐压江亭。从正面看,南北两亭与主阁组成一个倚天耸立的"山"字;而从飞机上俯瞰,滕王阁则有如一只平展两翅、意欲凌波西飞的巨大鲲鹏。这种绝妙的立面和平面布局,正体现了设计人员的匠心。

图 4-120　滕王阁(一)

图 4-121　滕王阁(二)

　　一级高台朝东的墙面上,镶嵌石碑 5 块。正中为长卷式石碑 1 幅,此碑由 8 块汉白玉横拼而成,约长 10 m、高 1 m,外围以玛瑙红大理石镶边,宛如一幅装裱精工的巨卷。此碑碑文为今人隶书韩愈《新修滕王阁记》。韩愈在《新修滕王阁记》中写道:"余少时则闻江南多临观之美,而滕王阁独为第一,有瑰伟绝特之称。"长碑左侧为花岗岩《竣工纪念石》及青石《重建滕王阁纪名》碑,右侧为花岗石《奠基纪念石》及青石《滕王阁创建纪年》碑。由一级高台拾级而上,即达二级高台(象征城墙的台座)。这两级高台共有 89 级台阶,而新阁恰于 1989 年落成开放。二级高台的墙体及地坪,均为江西峡江县所产花岗石。高台的四周,为按宋代式样打凿而成的花岗石栏杆,古朴厚重,与瑰丽的主阁形成鲜明的对比。二级高台与石头造的须弥座垫托的主阁浑然一体。由高台登阁有三处入口,正东登石级经抱厦入阁,南北两面则由高低廊入阁。正东抱厦前,有青铜铸造的"八怪"宝鼎,鼎座用汉白玉打制,鼎高 2.5 m 左右,下部为三足古鼎,上部是一座攒尖宝顶圆亭式鼎盖。此鼎之设,寓有金石永固之意。

滕王阁的盛名要归功于"初唐四杰"之一王勃的《滕王阁序》,那句"落霞与孤鹜齐飞,秋水共长天一色"更是脍炙人口。

4. 鹳雀楼

鹳雀楼位于山西省永济市蒲州城郊黄河岸畔,整座建筑共分 9 层,其中台基部分 3 层(见图 4-122、图 4-123)。主楼游览层共 6 层,其中,明 3 层暗 3 层,除抱厦、廊柱、回廊外,楼内还设有两部楼梯间和两部载人电梯上下相通。一、二层中间有天井,四、六层每层设一回廊,在第六层设一舞台。因古城紧靠黄河,有一种食鱼鸟类经常成群栖息于高楼之上,此水鸟似鹤,但顶不丹,嘴尖腿长,毛灰白色,人们称其为"鹳雀"。该楼始建于北周(557—581),废毁于金朝末年。于 2002 年 9 月复建竣工,新建鹳雀楼系仿唐形制,4 檐 3 层,总高 73.9 m,总建筑面积 33 206 m²。

图 4-122　鹳雀楼(一)

图 4-123　鹳雀楼(二)

登鹳雀楼俯瞰,风景秀丽,气势雄伟,在唐宋之际,文人雅士常为之作诗。唐代著名诗人王之涣登楼赏景,作诗曰:"白日依山尽,黄河入海流。欲穷千里目,更上一层楼。"

5.蓬莱阁

蓬莱阁位于山东省蓬莱市丹崖山巅,由蓬莱阁、天后宫、龙王宫、吕祖殿、三清殿、弥陀寺等6个单体和附属建筑共同组成规模宏大的古建筑群,面积 18 500 m^2。其素以"人间仙境"著称于世,"八仙过海"传说和"海市蜃楼"奇观享誉海内外。

蓬莱阁古建筑的屋顶就极为特殊(见图 4-124、图 4-125)。李诫的《营造法式》中有这样的记载:"唐宋时期,屋脊上的戏兽为双数,明清时期为单数。"但在蓬莱阁上,有的是双数,有的是单数,有的甚至是根据屋脊的长短来安排兽的个数。这是为什么呢? 其实,蓬莱阁大部分古建筑是当地百姓自己建造的,不受官方制约,以庄重古朴、自然本真著称。其简洁胜于繁杂,古朴胜于浮饰,形成了独特的建筑风格。

图 4-124　蓬莱阁(一)

图 4-125　蓬莱阁(二)

蓬莱阁的建筑形式也是非常讲究的。穿行在蓬莱阁古建筑群中,随处可见透雕、漏窗等建筑形式。它既有北方建筑的粗犷大气,又有南方建筑的婉约秀雅,于细节之处着以重彩。在蓬莱阁天后宫后殿就有个非常别致的地方,那就是在蓬莱阁天后宫后殿东西厢房的屋檐下藏着一首由清朝登州知府陈葆光写的诗:"直上蓬莱阁,人间第一楼。云山千里目,海岛四时秋。"为什么说是"藏"呢?因为这四句诗分别雕刻在东西厢房屋檐下倒数第二块砖坯上,不仔细看是很难发现的。想那古人,将这首诗雕刻在砖坯上,然后入窑烧制成砖,再运到蓬莱阁,分别砌于四处墙下,且文序不乱,其匠心之独特。这也是蓬莱阁古建筑的魅力所在,可见在修建过程中,匠师们是经过细心琢磨和反复推敲的。

作为中国四大名楼之一,蓬莱阁无人不晓。然而,它绝不是常人望文生义上的"八仙"饮酒作乐处,而是一座意蕴极为丰富的历史文化丰碑。穿行其中,犹如置身"文化时空隧道",了悟多多,感慨多多。正像董必武同志所言:"没有仙人有仙境,蓬莱阁上好题诗。"蓬莱阁的确是人世间的一绝、神话世界的瑰宝,这一前人留下的大手笔是人们世世代代品味不完的丽辞华章。

6.大观楼

大观楼位于云南省昆明市近华浦南面,是三重檐琉璃戗角木结构建筑(见图 4-126、图 4-127)。因其面临滇池,远望西山,尽揽湖光山色而得名。清初,平西王吴三桂统治云南时,疏挖了小西门至近华浦草海的河道,以便把滇池沿岸的粮食运进城内。这条河当时称为运粮河,即今日的大观河。

清康熙年间,湖北僧人乾印和尚在近华浦始创一寺,称观音寺。乾印和尚在寺里讲《妙法莲华经》,听者较多,来往不绝。从此,这里成了昆明近郊的名胜之一。

清康熙二十九年(1690),云南巡抚王继文路过此地,见这里湖光山色,视野开阔,于是大兴土木,挖地筑堤,种花植柳,兴建了大观楼及周围建筑。大观楼原为 2 层,因面临滇池,登楼四顾,景致极为辽阔壮观,故名为"大观楼",并与岳阳楼、黄鹤楼齐名。清道光八年(1828),云南按察使翟锦观将大观楼由原来的 2 层增建为 3 层。清咸丰三年(1853),咸丰帝询问云南景物,侍讲学士何云彤推荐了大观楼,咸丰帝随即钦赐"拨浪千层"匾额,至今还挂在大观楼上。历史上,大观楼曾两度遭到兵火和大水毁灭,最后,由总督岑毓英于清光绪九年(1883)命住持和尚重修,保留至今。

清代云南名士孙髯翁惊世骇俗的 180 字长联问世,使大观楼跻身"中国名楼"。

上联:五百里滇池,奔来眼底。披襟岸帻,喜茫茫空阔无边!看:东骧神骏,西翥灵仪,北走蜿蜒,南翔缟素。高人韵士,何妨选胜登临。趁蟹屿螺洲,梳裹就风鬟雾鬓;更蘋天苇地,点缀些翠羽丹霞。莫辜负:四围香稻,万顷晴沙,九夏芙蓉,三春杨柳。

下联:数千年往事,注到心头。把酒凌虚,叹滚滚英雄谁在?想:汉习楼船,唐标铁柱,宋挥玉斧,元跨革囊。伟烈丰功,费尽移山心力。尽珠帘画栋,卷不及暮雨朝云;便断碣残碑,都付与苍烟落照。只赢得:几杵疏钟,半江渔火,两行秋雁,一枕清霜。

图 4-126　大观楼(一)

图 4-127　大观楼(二)

7.阅江楼

阅江楼位于江苏省南京市城西北的狮子山顶,濒临长江。景区内有阅江楼、玩咸亭、古炮台、孙中山阅江处、五军地道、古城墙等30余处历史遗迹。阅江楼共7层(外观4层、暗3层),碧瓦朱楹、朱帘凤飞、彤扉彩盈,具有鲜明的明代风格和古典的皇家气派,成为南京的标志之一。

阅江楼的特色,一是高,山高78 m,楼高52 m,总高130多米,是最高的名楼;二是精,处处精雕细刻,无比华美;三是内涵丰富,有许许多多历史文化积淀,留下了许许多多的历史名人的足迹和作品;四是皇家气派,因为只有南京出过十姓二十六位帝王,这里的建筑都是按照皇帝的规格建造的房屋(见图4-128、图4-129)。

阅江楼风景区创下5个全国之最:

(1)石狮子:这是目前中国最大的一对雄狮,高4.8 m,重约30 t,用苏州金山石整块雕刻而成。

(2)汉白玉碑刻:朱元璋撰写的《阅江楼记》,由当代书法家刻写于正面。碑的背面刻的是宋濂所写的《阅江楼记》,被选入《古文观止》,是目前全国最大的汉白玉碑刻。

图 4-128 阅江楼(一)

图 4-129 阅江楼(二)

(3)阅江楼鼎:是全国最大的仿西周后母戊鼎,重 4 t,鼎上刻篆字:"狮梦觉兮髭张,子孙骄以炎黄,山为挺其脊梁,阅万古之长江,江赴海而浩荡,楼排云而慨慷,鼎永铸兹堂堂。"这七句话中每句的第一个字连起来念,就是"狮子山阅江楼鼎"。

(4)《郑和下西洋》瓷画:这是中国最大的瓷画,高 12.8 m,宽 8 m。壁画背后是唐伯虎和祝枝山的作品。

(5)"狮岭雄观"青铜浮雕:是全国最大的青铜浮雕,高 2 m,宽 8 m,由雕塑大师吴为山作。

8.天心阁

天心阁原名"天星阁"(见图 4-130、图 4-131),其名源于中国古代的"星野"之说,按星宿分野,天星阁正对应天上"长沙星"而得名,因此这里曾是古人观测星象、祭祀天神之所,加之古阁位于古城长沙地势最高的龙伏山巅,被古人视为呈吉祥之兆的风水宝地,人们多愿在此祈福消灾。清乾隆年间,随着城南书院迁址天心阁城墙下,天心阁曾作为与城南书院相对应的文化祭祀场所,阁中供奉有文昌帝君和魁星两尊神像,以保长沙文运昌盛。旧时前来拜祭的人络绎不绝,文人墨客也常登阁远眺、吟诗作赋。清代大学者黄兆枚一首"四面云山皆入眼,万家烟火总关心"已成为千古绝唱,而明代文学家李东阳和一位老僧两人的对联"水陆洲,洲系舟,舟动洲不动;天心阁,阁栖鸽,鸽飞阁不飞"至今仍被广为传诵。

图 4-130　天心阁(一)

图 4-131　天心阁(二)

　　天心阁位于湖南省长沙市中心地区东南角上,是长沙古城的一座城楼。楼阁 3 层,建筑面积 846 m²,碧瓦飞檐,朱梁画栋,阁与古城墙及天心公园其他建筑巧妙融为一体。基址占着城区最高地势,坐落在 30 多米高的城垣之上,近有妙高峰为伴。阁名引《尚书》"咸有一德,克享天心"之意得名。阁楼总建筑面积 864 m²,当时为全城最高处。今天的阁体乃于 1983 年重建,仿木结构,栗瓦飞檐,朱梁画栋,主副三阁,间以长廊。整个阁体呈弧状分布。主阁由 60 根木柱支撑,上有 32 个高啄鳌头、32 只风马铜铃、10 条吻龙。阁前后石栏杆上雕有 62 头石狮,还有车、马、龙、梅、竹、芙蓉等石雕,体现了长沙楚汉名城的风貌,阁内还珍藏了许多名人字画。

9.钟鼓楼

钟鼓楼位于西安市中心(见图4-132)。钟楼整体以砖木结构为主,从下至上依次由基座、楼体及宝顶三部分组成(图4-133)。楼体为木质结构,深、广各三间,自地面至宝顶通高36 m,面积1 377.64 m²。基座为正方形,高8.6 m,基座四面正中各有高、宽均为6 m的券形门洞,与东南西北四条大街相通,具有明代汉族建筑风格。昔日楼上悬一口大钟,用于报警报时,故名"钟楼",是我国现在能看到的规模最大、保存最完整的钟楼。

图4-132　钟鼓楼

图4-133　钟楼

屋檐四角飞翘,如鸟展翅,由各种中国古典动物走兽图案组成的兽吻在琉璃瓦屋面的衬托下,给人以古朴、典雅、层次分明之美感。高处的宝顶在阳光下熠熠闪光,使这座古建筑更散发出金碧辉煌的魅力。

10.天一阁

天一阁位于浙江宁波市区,占地面积2.6万 m²,由明朝退隐的兵部右侍郎范钦主持建造(见图4-134、图4-135)。他喜好读书和藏书,一生所藏各类图书典籍达7万余卷。在他解职归田后,便建造藏书楼来保管这些藏书。天一阁是中国现存最早的私家藏书楼,也是亚洲现有最古老的图书馆和世界最早的三大家族图书馆之一。

图 4-134　天一阁(一)

图 4-135　天一阁(二)

　　天一阁之名,取义于汉郑玄《周易郑注》中"天一生水"之说,因为火是藏书楼最大的祸患,而"天一生水",可以以水克火,所以取名"天一阁"。书阁是硬山顶重楼式,面阔、进深各有 6 间,前后有长廊相互沟通。楼前有"天一池",引水入池,蓄水以防火。清康熙四年(1665),范钦的重孙范文光又绕池叠砌假山、修亭建桥、种花植草,使整个楼阁及其周围初具江南私家园林的风貌。天一阁分藏书文化区、园林休闲区、陈列展览区。以宝书楼为中心的藏书文化区有东明草堂、范氏故居、尊经阁、明州碑林、千晋斋和新建藏书库。以东园为中心的园林休闲区有明池、假山、长廊、碑林、百鹅亭、凝晖堂等景点。以近代民居建筑秦氏支祠为中心的陈列展览区,包括芙蓉洲、闻氏宗祠和新建的书画馆。书画馆在秦祠西侧,粉墙黛瓦,黑柱褐梁,有宅 6 栋,分别为云在楼、博雅堂、昼锦堂、画帘堂、状元厅、南轩,与金碧辉煌的秦祠相映照。

　　天一阁其实是一座江南园林,园区内的东园和南园错落有致地分布着假山、池塘、亭台等景致,走在古朴的砖木长廊内,感受清幽的环境。园内建有明州碑林,数百通石碑记载了古代官方的教育史。还有书画馆,时常会展出天一阁所藏历代书画精品和名人雅士的书画佳作。园区内另有天一阁建成之前的藏书处东明草堂、展示宁波民居建筑特色的秦氏支祠,以及范氏故居等建筑。

第五章　数学与音乐

【思政目标】

1.通过音乐带动同学们的情绪和思想,感受数学与音乐千丝万缕的关系,提高审美能力。

2.通过讲授音乐中十二平均律的产生和发展历程,培养学生理性思维。

3.培养学生善于观察、勤于思考的能力。

数学是以数字为基本符号的排列组合,它是对事物在量上的抽象;

音乐是以音符为基本符号的排列组合,它是对自然声音的抽象。

数学与音乐关系的讨论自古有之。如古希腊的毕达哥拉斯,他认为宇宙是由声音与数字组成的;莱布尼茨认为音乐的基础是数学。

数学是一门研究现实世界空间形式的数量关系的科学,它早已从一门计数的学问变成一门形式符号体系的学问。符号的使用使数学具有高度的抽象性,而音乐则是研究现实世界音响形式及对其控制的艺术,它同样使用符号体系,是所有艺术中最抽象的一个。数学给人的印象是单调、枯燥、冷漠;而音乐则是丰富、有趣,充溢着感情及幻想。从表面看,音乐与数学似乎是"绝缘"的,风马牛不相及,其实不然。德国著名哲学家、数学家莱布尼茨曾说过:"音乐,就它的基础来说,是数学的;就它的出现来说,是直觉的。"而爱因斯坦说得更为风趣:"我们这个世界可以由音乐的音符组成,也可以由数学公式组成。"数学是以数字为基本符号的排列组合,它是对事物在量上的抽象,并通过种种公式,揭示出客观世界的内在规律;而音乐是以音符为基本符号加以排列组合,它是对自然音响的抽象,并通过联系这些符号的文法对它们进行组织安排,概括我们主观世界的各种活动罢了。正是在抽象这一点上音乐与数学联结在一起,它们都是通过有限去反映和把握无限。音乐和数学正是抽象王国中盛开的瑰丽之花。有了这两朵花,就可以掌握人类文明所创造的精神财富。古希腊哲学家、数学家毕达哥拉斯认为:"音乐之所以神圣而崇高,就是因为它反映出作为宇宙本质的数的关系。"世界上哪里有数,哪里就有美。数学像音乐及其他艺术一样能唤起人们的审美感觉和审美情趣。在数学家的创造活动中,同样有情感、意志、信念、冀望等审美因素参与。数学家创造的概念、公理、定理、公式、法则,如同所有的艺术形式如诗歌、音乐、绘画、雕塑、戏剧、电影一样,同样可以使人动情陶醉,并从中获得美的享受。

古希腊数学家欧几里得在《几何原本》中所建立的几何体系,堪称"雄伟的建筑""庄严的结构""巍峨的阶梯"。数学中优美的公式就如但丁《神曲》中的诗句,黎曼几何学与肖邦的钢琴曲一样优美。当你读到某函数可演算为无穷级数形式的时候,你的胸坎顿时也会充满一种人与天地并立的浩然之气。当你面对圆周率 π = 3.141 592 653……时,这也许不会引起你的任何美感,但是当你知道这个数表示一切你所见到的和未见到的,小至墨水瓶盖大至一个星球之圆形的周长与直径之比值时,你会为之赞叹。无穷级数的和谐和对称性就具有一种崇高美,读它就像读一首数学诗,它仿佛是飘浮在蔚蓝天空的一片白云,无边无际。犹如宋朝朱敦儒的名句所道出的境界:"晚来风定钓丝闲,上下是新月。千里水天一色,看孤鸿明灭。"

5.1　历史视角下的数学与音乐

琴、瑟、琵琶和筝是中国古代四大弦乐器。先秦典籍记载的琴是五弦。战国时期到西汉初年,古琴逐步演变,到汉魏之际已经定型为性能卓越的七弦琴。其史实有:曾侯乙墓出土的十弦无徽琴,1993 年湖北荆门市郭店 1 号墓出土的战国中期的七弦琴以及 1973 年湖南长沙市马王堆三号墓出土的公元前 178 年的西汉七弦琴。三国时期魏国思想家、文学家与音乐家嵇康(224—263)在《琴赋》中"徽以钟山之玉""弦长故徽鸣"之句,说明琴上已经有了标志音位的"徽"。

中国古代的定型七弦琴,有七根弦、十三个徽。七根弦早期分别称为"宫、商、角、徵、羽、少宫、少商"或"宫、商、角、徵、羽、文、武";至隋、唐时期,逐渐改为"一、二、三、四、五、六、七"(见图 5-1)。一弦外侧的面板上所嵌的十三个圆点的标志,称为徽。徽多用螺钿制成,也有用金、银、玉、石等质地的材料精制而成。以右端岳山为 0,左端龙龈为 1,七徽位于中点 $\frac{1}{2}$ 处,一至六徽和八至十三徽关于七徽对称:一至六徽分别位于 $\frac{1}{8}$、$\frac{1}{6}$、$\frac{1}{5}$、$\frac{1}{4}$、$\frac{1}{3}$、$\frac{2}{5}$ 处;八至十三徽分别位于 $\frac{3}{5}$、$\frac{2}{3}$、$\frac{3}{4}$、$\frac{4}{5}$、$\frac{5}{6}$、$\frac{7}{8}$ 处。因此徽的点位实为弦的泛音振动节点,自然而成,其音律为 1 度至 22 度纯律。在按音弹奏时,徽则作为按音音准的参考,徽不仅便于演奏和调弦,更重要的是作为音位的坐标用于记谱。由此可见,在公元 4 世纪前,中国古琴已经正式应用了纯律音阶。我国著名古琴家查阜西早就指出,要学好古琴,必须有一定的数学素养。

古笛和开孔位置的确定、编钟的铸造、古琴的设计等,既需经验的累积,也应有数学的考量。中国至少在商朝晚期就已经出现了完整的七声音阶;收编、记录春秋时期齐相管仲及其学派思想言行的《管子》一书中,则阐明了确定音律的三分损益法;公元前 500 年左右,中国已有了严格的十进位制筹算记数,使精细计算成为可能;现存中国古代最早的数学著作《周髀算经》和《九章算数》分别成书于公元前 2 世纪和公元前 1 世纪,而京房六十律与何承天新律分别定制在公元前 1 世纪和公元 1 世纪;宋元时期中国传统数学达到了世界领先的水平;珠算研

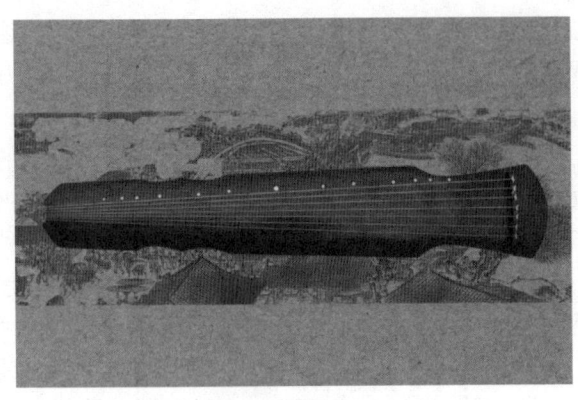

图 5-1　七弦琴

究与应用在明代达到巅峰,朱载堉(1536—1611)则在 1581 年创立了当今世界通用的十二平均律。音乐和数学在几千年的发展中,一直互相促进、内在关联。

5.1.1　数字与音阶

音乐中的 1、2、3 并不是数字而是专门的记号,唱出来是 do、re、mi,它来源于中世纪意大利一首赞美诗中前七句每一句句首的第一个音节。而音乐的历史与语言的历史一样悠久,其渊源已不可考证。但令人惊奇的是,我们可以运用数学知识来解释音乐的许多规则,其中包括音乐的基本元素——乐音的构成原理,也就是说 1、2、3……这些记号确实有着数字或数学的背景。学习音乐总是从音阶开始,我们常见的音阶由 7 个基本的音组成:1、2、3、4、5、6、7 或用唱名表示即 do、re、mi、fa、so、la、xi。声音是否悦耳动听,与琴弦的长短有关。弹琴时,手指在琴弦上移动,不断改变琴弦的长度,琴就会发出高低起伏、抑扬顿挫的声音。如果是三根弦同时发音,只有当它们的长度比是 3∶4∶6 时,声音才最和谐、最优美,于是人们便把 3、4、6 叫作"音乐数"。

古今中外的音乐虽然千姿百态,但都是由 7 个音符(音名)组成的,数字 1~7 在音乐中是神奇数字:

数字 1:万物之本。《老子》云:"道生一,一生二,二生三,三生万物。"整个宇宙就是一个多样统一的和谐整体。这也是一条美感基本法则,适用于包括音乐在内的所有艺术及科学之中。古希腊数学家尼柯玛赫早就提出"音乐是对立因素的和谐的统一,把杂多导致统一,把不协调导致协调"。简言之,便是"一"变"多"、"多"变"一"的原理。中国俗语也说"九九归一"。文艺复兴时期以来的专业音乐在内容和形式上尽管存在天壤之别,但都共同遵循这个原理。音乐上许多手法,如重复、变奏、衍生、展开、对比等,有时强调统一,有时强调变化,综合起来,就是在统一中求变化,在变化中求统一。单音是音乐中最小的"细胞",一个个单音按水平方向连结成为旋律、节奏,按垂直方向纵合成为和弦、和声。乐段(一段体)是表达完整乐思的最小结构单位。

数字 2:巴洛克时期的音乐是以各种大小调的和声为特色,用两种调性表现乐曲个性;随后而来的是维也纳古典乐派时期,这个时期的音乐主要体现欧洲传统的复调音乐和主调音乐成就,在这两种曲调的基础上形成了奏鸣曲、协奏曲等重要的音乐形式;而浪漫主义音乐更加注重的是人的精神境界和主观的情感表达。古典音乐经历了这三个时期的发展,形成音阶与和声学的二元论。

数字 3:三个音按三度音程叠置成为各种和弦。三和弦是最常用的和声建筑材料。爱因斯坦认为无论是音乐家还是科学家都有一个强烈的愿望,即"总想以最适合的方式来画出一幅简化的和易于领悟的世界图像"。数字"2"与"3"在音乐中概括了最基本的节拍类型二拍子与三拍子以及曲式类型二段式与三段式。

数字 4:人声天然地划分为 4 个声部,任何复杂的多声部音乐作品都可以规范为四部和声。我们平时所弹奏的钢琴作品的曲式结构,大多数都是"古典四方体"方整结构,即 4+4+4+4…,4 小节为一乐句,8 小节为一乐段。合唱当中有四重唱,乐曲形式中有四重奏。

数字 5:五度相生律(毕达哥拉斯律)及五度循环揭示了乐音组织的奥秘,而和声五度关系法则是构筑和声大厦的基石。

数字 6:六和弦、六声音阶、一个八度之内有 6 个全音,常用的调是主调及其 5 个近关系副调。

数字 7:更显神秘莫测,常用的七声音阶由 7 个音级组成,巴洛克时期以前采用中古教会 7 种调式,19 世纪民族乐派之后中古教会七声调式部分得到复兴。太阳光谱由红、橙、黄、绿、青、蓝、紫七色组成,以牛顿为代表的科学家,曾对"七音"与"七色"之间巧妙的对应关系进行过有趣的探索。

5.1.2　数学与音频

18 世纪初英国数学家泰勒(Taylor)获得弦振动频率 f 的计算公式:

$$f=\frac{1}{2l}\sqrt{\frac{T}{\rho}}$$

l 表示弦的长度,T 表示弦的张紧程度,ρ 表示弦的密度。这表明对于同一根弦(材质、粗细相同)频率与弦的长度成反比,一对八度音的频率之比等于 2:1。

现在我们可以描述音与音之间的高度差了:假定一根空弦发出的音是 do,则 $\frac{1}{2}$ 长度的弦发出高八度的 do,$\frac{8}{9}$ 长度的弦发出 re,$\frac{64}{81}$ 长度的弦发出 mi,$\frac{2}{3}$ 长度的弦发出 so,$\frac{16}{27}$ 长度的弦发出 la。例如:高八度的 so 应由 $\frac{2}{3}$ 长度的弦的一半即 $\frac{1}{3}$ 长度的弦发出。

为了方便,将 c 音的频率算作一个单位,高八度的 c 音的频率就是两个单位,而 re 音的频率是 $\frac{9}{8}$ 个单位,将音名与各自的频率列成下表(见表 5-1):

表 5-1　五音名频率对照表

音名	C	D	E	F	G	A	B	C
频率	1	$\frac{9}{8}$	$\frac{81}{64}$	$\frac{4}{3}$	$\frac{3}{2}$	$\frac{27}{16}$	$\frac{243}{128}$	2

在弦乐器上拨动一根空弦,它发出某个频率的声音,如果要求你唱出这个音,你怎样才能

知道你的声带振动频率与空弦振动频率完全相等呢？这就需要共鸣原理,即当两种振动的频率相等时合成的效果得到最大的加强而没有丝毫的减弱。因此你应当通过体验与感悟去调整你的声带振动频率,使声带振动与空弦振动产生共鸣,此时声带振动频率等于空弦振动频率。

人们很早就发现,一根空弦所发出的声音与同一根空弦但长度减半后发出的声音有非常和谐的效果,或者说接近于共鸣,后来这两个音被称为具有八度音的关系。我们可以用"如影随形"来形容一对八度音,除非两音频率完全相等的情形,八度音是在听觉和谐方面关系最密切的音。对于频率过高或过低的声音,人耳不能感知或感觉不舒服,音乐中常使用的频率范围是16～4 000 Hz,而人声及器乐中最富于表现力的频率范围是60～1 000 Hz。

为什么高音"1"比中音"1"正好高八度而成为一对？那些音阶"1、2、3、4、5、6、7"又是从哪里来的？

第一个问题很简单:如果一个音的频率比另一个音高出一倍,它就比后者"高八度"。例如 C 调的"1"其实就是频率262 Hz(每秒振动 262 次)的声波,而它的双倍频率(524 Hz)的声波就是比它高八度的"1"(高音 1);同理,它一半频率(131 Hz)的声波就是比它低八度的"1"(低音 1)。正是因为两个音的频率关系如此密切(还有比这更简单的比例关系吗?),所以它们听起来如此相似!

第二个问题则有些复杂,因为在中音"1"和高音"1"中间如何规定 2、3、4 等其他音阶,这有很多种方法。我先说其中的"纯律"方法,因为用纯律规定出的音阶关系是最自然纯正的(听起来舒服),而且纯律也是完全按照音的频率比例关系来规定音阶的。

以 C 调为例,它的 7 个音阶(音符、唱名)的频率比例关系如下:

1 对应频率为 262 Hz;

5 对应频率为 262 Hz×3/2 = 393 Hz;

3 对应频率为 262 Hz×5/4 = 327.5 Hz;

4 对应频率为 262 Hz×4/3 = 349.3 Hz;

2 对应频率为 262 Hz×9/8 = 294.75 Hz(或者说用"5"的 393 Hz×3/2);

6 对应频率为 262 Hz×5/3 ≈ 436.7 Hz(或者说用"4"的 349.3 Hz×5/4);

7 对应频率为 262 Hz×15/8 = 491.25 Hz(或者说用"5"的 393 Hz×5/4);

高音 1 = 262 Hz×2 = 524 Hz。

从中可以看到,所有的音阶之间都有一定的频率比例关系。为什么我要把音符打乱了写?这是为了让你注意:离 1 越近的音,它与 1 的频率比例关系就越简单,例如:5 的频率是 1 的 $1\frac{1}{2}$,3 的频率是 1 的 $1\frac{1}{4}$,所以它们与 1 的关系也就很密切、很和谐(4 的频率是 1 的 $1\frac{1}{3}$,在数学上是无限循环小数,就是"除不尽",这就稍微有些复杂,所以 4 跟 1 就没有那么和谐)。

如果用钢琴同时弹出 1、5 或 1、3 或 1、3、5(同时发出的音,音乐上叫作"和声"或"和弦"),我们会觉得很悦耳,就是因为它们之间有密切而简单的比例关系。

知道了 do、re、mi、fa、so、la、xi 的数字关系之后,新的问题是:为什么要用具有这些频率的音来构成音阶? 实际上,首先更应回答的问题是:为什么要用 7 个音来构成音阶?

这可是一个千古之谜。由于无法从对的历史进行考证,古今中外便有了形形色色的推断、臆测。例如:西方文化中的一种说法基于"7"这个数字的神秘色彩,认为运行于天穹的七大行星(这个说法是在只知道有七大行星的年代提出的)发出不同的声音组成音阶。而我们将从数学上揭开谜底。

　　我们用不同的音组合成曲调,当然要考虑这些音放在一起是不是很和谐,前面已谈到八度音是在听觉和谐效果上关系最密切的音,但是仅用八度音还不能构成动听的曲调——它们太少了。例如:在音乐频率范围内,c^1 与 c^1 的八度音只有 8 个:C_2(16.35 Hz)、C_1(32.7 Hz)、C(65.4 Hz)、c(130.8 Hz)、c^1(261.6 Hz)、c^2(523.2 Hz)、c^3(1 046.4 Hz)、c^4(2 092.8 Hz),对于人声就只有 C、c、c^1、c^2 这 4 个音了。

　　为了产生新的和谐音,让我们回顾一下前面说的一对八度音和谐的理由是近似于共鸣。数学理论告诉我们:每个音都可分解为由一次谐波与一系列整数倍频率谐波的叠加。仍然假定 c 的频率是 1,那么它分解为频率为 1、2、4、8……的谐波的叠加,高八度的 c 音的频率是 2,它分解为频率为 2、4、8、16……的谐波的叠加,这两列谐波的频率几乎相同,这是一对八度音近似于共鸣的数学解释。由此可推出一个原理:两音的频率比若是简单的整数关系,则两音具有和谐的关系,因为每个音都可分解为由一次谐波与一系列整数倍谐波的叠加,两音的频率比愈是简单的整数关系,意味着对应的两个谐波列含有相同频率的谐波愈多。次于2:1的简单整数比是3:2。一根空弦发出的音(假定是表 1 的 C,且作为 do)与 $\frac{2}{3}$ 长度的弦发出的音无论先后奏出或同时奏出,其效果都很和谐。可以推想当古人发现这一现象时一定会非常兴奋,事实上我们比古人更有理由兴奋,因为我们明白了其中的数学道理。接下来,奏出 $\frac{3}{2}$ 长度弦发出的音也是和谐的。它的频率是 C 频率的 $\frac{2}{3}$,已经低于 C 音的频率,为了便于在八度内考察,用它的高八度音即频率是 C 的 $\frac{4}{3}$ 的音代替。很显然我们已经得到了表 5-1 中的 G(so)与 F(fa)。

　　问题是我们并不能这样一直做下去,否则得到的将是无数多的音而不是 7 个音。

　　如果从 C 开始依次用频率比 3:2 制出新的音,在某一次新的音恰好是 C 的高若干个八度音,那么再往后就不会产生新的音了。很可惜,数学可以证明这是不可能的,因为没有自然数 m、n 会使下式成立:$\left(\frac{3}{2}\right)^m = 2^n$。

　　此时,理性思维自然发展的结果是可不可以成立近似等式?经过计算有 $\left(\frac{3}{2}\right)^5 = 7.594 \approx 2^3 = 8$,因此认为与 1 之比是 2^3,即高三个八度关系算作是同一音,而 $\left(\frac{3}{2}\right)^6$ 与 $\left(\frac{3}{2}\right)^1$ 之比也是 2^3,即高三个八度关系等也算作是同一音。从"八度相同"的意义上说,总共只有 5 个音,它们的频率是:

$$1,\left(\frac{3}{2}\right),\left(\frac{3}{2}\right)^2,\left(\frac{3}{2}\right)^3,\left(\frac{3}{2}\right)^4 \tag{1}$$

折合到八度之内就是:$1、\frac{9}{8}、\frac{81}{64}、\frac{3}{2}、\frac{27}{16}$。

　　对照表 5-1 知道这 5 个音是 C(do)、D(re)、E(mi)、G(so)、A(la),这是所谓的五声音阶,它在世界各民族的音乐文化中用得不是很广,不过我们熟悉的《卖报歌》就是用五声音阶作成的。

接下来根据 $\left(\dfrac{3}{2}\right)^7 \approx 2^4 = 16$，总共应由 7 个音组成音阶，我们在（1）的基础上用

$3:2$ 的频率比上行一次、下行一次得到由 7 个音组成的音列，其频率是：$\left(\dfrac{2}{3}\right)$、1、$\left(\dfrac{3}{2}\right)$、

$\left(\dfrac{3}{2}\right)^2$、$\left(\dfrac{3}{2}\right)^3$、$\left(\dfrac{3}{2}\right)^4$、$\left(\dfrac{3}{2}\right)^5$，折合到八度之内就是：$1、\dfrac{9}{8}、\dfrac{81}{64}、\dfrac{4}{3}、\dfrac{3}{2}、\dfrac{27}{16}、\dfrac{243}{128}$，得到常见的五度律

七声音阶大调式如表 5-1 所示。考察一下音阶中相邻两音的频率之比，通过计算知道只有两种情况：do-re、re-mi、fa-so、so-la、la-xi 频率之比是 9∶8，称为全音关系；mi-fa、xi-do 频率之比是 256∶243，称为半音关系。

以 2∶1 与 3∶2 的频率比关系产生和谐音的法则称为五度律。在中国，五度律最早的文字记载见于典籍《管子·地员篇》，由于《管子》的成书时间跨度很大，学术界一般认为五度律产生于公元前 7 世纪至公元前 3 世纪。而西方学者认为是公元前 6 世纪古希腊的毕达哥拉斯学派最早提出了五度律。根据近似等式 $\left(\dfrac{3}{2}\right)^{12} \approx 2^7 = 128$ 并仿照以上方法又可制出五度律十二声音阶（见表 5-2）：

表 5-2　五度律十二声音阶

音名	C	#C	D	#D	E	F	#F
频率	1	$\dfrac{3^7}{2^{11}}$	$\dfrac{3^2}{2^3}$	$\dfrac{3^9}{2^{14}}$	$\dfrac{3^4}{2^6}$	$\dfrac{3^{11}}{2^{17}}$	$\dfrac{3^6}{2^9}$
音名	G	#G	A	#A	B	C	
频率	$\dfrac{3}{2}$	$\dfrac{3^8}{2^{12}}$	$\dfrac{3^3}{2^4}$	$\dfrac{3^{10}}{2^{15}}$	$\dfrac{3^5}{2^7}$	2	

五度律十二声音阶相邻两音的频率之比有两种：256∶243 与 2 187∶2 048，分别称为自然半音与变化半音。从表中可看到，音名不同的两音例如 #C-D 的关系是自然半音，音名相同的两音例如 C-#C 的关系是变化半音。

5.1.3　数学与音乐的相互渗透

音乐是心灵和情感在声音方面的外化，数学是客观事物高度抽象和逻辑思维的产物。那么，"多情"的音乐与"冷酷"的数学也有关系吗？我们的回答是肯定的，甚至可以说音乐与数学是相互渗透、相互促进的。请看下面的解说：

1731 年大数学家欧拉写成专著《建立在确切的谐振原理基础上的音乐理论的新颖研究》。此书是一本力作，在数学和音乐两方面都下了不少功夫，以至于后世有些专家认为，这本书对数学家"太音乐化了"，而对音乐家又"太数学化了"。数学家昂哈德·尤勒也曾写过《关于和谐音与整数的关系》的论文，体现了数学家对音乐的关心和研究。

1970 年我国著名琵琶演奏家刘德海决心运用"优选法"，寻找在琵琶每根弦上能发出最佳音色的点。不久，华罗庚教授用数学方法帮助他解决了这一难题，在弦长的 1/12 处，弹出的声音格外优美动听。1980 年 5 月在全国琵琶演奏会上，几十位演奏家听了"最佳点"的演奏后，

都认为数学与音乐之间可能有一种深奥的内在联系。

1952 年 12 月在武汉召开的全国聂耳、冼星海作品研讨会上,武汉音乐学院院长童忠良宣读了一篇引人注目的论文,题目为"论《义勇军进行曲》的数列结构"。该文整体建立在数学理论基础上,先后讲述了黄金分割、华罗庚的优选法、斐波那奇数列,并据此分析了《义勇军进行曲》的曲式结构,从而提出一种突破传统式结构理论的观点,即其文所称的"长短型数列结构"体制。该文能够引起轰动不仅在于聂耳的杰作及论文本身的新颖,更在于引起音乐工作者的思考,即要改变自身的结构,需要充实一些科学知识,特别是认识到数学知识对不同领域的影响。

5.2 音律学的发展及数学原理

5.2.1 6 世纪之前的中国音律学

1.三分损益法

三分损益法是中国最早的有关乐律理论和计算的方法,是中国音律学家在音乐发展史上做出的重要贡献。宫、商、角、徵、羽五音组成的五声音阶,以及七声音阶、十二律等都可以用三分损益法生成。

我国最早记载三分损益法的文献是《管子·地员篇》。《管子》是中国先秦诸子时代百科全书式的巨著,由管仲学派编撰,大约成书于战国初年。该书收编、记录了春秋时期(前 770—前 476)齐相管仲生前的思想、言行,也包含了管仲学派对管仲思想的运用和发展。

《地员篇》论述了土壤分类以及各类土壤所适宜种植的农作物与树草。"夫管仲之匡天下也,其施七尺。……见是土也,命之曰五施,五七三十五尺而至于泉。呼音中角。……四施,四七二十八尺而至于泉。呼音中商。……三施,三七二十一尺而至于泉。呼音中宫。……再施,二七一十四尺而至于泉。呼音中羽。……一施,七尺而至于泉。呼音中徵。"其意为管仲协助治理天下,定七尺为一施。最好的土壤称为五施之土,土深三十五尺而与泉相接,呼音相当于"角"声;四施之土,土深二十八尺而与泉相接,呼音相当于"商"声;三施之土,土深二十一尺而与泉相接,呼音相当于"宫"声;再施之土,土深一十四尺而与泉相接,呼音相当于"羽"声;一施之土,土深七尺而与泉相接,呼音相当于"徵"声。

随后,将五声由低到高与家畜的鸣叫声比拟:"凡听徵,如负猪豕觉而骇。凡听羽,如鸣马在野。凡听宫,如牛鸣窌中。凡听商,如离群羊。凡听角,如雉登木以鸣,音疾以清。"

那如何由黄钟宫音开始,相继得到徵、商、羽、角等五音呢?"凡将起五音凡首,先主一而三之,四开以合九九,以是生黄钟小素之首,以成宫。三分而益之以一,为百有八,为徵。不无有三分而去其乘,适足,以是生商。有三分而复于其所,以是成羽。有三分去其乘,适足,以是成角。"这段话指出,要得到五音,可先将"主一而三",即将 1×3 得 3,"四开以合九九"即 $3^4 = 9\times9 = 81$。由此产生黄钟宫音;"三分而益之以一"就是在原来的基础上加上其三份中的一份,即乘 $\left(1+\dfrac{1}{3}\right)$,得 $\left(1+\dfrac{1}{3}\right)\times81 = 108$,为徵;

"不无有三分而去其乘"即 $108 \times \frac{1}{3} \times 2 = 72$，生商；

再由 $72 \times \frac{1}{3} + 72 = 96$，得羽；

由 $96 \times \frac{1}{3} \times 2 = 64$，得角。

将所得五音按照音高由低到高的顺序排列，就是：徵、羽、宫、商、角。在简谱中相当于5、6、1、2、3。

中国古代审定乐音的音高标准成为律。宫、商、角、徵、羽五音就构成五律。

将振动体的长度(或频率)，乘$(1+\frac{1}{3})$称为"三分益一"，乘$(1-\frac{1}{3})$称为"三分损一"。相继运用"三分益一"和"三分损一"来计算音律的方法，称为三分损益法，由此形成的律制叫作三分损益律。上述五律和我们后面介绍的七律、十二律都属于三分损益律。

"四开以合九九，以是生黄钟小素之首"，即在黄钟律长度计算中取九进制，对此，朱载堉认为这是取法于洛书，他在《律吕精义》中说："以九寸为黄钟，凡八十一分，取象洛书之九自乘之数。"他还指出："九分为寸，原为三分损益而设也。"事实上，宫为81；三分损一的54即为徵；再三分益一，得72为商；再三分损一，得48为羽；再三分益一，得64为角。如此即可得到五声音阶。将它们按音高由低到高排列，即为宫、商、角、徵、羽，在简谱中相当于1、2、3、5、6。在前面所得的徵(108)、羽(96)分别比这里的徵(54)、羽(48)低八度。

总之，由上述可见，在公元前645年之前，管仲就已经知道角、商、宫、徵、羽五声的高低与水井深度有关，而且发现当两个振动体的长度之比为正整数时，所发声音是和谐的，并且给出了如何生成五声音阶的三分损益法。

2.十二律

十二律属于中国古代的音律。按音高由低到高的顺序排列，十二个律名为：黄钟、大吕、太簇、夹钟、姑洗、仲吕、蕤宾、林钟、夷则、南吕、无射、应钟。其中在奇数位的黄钟、太簇、姑洗、蕤宾、夷则、无射六个称为律，又称阳律；在偶数位的大吕、夹钟、仲吕、林钟、南吕、应钟六个称为吕，又称阴律。因为六吕位于六律之间，故又称为六间。狭义的律，仅指六个阳律；阳律和阴律一起，统称为"律吕"。

公元前249—前235年吕不韦任秦相国时，其门人所作《吕氏春秋·古乐篇》中有黄帝令伶伦所作的十二律的传说："伶伦取竹……断两节间。其长三寸九分而吹之，以为黄钟之宫，……次制十二筒……听凤凰之鸣，以别十二律。其雄鸣为六，雌鸣亦六，以比黄钟之宫，适合。黄钟之宫，皆可以生之。故曰：'黄钟之宫，律吕之本。'"但此传说尚未见科学的论证。

在曾侯乙编钟的铭文上，楚国已有全部十二个律名，只不过名称有所不同。最早最完备记载十二律名称的典籍是先秦文献《国语·周语下》，其中记述了周景王二十三年(公元前522年)打算铸造无射大钟，向乐官伶州鸠询问音律，伶州鸠回答了上述六律和六间的律名以及它们的作用。

最早记录十二律相继产生方法的文献是《吕氏春秋·音律篇》。其法为："黄钟生林钟，林钟生太簇，太簇生南吕，南吕生姑洗，姑洗生应钟，应钟生蕤宾，蕤宾生大吕，大吕生夷则，夷则生夹钟，夹钟生无射，无射生仲吕。三分所生，益之一分以上生；三分所生，去其一分以下生。

黄钟、大吕、太簇、夹钟、姑洗、仲吕、蕤宾为上;林钟、夷则、南吕、无射、应钟为下。"

上述方法中的"上""下",因古文是由上而下竖行书写。音由低而高排列,故向上是音由高而低,向下是音由低而高。"三分所生,益之一分以上生",是说将物(如弦)长增加 $\frac{1}{3}$ 则得到上方(即较低)的一个音;"三分所生,去其一分以下生",是说将物(如弦)长减少 $\frac{1}{3}$ 则得到下方(即较高)的一个音。这正是三分损益法。开始的黄钟作为标准音;大吕、太簇等六个音,都是由"三分益一"而得,林钟、夷则等五个音,都是由"三分损一"而得。

总之,从典籍与考古发掘可见,在春秋时期十二律名应已产生,到战国早期已经形成完整的律名体系,战国晚期十二律名已经定型并在全国使用。十二律可按音高由低到高顺序排列(见表5-3)。

表5-3　十二律

律名	黄钟	大吕	太簇	夹钟	姑洗	仲吕	蕤宾	林钟	夷则	南吕	无射	应钟
音名	F	#F	G	#G	A	#A	B	C	#C	D	#D	E

后面我们将看到运用三分损益法产生的音律存在两大不足:一是不能回归黄钟本律;二是相邻两律音程不尽相同。能否弥补这些不足?中国历代乐律学家苦苦思考、不断探索,在原来的基础上进行补充与修改,取得不少成果,其中主要的有京房六十律、钱乐之三百六十律以及何承天新律。直至明代朱载堉创立了十二平均律才得到彻底、圆满的解决。

5.2.2　18 世纪前的西方音律学

1.毕达哥拉斯五度相生法

古希腊哲学家、数学家和音乐理论学家毕达哥拉斯是人类文化史上最早将数学、哲学和音乐结合起来思考的学者之一。传说有一天,他路过一家铁匠铺,听到里面传出的打铁声非常和谐、悦耳,进去研究四位铁匠使用的铁锤,发现它们的重量之比为12:9:8:6。也就是两个铁锤之间的重量构成2:1、3:2、4:3、9:8这样一些整数比。他进一步研究了弦振动发出的声音,发现当两条弦的长度比为2:1时,发出的声音听起来为 do 和 mi,即为八度;长度比为2:3时,发出的声音听起来为 do 和 so,即为五度;当长度比为4:3时,发出的声音听起来为 do 和 fa;当长度比为9:8时,发出的声音听起来为 do 和 re,即为二度。在此基础上,他发明了五度相生法,通过纯五度音程的关系,连续依次推出一个系列音阶,即著名的毕达哥拉斯音列。该音列全音阶七个音由一个低五度音程和连续 5 个上五度音程得到。其中后四个值均大于2,亦即和第二个音已经超出八度音程 $\frac{2}{3}$、1、$\frac{3}{2}$、$\left(\frac{3}{2}\right)^2$、$\left(\frac{3}{2}\right)^3$、$\left(\frac{3}{2}\right)^4$、$\left(\frac{3}{2}\right)^5$。通过相继除以 2,使这四个值均小于2;并将第一个音乘2,就得到了位于一个八度音程内的同名音,这样七个音的频率比为 $\frac{4}{3}$、1、$\frac{3}{2}$、$\frac{9}{8}$、$\frac{27}{16}$、$\frac{81}{64}$、$\frac{243}{128}$,相当于 fa、do、so、re、la、mi、xi。将它们按照由低到高的音序排列,如表5-4所示。

表 5-4　七音频率比

音名	C	D	E	F	G	A	B	c
频率比	1	$\dfrac{9}{8}$	$\dfrac{81}{64}$	$\dfrac{4}{3}$	$\dfrac{3}{2}$	$\dfrac{27}{16}$	$\dfrac{243}{128}$	2

由表 5-4 可见,毕达哥拉斯音阶中,相邻两个音构成的音程有两种:一种(如 CD)频率比为 9:8,近似为 204 音分,比十二平均律全音音程约大 4 音分,称为"大全音";另一种(如 EF)频率比为 256:243,近似为 90 音分,比十二平均律半音音程约小 10 音分,称为"小半音",而 180 音分称为"小全音"。

2.纯律

纯律、十二平均律、五度相生律为音乐的三种主要律式。纯律起源于欧洲,英文为 just intonation 或 pure intonation,意思是"正确的"或"纯粹的音准"。《哈佛音乐词典》注释为"纯律是一种以自然五度和三度生成其他所有音程的音准体系和调音体系。"

有的资料给出纯律的 12 个频率值见表 5-5。这些值是如何产生的? 自然五度即纯五度,频率之比为 3:2,大三度频率之比为 5:4。纯律的各个音级是通过纯五度加大三度,或者大三度加纯五度(二者均构成大七度),以及纯五度减大三度产生的。

表 5-5　纯律的 12 个频率值

1	$\dfrac{16}{15}$	$\dfrac{9}{8}$	$\dfrac{6}{5}$	$\dfrac{5}{4}$	$\dfrac{4}{3}$	$\dfrac{7}{5}$	$\dfrac{3}{2}$	$\dfrac{8}{5}$	$\dfrac{5}{3}$	$\dfrac{7}{4}$	$\dfrac{15}{8}$

将频率乘 $\dfrac{3}{2}$ 为上生纯五度音程;乘 $\dfrac{4}{5}$ 为上生大三度音程;乘 $\dfrac{4}{5}$ 为下生大三度音程,同时将所得频率折合到同一个八度内,例如:上生纯五度为 $\dfrac{4}{3} \times \dfrac{3}{2} = 2$,折合到同一个八度内,即除以 2,得 1。这样就有:

$$\dfrac{4}{3} \xrightarrow{\text{纯五度}} 1 \xrightarrow{\text{大三度}} \dfrac{5}{4} \xrightarrow{\text{纯五度}} \dfrac{15}{8} \xrightarrow{\text{下大三度}} \dfrac{3}{2} \xrightarrow{\text{纯五度}} \dfrac{9}{8};$$

$$\dfrac{4}{3} \xrightarrow{\text{大三度}} \dfrac{5}{3} \xrightarrow{\text{纯五度}} \dfrac{5}{4};$$

$$\dfrac{4}{3} \xrightarrow{\text{下大三度}} \dfrac{16}{15} \xrightarrow{\text{纯五度}} \dfrac{8}{5};$$

$$1 \xrightarrow{\text{纯五度}} \dfrac{3}{2} \xrightarrow{\text{下大三度}} \dfrac{6}{5} \xrightarrow{\text{纯五度}} \dfrac{9}{5} \xrightarrow{\text{下大三度}} \dfrac{36}{25};$$

按照上述方法,无法产生 $\dfrac{7}{5}$ 和 $\dfrac{7}{4}$,但有 $\dfrac{36}{25}$ 和 $\dfrac{9}{5}$,如果注意到:

$$\dfrac{36}{25} = 1.44 \approx 1.4 = \dfrac{7}{5},\ \dfrac{9}{5} = 1.8 \approx 1.75 = \dfrac{7}{4}。$$

以 $\dfrac{7}{5}$ 代替 $\dfrac{36}{25}$,以 $\dfrac{7}{4}$ 代替 $\dfrac{9}{5}$,将上面计算得到的 12 个频率比值由小到大顺序排列,就是表 5-5 给出的结果。

纯律基本音级的频率比见表 5-6。

表 5-6　纯律基本音级的频率比

音名	C	D	E	F	G	A	B
频率比	1	$\dfrac{9}{8}$	$\dfrac{5}{4}$	$\dfrac{4}{3}$	$\dfrac{3}{2}$	$\dfrac{5}{3}$	$\dfrac{15}{8}$

其中相邻两个音构成的音程有三种:第一种(如 CD)频率比为 9:8,近似为 204 音分,是"大全音";第二种(如 DE)频率比为 10:9,近似为 180 音分,是"小全音";第三种(EF)频率比为 16:15,近似为 90 音分,是"小半音"。

纯律——五度律七声音阶的 1、3、5(do、mi、so)三音的频率之比是 $1:\dfrac{81}{64}:\dfrac{3}{2}$,即 64:81:96,纯律将其修改为 $1:\dfrac{5}{4}:\dfrac{3}{2}$,即 64:80:96 或 4:5:6,使大三和弦 1-3-5 三音间的频率之比更显简单。然后按 $1:\dfrac{5}{4}:\dfrac{3}{2}$ 的频率比从 5(so) 音上行复制两音 7、2,从 1(do)音下行复制两音 6、4,即 4、6、1、3、5、7、2 的频率之比是 $\left(\dfrac{2}{3}\right):\left(\dfrac{5}{4}\right)\left(\dfrac{2}{3}\right):1:\left(\dfrac{5}{4}\right):\dfrac{3}{2}:\left(\dfrac{5}{4}\right)\left(\dfrac{3}{2}\right):\left(\dfrac{3}{2}\right)^2$。

共得 7 个音折合到八度之内构成纯律七声音阶(见表 5-7)。

表 5-7　纯律七声音阶

音名	C	D	E	F	G	A	B	C
频率比	1	$\dfrac{9}{8}$	$\dfrac{5}{4}$	$\dfrac{4}{3}$	$\dfrac{3}{2}$	$\dfrac{5}{3}$	$\dfrac{15}{8}$	2

它与五度律七声音阶比较,有 4 个音 C、D、F、G 是相同的,有 3 个音 E、A、B 是不同的。

在相邻两音的频率比方面,纯律七声音阶有 3 种关系:9:8、10:9、16:15。从数字看,它比五度律七声音阶简单,然而种类却比五度律七声音阶多(五度律七声音阶只有 2 种相邻两音的频率比)。在艺术上孰好孰坏,已不是数学所能判断的了。

纯律的各个音高,是纯粹按照声音的自然规律来确定的,其中各个音的频率之比都是简单的分数,因而听起来特别纯美、和谐、悦耳,因此人们称它为纯律。但纯律转调不方便。

5.2.3　三分损益与五度相生

两个声音的频率比值为正整数时,听起来和谐、悦耳,符合人耳的生理声学特性。中外古代学者,利用感官都已发现声音的高低与发声体(如弦、管)的长度成反比,而当质地相同的两条弦的长度成正整数比时,它们发出的音听起来是和谐的,长度为 2:1 时所发出的谐音,用现在的术语来说就是相差八度的同名音(如 C 与 c)。在两个相差八度的同名音之间如何产生其他谐音呢?最自然的想法就是首先考虑区间[1,2]的中点 $\dfrac{3}{2}$ 和第一个三分点 $\dfrac{4}{3}$;或者是考虑

区间 $\left[\dfrac{1}{2},1\right]$ 的中点 $\dfrac{3}{4}$ 和第一个三分点 $\dfrac{2}{3}$。换句话说，就是考虑将原来的弦长乘 $\dfrac{4}{3}$ "三分益一"，或者是乘 $\dfrac{2}{3}$ "三分损一"；而从频率来看，就是将原来的频率乘 $\dfrac{3}{4}$ 或者乘 $\dfrac{2}{3}$。这正是"三分损益法"。三分损益与五度相生实质相同。

1."三分益一"和"三分损一"是相通的。

因为将弦长乘2(音的频率除以2)所对应的是比原来的音低八度的同名音。例如，若设 c (do)的对应弦长(频率)为1，则弦长为 $\dfrac{2}{3}$ (频率为 $\dfrac{3}{2}$)的音为 g(so)，而弦长为 $\dfrac{4}{3}$ (频率为 $\dfrac{3}{4}$)的音是比 g 低八度的 G(5)。

所以，"三分益一"(乘 $\dfrac{4}{3}$)和"三分损一"(乘 $\dfrac{2}{3}$)所得到的是同名音，只不过二者相差八度而已 $\left(\dfrac{4}{3}:\dfrac{2}{3}=2\right)$。

因此，"三分益一"和"三分损一"是相通的。只是因为单纯使用"三分益一"或者"三分损一"会得出八度音程，故而"三分损益法"将二者结合使用，以使所得音级均位于同一个八度音程内。

2.三分损益就是五度相生。

正因为三分益一和三分损一是相通的，所以可以通过连续三分益一或者连续三分损一，并将所得音级划归到同一个八度音程内，来生成音阶体系。而连续三分损一，相继两个音的频率后者与前者之比都是3:2，都构成五度音程(所得到的音依次为：do、so、re、la、mi、xi、fa)，因此三分损益就是五度相生。三分损益法就是五度相生法。三分损益律就是五度相生律。下面我们以通过连续三分损一来生成五声、七声和十二声音阶为例，做进一步的说明。

连续三分损一改变弦长，就可以得到公比为 $\dfrac{3}{2}$ 的一系列频率值 $\dfrac{2}{3}$、1、$\dfrac{3}{2}$、$\left(\dfrac{3}{2}\right)^2$、$\left(\dfrac{3}{2}\right)^3$、$\left(\dfrac{3}{2}\right)^4$、$\left(\dfrac{3}{2}\right)^5$ ……如果取值前五个频率值，其中后三个均大于2，亦即和第一个音已经超出八度音程。通过相继除以2，使这三个值均小于2，就得到了位于八度音程内的同名音，这样五个音的频率为 1、$\dfrac{3}{2}$、$\dfrac{9}{8}$、$\dfrac{27}{16}$、$\dfrac{81}{64}$。按照由低到高的音序排列，就是 1、$\dfrac{9}{8}$、$\dfrac{81}{64}$、$\dfrac{3}{2}$、$\dfrac{27}{16}$。按照简谱的唱名，就是 1、2、3、5、6。如果我们再将上面的五个音中的后两个音降八度，并按照由低到高的音序排列，就得到频率为 $\dfrac{3}{4}$、$\dfrac{27}{32}$、1、$\dfrac{9}{8}$、$\dfrac{81}{64}$ 五个音。这正是《管子·地员篇》中由黄钟宫音开始，运用三分损益法相继得到五音之后，按照由低到高的音序排列的五声音阶(见表5-8)。

表 5-8　五声音阶

音阶名	徵	羽	宫	商	角
振动体相对长度	108	96	81	72	64
频率比	$\dfrac{3}{4}$	$\dfrac{27}{32}$	1	$\dfrac{9}{8}$	$\dfrac{81}{64}$
相当于今日音名(唱名)	so(5)	la(6)	do(1)	re(2)	mi(3)

运用相同的方法可以得到十二声音阶,这正是《吕氏春秋·音律篇》中由黄钟开始,运用三分损益法,相继得到十二音后,按照由低到高的音序排列的结果(见表5-9)。

表 5-9　十二声音阶

律名	黄钟	大吕	太簇	夹钟	姑洗	仲吕	蕤宾	林钟	夷则	南吕	无射	应钟
音名	C	#C	D	#D	E	F	#F	G	#G	A	#A	B
频率比	1	$\dfrac{3^7}{2^{11}}$	$\dfrac{3^2}{2^3}$	$\dfrac{3^9}{2^{14}}$	$\dfrac{3^4}{2^6}$	$\dfrac{3^{11}}{2^{17}}$	$\dfrac{3^6}{2^9}$	$\dfrac{3}{2}$	$\dfrac{3^8}{2^{12}}$	$\dfrac{3^3}{2^4}$	$\dfrac{3^{10}}{2^{15}}$	$\dfrac{3^5}{2^7}$
音阶名	宫		商		角		变徵	徵		羽		变羽

"黄钟生林钟,林钟生太簇……无射生仲吕",都是五度音程,即五度相生。而从表5-9可见,黄钟到林钟首尾共有八个律;林钟到太簇……无射到仲吕首尾也是八个律,所以古人又称上述生成法为"隔八相生法"。

3.十二律中"律""吕"之分的思考

我国古代十二律中有律、吕之分,狭义的律,仅指其中的六个阳律:黄钟、太簇、姑洗、蕤宾、夷则和无射,其原因何在?

如果注意到上述六个阳律,相邻两个音后者与前者的频率之比都是9:8(而六吕中则有一对不符);而且,运用三分损益法,在一个八度音程中,最多只可能有六个音级,由此我们可以理解为:我国古人已经注意到,在一个音阶体系中,相邻两个音之间具有相同的频率比的重要性。这也正是我国古代音乐家们此后历经数百年孜孜以求不断改进十二律的根本原因。这一愿望,需要数学科学在宋元时期达到当时世界领先水平,学者朱载堉就在世界音乐发展史上第一个完成了这一历史使命。

4.如何看待三分损益法与五度相生法

三分损益法与五度相生法是相通的,对这种不谋而合,有人提出它们究竟孰先孰后,究竟哪个是原创的等问题。曾有西方学者说三分损益法是毕达哥拉斯首先发明,而后从西方传入中国的。也有人说,据考证,毕达哥拉斯曾游学于埃及,很有可能从埃及学得中国的三分损益法,而中国的三分损益法是相继通过苏美尔人和迦勒底人传给埃及人的。还有人说,三分损益法是来到中国西境的古希腊商人带回去的。这些说法都没有确证,也不足为信。

其实,三分损益法也好,五度相生法也好,都是振动体发声自然规律的数学刻画,作为中国这样的文明古国,当时数学和哲学取得的成就,足以使得两国的学者能够同时或者基本同时在音律学上独立地有所发现、有所创造。事实上,一旦条件成熟,一项发明几乎同时由不同国度的不同学者独立地完成,这不仅是完全可能的,而且是科学发展史上常见的现象。

5.3 为世界认可的十二平均律

1. 朱载堉与十二平均律

朱载堉(1536—1611),明代杰出的音乐家、数学家(见图 5-12)。

在朱载堉之前的几千年里,无论中外都在探索音乐上的旋宫问题,但是基于三分损益法或五度相生法,连续进行 12 次运算后,并不能返相为宫。在一个八度内设定 12 个半音,需建立起 12 个相等音高的"梯级",可是在朱载堉的时代,产生这样的科学概念并不容易,更何况当时没有求解等比数列的数学方法。朱载堉开创"新法密率",用 81 档的大算盘开平方、开立方,在黄钟正律和黄钟倍律之间求出了 11 个数,并精确到小数点后 24 位,相形之下,今天的袖珍计算器也只有十位数,可见他思维的缜密与所费劳力之巨大。

图 5-2　朱载堉像

明万历九年(1581),他为其历法著作《律历融通》作序。该书附有《音义》一卷,阐述了十二平均律的计算方法。朱载堉称三分损益法为旧法,指出:"旧法往而不返者,盖由三分损益,算术不精之所致也。是故新法不用三分损益,别造密率。"(《律吕精义·内篇》卷一之《不用三分损益第三》)"密率"指$\sqrt[12]{2}$。他在 1584 年的《律学新说》中写道:"创立新法,置一尺为实,以密率除之,凡十二遍,所求律吕真数比古四种术尤简捷而精密。数与琴音互相校正、最为吻合。"亦即从黄钟之长一尺出发,相继除以"密率"即可得到十二个音律。在《不用三分损益第三》中,他详细地记述了生律过程并且所有音律值都准确到 25 位数,其中$\sqrt[12]{2}$为 1.059463094359295264561825。

朱载堉为了验证由密率生成的音律体系,创制了既是十二平均律音高标准的定律器,又能创作为乐器演奏的律准(弦线式定音器,又称均准)和律管(管式定音器),并且首创或改造了十二平均律乐器:琴、瑟、箫、笛、笙、埙、钟等。

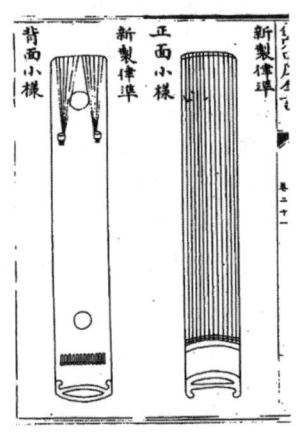

图 5-3　《律学新说》

朱载堉在《律学新说》中详述了他创制的律准和调音定律方法,并附有小样(见图 5-3)。律准张 12 弦,列 12 徽,是近代调音定律的始祖,也是世界上最早的平均律弦乐器。

2. 十二平均律发明之争

历史资料记载中的十二平均律发明者是荷兰人斯特芬(Stevin),他于 1600 年前后用两音频率比严格地确立了十二平均律;在中国是明代科学家、音乐家朱载堉,他表述的十二平均律甚至将及各次幂均计算到小数点后 24 位(约完成于 1581 年)。十二平均律的确立是人类艺术禀赋的贯通性在音乐文化方面的又一惊人表现。

欧洲在音乐实践中运用平均律调音始于 18 世纪晚期,到 19 世纪 40 年代才广泛应用。1962 年,英国著名自然科学史学家李约瑟(Joseph Needham)指出:"关于平均律的欧洲起源,很难找到确切的证据,而在中国关于这项发明的一切事实都很清楚。""平心而论,近三个世纪里欧洲近代音乐完全可能受到中国的一篇数学杰作的影响,虽然传播的证据尚付阙如。"事实上,在朱载堉完成十二平均律的 1581 年到梅森给出 1.059 463 数据的 1600 年间,朱载堉在 1606 年向朝廷进献了他的《乐律全书》。而在这一期间,很多欧洲传教士来华活动,其中有意大利人利玛窦、龙华民、罗雅谷,葡萄牙人孟三德,法国人金尼阁,德国人邓玉函、汤若望等。他们大都熟悉数学、音乐和历法,其中不少人受到明朝皇帝的赏赐;1629—1634 年间徐光启主持修订《崇祯历书》,龙华民、邓玉函、汤若望、罗雅谷先后参与了这项工作;金尼阁曾到河南传教三四个月,朱载堉家郑王封地是其必经之地,而且他于 1613—1617 年返回欧洲;对中国文化有着浓厚兴趣并进行深入研究的利玛窦,精通天文学和数学,他和徐光启关系密切,1606 年与其合译《几何原本》,在利玛窦的私人日记里还提到了朱载堉的历法新理论。以上事实使人们有理由相信,传教士们很可能了解到朱载堉的音律理论,并通过各种途径将有关信息传到欧洲,李约瑟博士说得好:"与中国接触的旅行家……只需说:'我知道中国人以极高的准确性调谐他们的琴。他们只要将第一音的弦长除以 $\sqrt[12]{2}$,就得到第二音的弦长,然后再除以 $\sqrt[12]{2}$,就得到第三音的弦长,以此类推,用十三次就得到了一个完全八度。'传播这一重要思想,无需书本,只要一句话。"

3.十二平均律与数学

十二平均律—— 人们注意到五度律十二声音阶中的两种半音相差不大,如果消除这种差别,对于键盘乐器的转调将是十分方便的,因为键盘乐器的每个键的音高是固定的,而不像拨弦或拉弦乐器的音高由手指位置决定。消除两种半音差别的办法是使相邻各音频率之比相等,这是一道中学生的数学题——在 1 与 2 之间插入 11 个数使它们组成等比数列,显然其公比就是 $\sqrt[12]{2}$,并且有如下的不等式 $1.053\ 50 = \dfrac{256}{243} < \sqrt[12]{2} = 1.059\ 46 < \dfrac{2\ 187}{2\ 048} = 1.067\ 87$。这样获得的是十二平均律,它的任何相邻两音频率之比都是 $\sqrt[12]{2}$,没有自然半音与变化半音之分。

用十二平均律构成的七声音阶见表 5-10。

表 5-10　七声音阶

音名	C	D	E	F	G	A	B	C
频率	1	$(\sqrt[12]{2})^2$	$(\sqrt[12]{2})^4$	$(\sqrt[12]{2})^5$	$(\sqrt[12]{2})^7$	$(\sqrt[12]{2})^9$	$(\sqrt[12]{2})^{11}$	2

同五度律七声音阶一样,C-D、D-E、F-G、G-A、A-B 是全音关系,E-F、B-C 是半音关系,但它的全音恰好等于两个半音。

十二平均律既是对五度律的借鉴,又是对五度律的反叛。十二平均律的出现表明无理数进入了音乐,这是一件令人惊异的事。无理数是数学中的一大怪物,当今一个非数学专业的大学生在学完大学数学之后仍然不明白无理数是什么,数学家使用无理数已有 2500 多年,也直到 19 世纪末才真正认识无理数。音乐家似乎不在乎无理数的艰深,轻易地将高雅音乐贴上了无理数的标签。

十二平均律的出现还使得我们在前面推出的和谐性原理,两音的频率比越是简单的整数关系,则两音越具有和谐的关系不再成立。不过不必为此而沮丧,因为本质上说艺术行为不是一定要服从科学道理的。正如符合黄金分割原理的绘画是艺术,反其道而行之的绘画也是艺术。

4.十二平均律在现代的应用

现在我们听到的大多数音乐,并不是按照"纯律"或"五度相生律"来规定音阶的,现在通用的是"十二平均律"。我们在音乐教材中看到的关于"音阶"的理论都是按照"十二平均律"来解释的,这主要是因为用"纯律"或"五度相生律"没有办法变换"调性",这样就使得乐器难以适应各种"调"的乐曲的演奏。

"调性",就是我们通常说的唱什么"调"。理论上说,就是指把哪个音作为基准音,就像上面我们把 262 Hz 作为"1",这就是 C 调音乐(262 Hz 本身也叫作 C 音);而如果把 294.75 Hz 作为"1"(它是 C 调的 2),那么这就是 D 调音乐。

在不同的"调"中,各个音阶的比例关系要重新计算,所以用"纯律"定调的乐器只能适应一种"调"。你买的笛子是 C 调的,就只能吹 C 调的曲子,买 F 调的笛子就只能吹 F 调的曲子,但你买钢琴怎么办呢? 总不能买上 D 调、E 调、F 调、G 调……一堆钢琴吧?

为了解决这个矛盾,现在的乐器主要采用的是"十二平均律"来定音。"十二平均律",就是在"八度关系"的一对音之间(例如从 262 Hz 到 524 Hz)平均地划分出 12 个频率,就有了 12 个音阶,每个音的频率为前一个音的 $2^{\frac{1}{12}}$ 倍,由此规定了 7 个音符的关系。

这样一来,音阶之间就很难看出原来比例关系的远近,但是可以很方便地"换调"了。实际上"十二平均律"还是源于"纯律"的自然比例,因为这些音的频率与"纯律"的相差很小,人的耳朵基本听不出来。

十二平均律中的等比关系指的是每个半音的频率,而 $\frac{1}{2}$、$\frac{8}{9}$、$\frac{64}{81}$ 这些说的是能够发出这些音的弦长。如果能找到一把吉他的话,就可以对比着理解:假定某根弦的空弦为 do,则第二品($\frac{8}{9}$ 处)音为 re,第四品($\frac{64}{81}$ 处)音为 mi,第五品($\frac{3}{4}$ 处)音为 fa,第七品($\frac{2}{3}$ 处)音为 so,第九品($\frac{16}{27}$ 处)音为 la,第十一品($\frac{128}{243}$ 处)音为 si,第十二品($\frac{1}{2}$ 处)音为高八度的 do。

平均律并不是完善地遵守和谐音程的调律方法,除了一度、八度音为完全和谐音,其他音程的和谐程度比起纯律与五度相生律来说有些许差距,但其不和谐的程度是可以接受的。也就是说,十二平均律并不是严格地符合声学规律,所以早期的音乐没有采用。随着音乐理论的发展与音乐职业化的出现(主要是宗教音乐的需要),原有的和谐的五度相生律与纯律由于和声简单,缺少变化,已经不能满足越来越大规模的作品的需要,为了能够方便地移调、对位,十二平均律才被广泛运用。可以这么理解,十二平均律是一个有些无奈的折中的选择。

国际标准音高 a1 = 440 Hz,但是现在有些乐团为了使听感更加华丽,都往上调了些,比如 442。

5.4　傅立叶分析

1.音乐的"谐波分析"

傅立叶是法国数学家(见图5-4),1768年3月21日他生于奥塞尔,1830年5月16日卒于巴黎。傅立叶一生从事热学研究,1812年获得法国科学院颁发的关于热传导问题的奖金,1817年任法国科学院院士,并于1822年成为法国科学院的终身秘书,1827年又任法兰西学院院士。他的著作《热的分析理论》已成为数学史上一部经典性的文献。

图5-4　傅立叶

生活在今天的人们应该感谢这位数学巨匠——傅立叶,如果没有他的傅立叶变换与级数理论,人类恐怕还无法理解那美妙的乐声到底是怎么发出来的,更无法想象能通过计算机欣赏《梁祝》那凄美哀怨的旋律,以及贝多芬在饱受耳聋之苦时因痛苦、失望而发出的心灵呐喊。傅立叶经过多年的研究,他用一套数学理论证明了包括管乐和器乐的所有乐声都可以用数学表达式进行描述。每一声音都包括音调、音量和音色,人们可以对这三种品质以图解的形式加以描述和区分,其中音量由曲线的振幅决定,音调由曲线的频率决定,音色由周期函数的形状决定。傅立叶解释了为什么有一些音符合奏时发出的声音悦耳动听,而有些音符配在一起却不成曲调。他把隐藏在音乐里的数学关系揭示出来。由此,他提出了一个定理:"任何周期性声音(乐音)都可表示为形如 $a\sin bx$ 的简单正弦函数之和。"这就是著名的"傅立叶分析"。

对那些更为复杂的声音,如何从数学上说明呢?我们已经清楚,一切声音都是由振动引起的。然而,乐音悦耳动听,噪声却叫人无法忍受。长笛、小号、小提琴、钢琴等各种乐器的声音各不相同,观察各种声音的图形,它们都表现出某种规律性。这种规律是:每一种声音的图形在1秒钟内都准确地重复若干次,表现出重复现象。这种声音听来是悦耳的。相反,噪声具有高度的不规则性。所有具有图形上的规则性或具有周期性的声音称为乐音。这样,通过图形,我们把乐音和噪声区分开了。数学给出了乐音与噪声的主要区别,乐音的声波随时间呈周期性变化,噪声则不是。乐音有固定的频率,听起来使人产生有固定音高的感觉、和谐的感觉;噪声听起来不和谐、不悦耳,缺乏固定音高的感觉。

进而,傅立叶经过对各种规则特征不同的乐音的探索研究发现:任何乐声的图像都是周期性的图像,它有固定的音高和频率。傅立叶定理指出,任何一个周期函数都可以表示为三角级数的形式。如任何一个周期函数都可表示为:

$$f(t) = \frac{a_0}{2} + \sum_{n=1}^{\infty}(a_n\cos nt + b_n\sin nt)$$

其中,频率最低的一项为基本音,其余的为泛音。由公式可知,所有泛音的频率都是基本音频率的整数倍,称为基本音的谐波。

根据傅立叶定理,每个乐音都可以分解成一次谐波与一系列整数倍频率谐波的叠加。假设 do 的频率是 f,那么它可以分解成频率为 $f,2f,3f,4f,\cdots$ 的谐波的叠加,即 $f_1(t) = \sin t + \sin 2t$

$+\cdots+\sin2nt+\cdots$,同理,高音 do 的频率是 $2f$,同样可以分解为频率为 $2f,4f,6f,8f,\cdots$ 的谐波的叠加。即这两列谐波的频率有一半是相同的,所以 do 和高音 do 是最和谐的,如图 5-5 所示。

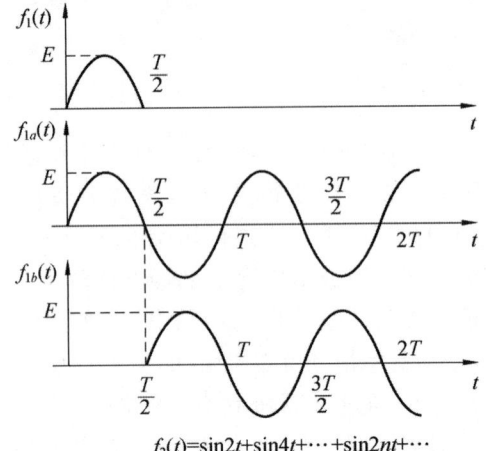

$$f_2(t)=\sin2t+\sin4t+\cdots+\sin2nt+\cdots$$

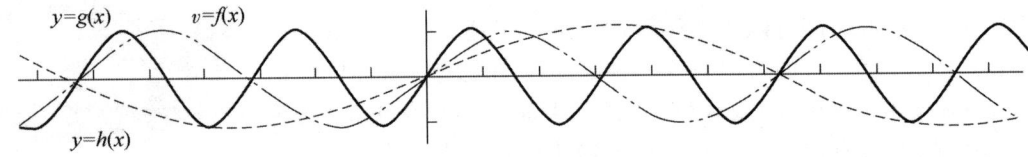

图 5-5 傅立叶级数

任何复杂的乐音实际上都是简单声音构成的,这一数学结论也确实可在物理上得到证实。实验表明,一根振动的弦,如小提琴的弦,弹出来的效果就像是同时发出许多简单的声音,而每一种简单的声音都可以由特殊仪器测出。

傅立叶还发现每种声音都有三种品质:音调、音强、音色。音强(响度)取决于声音的幅度。音调取决于声音的平率。音色与周期函数的形状有关,是由混入基音的泛音所决定的。

自从有了傅立叶定理,世界上的声音一下子变得简单了。不管是雷鸣、鸟啼、人语或是钢琴的奏鸣,都可以归结为简单声音的组合,这些简单声音用数学表示就是正弦函数。人们终于认识到,世界上的声音是如此丰富,却又如此简单!

2.调幅与调频

令人惊奇的是,不仅声音可以用正弦函数来描述,电流也可以用正弦函数来描述。大自然充满了统一性。这统一性就可以使音乐能通过无线电波传送出去。

一种系统叫作调幅系统。其办法是,改变高频正弦电流的振幅,使它依照要发射的声波的振幅做或高或低的相应变化。

另一种系统是调频系统。在这个系统中,随着被传送的声音一起变化的不是高频电流的振幅而是高频电流的频率。调频广播与调幅广播相比有许多优点:(1)失真小,即保真度高;(2)抗干扰能力强;(3)频率响应宽,从很低的音频到很高的音频都有效;(4)动态范围广,即强弱变化的幅度大;(5)便于利用立体声。

3.声学特性

音乐是作曲、表演、欣赏三方面的感情纽带。作曲离不开声波的物理特性;表演者离不开发声器官(人嗓或乐器)的声学特性;欣赏者也离不开人对声波的生理反应。这就是音乐的物理性质。音乐科学的基础表面上是物理,实质上是数学。

5.5　数学知识在音乐中的综合运用

除了前面所述的数学与音乐理论的关系之外,数学知识在音乐中还有很多的综合运用,如指数曲线、周期函数等。这里我们先介绍一种简单的运用。

1.音乐中的数学变换

数学中存在着平移变换,音乐中是否也存在着平移变换呢? 我们可以通过图 5-6 的两个音乐小节来寻找答案。显然可以把第一个小节中的音符平移到第二个小节中去,就出现了音乐中的平移,这实际上就是音乐中的反复。把图 5-6 序码不对的两个音节移到直角坐标系中,那么就表现为图 5-7。显然,这正是数学中的平移。我们知道作曲者创作音乐作品的目的在于想淋漓尽致地抒发自己的内心情感,可是内心情感的抒发是通过整个乐曲来表达的,并在主题处得到升华,而音乐的主题有时正是以某种形式反复出现的。比如,图 5-8 就是西方乐曲 *When the Saints Go Marching In* 的主题,显然,这首乐曲的主题就可以看作是通过平移得到的。

图 5-6　音节平移变换(一)

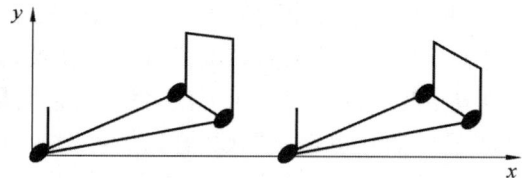

图 5-7　音节平移变换(二)

此外,在音乐作品当中的转调(移调)也是一种很普遍的方式,将一首曲子全曲或者某个部分整体上行或者下行几度变成另一个调性的曲子,在音乐中可以给人一种耳目一新的层次感。这也是好多作曲家惯用的手法,其实质就是将曲子整体地平移几度而已(见图 5-8)。

图 5-8　乐曲 *When the Saints Go Marching In* 的主题

如果我们把五线谱中的一条适当的横线作为时间轴(横轴 x),与时间轴垂直的直线作为音高轴(纵轴 y),那么我们就在五线谱中建立了时间–音高的平面直角坐标系。于是,图 5-8 中一系列的反复或者平移,就可以用函数近似地表示出来(见图 5-9),其中,x 是时间,y 是音高。当然我们也可以在时间–音高的平面直角坐标系中用函数把图 5-6 中的两个音节近似地表示出来。

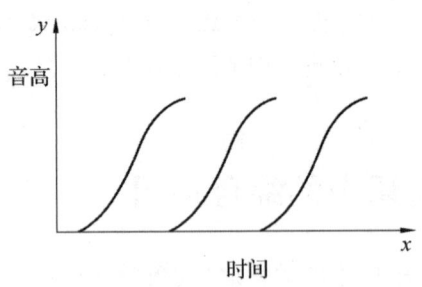

图 5-9 坐标系中的平移变换

音乐中不仅会出现平移变换,也可能会出现其他的变换及其组合,比如反射变换等。图5-10的两个音节就是音乐中的反射变换。如果我们仍从数学的角度来考虑,把这些音符放进坐标系中,那么它们在数学中的表现就是我们常见的反射变换(见图5-11)。同样我们也可以在时间–音高的平面直角坐标系中把这两个音节用函数近似地表示出来。

图 5-10 反射变换   图 5-11 坐标系中的反射变换

通过以上分析可知,一首乐曲就有可能是对一些基本曲段进行各种数学变换的结果。

2.音乐中的黄金分割

某些数列广泛地应用于音乐之中,如等比数列 1、2、4、8、16、32 用于音符时值分类及音乐曲式结构中;斐波那奇数列用于黄金分割及乐曲高潮设计中。斐波那奇数列在音乐中得到普遍的应用,如常见的曲式类型与斐波那奇数列头几个数字相符,它们是简单的一段式、二段式、三段式和五段回旋曲式。大型奏鸣曲式也是三部性结构,如再增加前奏及尾声,则又从三部性发展到五部性结构。黄金分割比例与音乐中高潮的位置有密切关系。我们分析许多著名的音乐作品,发觉其中高潮的出现多和黄金分割点相接近,位于结构中点偏后的位置:如莫扎特《D大调奏鸣曲》第一乐章全长 160 小节,再现部位于第 99 小节,不偏不倚恰恰落在黄金分割点上(160×0.618 = 98.88)。据美国数学家乔·巴兹统计,莫扎特的所有钢琴奏鸣曲中有94%符合黄金分割比例,这个结果令人惊叹。我们未必就能弄清,莫扎特是有意识地使自己的乐曲符合黄金分割呢,抑或只是一种纯直觉的巧合。然而美国的另一位音乐家认为:"我们应当知道,创作这些不朽作品的莫扎特,也是一位喜欢数字游戏的天才。莫扎特是懂得黄金分割,并有意识地运用它的。"

俄国伟大作曲家里姆斯基·柯萨科夫在他的《天方夜谭》交响组曲的第四乐章中,写至辛巴达的航船在汹涌滔天的狂涛恶浪里,无可挽回地猛撞在有青铜骑士像的峭壁上的一刹那,在整个乐队震耳欲聋的音浪中,乐队敲出一记强有力的锣声,锣声延长了六小节,随着它的音响逐渐消失,整个乐队力度迅速下降,象征着那艘支离破碎的航船沉入海底深渊。在全曲最高潮也就是"黄金分割点"上,大锣致命的一击所造成的悲剧性效果摄人心魂。

贝多芬钢琴奏鸣曲《悲怆》第二乐章是如歌的慢板,回旋曲式,全曲共 73 小节。理论计算黄金分割点应在 45 小节,在 43 小节处形成全曲激越的高潮,并伴随着调式、调性的转换,高潮与黄金分割区基本吻合。

肖邦的《降 D 大调夜曲》是三部性曲式。全曲不计前奏共 76 小节,理论计算黄金分割点应在 46 小节,曲子重复部位恰恰位于 46 小节,是全曲力度最强的高潮所在,真是巧夺天工。

拉赫玛尼诺夫的《第二钢琴协奏曲》第一乐章是奏鸣曲式,这是一首宏伟的史诗。第一部分呈示部悠长、刚毅的主部与明朗、抒情的副部形成鲜明对比。第二部分为发展部,结构紧凑,主部、副部与引子的材料不断地交织,形成巨大的音流,音乐爆发高潮的地方恰恰在第三部分再现部的开端,是整个乐章的黄金分割点,不愧是体现黄金分割规律的典范。此外,这首协奏曲的局部在许多地方也符合黄金比例。

音乐中出现数学、数学中存在音乐并不是一种偶然,而是数学和音乐融会贯通于一体的一种体现。音乐能诠释人们的喜怒哀乐,我们通过音乐把自己对大自然、人生的态度等表现出来,即音乐能抒发人们的情感。我们也可以不用语言,单是通过音乐与他人甚至是动物、植物来进行简单或者是复杂的情感上的沟通和交流。而数学则是以一种理性的、抽象的方式来描述世界,使人类对世界有一个客观的、科学的理解和认识。数学贯穿人类文明的始终,无论是生老病死,还是日常的工作生活,都不能脱离数学。数学和音乐的结合是一种感性和理性的融通,如果我们能将这种关系加以完善和利用,那么一定可以演绎出一种无与伦比的“完美境界”。

音乐和数学正是抽象王国中盛开的瑰丽之花。有了这两朵花,就可以把握人类文明所创造的精神财富。

课外延伸阅读

琴瑟在御,莫不静好:中国十大乐器,一种乐器一支曲

“凡音之起,由人心生也。”“乐者,音之所由生也,其本在人心之感于物也。”这里为大家介绍中国传统十大乐器。现以乐器为引,带您走进国乐的天堂,感受那份情怀与意趣。

1. 鼓

在远古时期,鼓主要是作为祭祀的器具(见图 5-12)。在狩猎征战活动中,鼓被广泛地应用。鼓的文化内涵博大而精深,雄壮的鼓声紧紧伴随着人类从远古的蛮荒一步步走向文明。“俗”可以是民间的欢庆锣鼓,“雅”可以进入庙堂祭祀和宫廷宴集。中国鼓类乐器的品种非常多,其中有腰鼓、大鼓、铜鼓、花盆鼓等。

推荐曲目:《篆音》。

2. 笙

笙是汉族古老的吹奏乐器,一般用十三根长短不同的竹管制成(见图 5-13)。古代八音乐器之一(即金、石、丝、竹、匏、土、革、木),距今已有 3000 多年的历史。

推荐曲目:《微山湖船歌》。

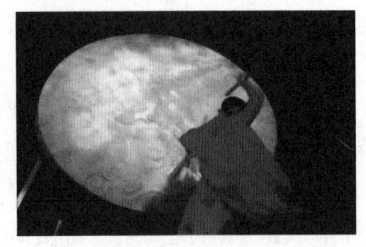
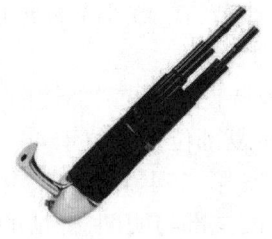

图 5-12　鼓　　　　　　　　　图 5-13　笙

3.埙

埙是中国最古老的吹奏乐器之一,大约有 7000 年的历史(见图 5-14)。埙的起源与汉族先民的劳动生产活动有关,最初可能是先民们模仿鸟兽叫声而制作,用以诱捕猎物。后随社会进步而演化为单纯的乐器,并逐渐增加音孔,发展成可以吹奏曲调的旋律乐器。

埙具有一种独特的音乐品质,音色幽深、哀婉、悲凄而绵绵不绝。

推荐曲目:《楚之歌》。

4.琴

琴,今称"古琴"或"七弦琴"(见图 5-15)。古琴的制作历史悠久,许多名琴都有可供考证的文字记载,而且具有美妙的琴名与神奇的传说。其中最著名的当属齐桓公的"号钟"、楚庄王的"绕梁"、司马相如的"绿绮"和蔡邕的"焦尾"。这四张琴被誉为"中国古代四大名琴"。由于孔子的提倡,文人中弹琴的风气很盛,并逐渐形成古代文人必备"琴、棋、书、画"修养的传统。

推荐曲目:《流水》。

图 5-14　埙　　　　　　　　　图 5-15　琴

5.瑟

瑟是我国最早的弹弦乐器之一,先秦便极为盛行,汉代亦流行很广,唐时应用颇多,后世渐少使用(见图 5-16)。瑟有 25 根弦。古瑟形制大体相同,瑟体多用整木斫成,瑟面稍隆起,体中空,体下嵌底板。瑟面首端有一长岳山,尾端有 3 个短岳山。尾端装有 4 个系弦的枘。首尾岳山外侧各有相对应的弦孔。另有木质瑟柱,施于弦下。

推荐曲目:《淡月映鱼》。

6.笛

笛是一种吹管乐器,是迄今为止发现的最古老的汉族乐器,也是汉族乐器中最具代表性、最有民族特色的吹奏乐器(见图 5-17),根据测定距今已有 8000 余年历史。

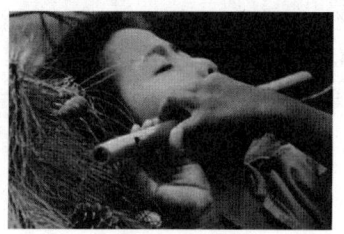

图 5-16 瑟   图 5-17 笛

7. 箫

箫,又称"洞箫",单管、竖吹,是一种非常古老的汉族吹奏乐器(见图 5-18)。箫历史悠久,音色圆润轻柔,幽静典雅,适于独奏和重奏。它一般由竹子制成,吹孔在上端。箫按音孔数量分为六孔箫和八孔箫两种。六孔箫的按音孔为前五后一;八孔箫则为前七后一,为现代改进的产物。

推荐曲目:《绿野仙踪》。

8. 编钟

编钟是中国古代大型打击乐器,兴起于西周,盛于春秋战国直至秦汉(见图 5-19)。它用青铜铸成,由大小不同的扁圆钟按照音调高低的次序排列起来,悬挂在一个巨大的钟架上,用丁字形的木槌和长形的棒分别敲打铜钟,能发出不同的乐音,因为每个钟的音调不同,按照音谱敲打,可以演奏出美妙的乐曲。

推荐曲目:《楚殇》。

图 5-18 箫   图 5-19 编钟

9. 二胡

二胡,又名"胡琴",唐代已出现,称"奚琴",宋代称"嵇琴"(见图 5-20)。到了明清时代,胡琴已传遍大江南北,始成为民间戏曲伴奏和乐器合奏的主要演奏乐器。胡琴现已成为我国独具魅力的拉弦乐器,它既适宜表现深沉、悲凄的内容,也能描写气势壮观的意境。

近代以来通过许多名家的革新,二胡成为一种最重要的独奏乐器和大型合奏乐队中的弦乐声部重要乐器。

推荐曲目:《二泉映月》。

10. 琵琶

琵琶,是东亚传统弹拨乐器,已有 2000 多年的历史(见图 5-21)。"琵琶"二字中的"珏"意为"二玉相碰,发出悦耳碰击声",表示这是一种以弹碰琴弦的方式发声的乐器。"比"指"琴弦等列"。"巴"指这种乐器总是附着在演奏者身上,和琴瑟不接触人体相异。

最初的琵琶的形制跟现代琵琶不同,最主要的差别在于古代琵琶是圆形的,不同于现代梨形的琵琶。

推荐乐曲:《十面埋伏》。

图 5-20　二胡　　　　　　　　图 5-21　琵琶

中国古代十大名曲和背后的历史典故

中华古韵,向来有十大名曲一说。由汉族传统乐器演奏,声音优雅,尽显中国韵味之美,是汉族传统音乐的精髓。

这些乐曲以历史典故为旁衬,借古人之旧事以壮声势。大多数人并非行家,虽偶尔聆听古曲,觉得好听,却不知其深刻内涵。

1.《广陵散》

此曲是一首曲调较为激昂的古琴曲,又名"广陵止息",传说原是流行于广陵地区的民间乐曲,现仅存古琴曲。此曲最早出现在东汉蔡邕的《琴操》里。聂政,战国时期韩国人,据说其父因为韩王铸剑误期而被杀。聂政刻苦学琴十年后,改变音容,返回韩国,欲为父报仇。他在离宫不远处弹琴,高超的琴艺使行人止步,牛马停蹄。韩王得悉后,召其进宫内演奏,聂政从琴腹抽出匕首刺死韩王。

600 多年后,西晋一位才智超绝的人物,使《广陵散》成为千古绝响。此人就是"竹林七贤"中最有影响力的嵇康。因而古曲《广陵散》的背后,实际上包含了聂政和嵇康的两个典故。

2.《高山流水》

战国时期的《列子·汤问》中记载:"伯牙善鼓琴,钟子期善听。"伯牙弹奏《高山流水》之曲,钟子期竟能领会这是描绘"巍巍乎志在高山"和"洋洋乎志在流水"。伯牙惊道:"善哉,善哉,子之听夫志,想象犹吾心也。"于是二人成为人生知己。后来在《吕氏春秋》中还记载着:钟子期死,伯牙摔琴绝弦,终身不复鼓琴。

3.《十面埋伏》

公元前 202 年,楚汉会战于垓下,后人根据这场战争作了有名的琵琶大套武曲《十面埋伏》。《十面埋伏》可以说是把古代琵琶表演艺术发挥到登峰造极的地步,创造了单个乐器的独奏形式以表现波澜壮阔的史诗场面,直到今天《十面埋伏》依然是琵琶演奏艺术领域最具代表性的传统名作。

4.《平沙落雁》

此曲描写了雁群降落前在空中盘旋顾盼的情景。据说明朝饱受内忧外患困扰,天下有识之士无不忧心忡忡,此曲"借鸿鹄之远志,写逸士之心胸也",以示儒家倡导的"贫则独善其身,达则兼济天下"的思想。从此来看,此曲曲中之音和曲外之意,包含了对怀才不遇而欲取功名者的励志,和对因言获罪而退隐山林者的慰藉。

5.《夕阳箫鼓》

著名的琵琶传统大套文曲,有人认为此曲的立意来自白居易的《琵琶行》中"浔阳江头夜送客,枫叶荻花秋瑟瑟"。事实上,历史上更多人认为它的音乐意境来自张若虚的《春江花月夜》一诗。此曲所描述的那种画韵诗境尽现于眼前,使人有如梦回唐朝,进而无限感怀大唐盛世之万千气象。

6.《汉宫秋月》

乐曲表现中国古代深宫之中的嫔妃宫女们,在凄凉寂静的秋夜里回忆往事,哀叹命运。全曲以哀怨、郁闷和伤感的情绪为主。秋风习习,月亮高挂,宫墙内多少眼泪,无尽的等待和期盼,只落得满头白发。据载,《汉宫秋月》意在表现古代受压迫宫女的幽怨悲泣情绪,唤起人们对她们不幸人生遭遇的同情。

7.《梅花三弄》

梅花,志高洁,历来是文人墨客咏叹的对象。"三弄"是指同一段曲调反复演奏三次。乐曲通过歌颂梅花不畏寒霜的顽强性格,来赞誉具有高尚情操之人。它的典故是东晋大将桓伊为狂士王徽之演奏的故事。

王徽之应召赴东晋的都城建康,所乘的船停泊在码头。恰巧桓伊在岸上,两人并不相识。王徽之便命人对桓伊说:"闻君善吹笛,试为我一奏。"桓伊此时已是高官,却出笛吹三弄梅花之调,高妙绝伦。二人相会虽不交一语,却是难得的机缘。正是这不期相遇,才使千古佳作《梅花三弄》得以诞生。

8.《渔樵问答》

《三国演义》开篇词中"白发渔樵江渚上,惯看秋月春风。一壶浊酒喜相逢:古今多少事,都付笑谈中"可做古曲《渔樵问答》的妙解。

"渔、樵、耕、读"是农耕社会的四业,代表了我国民间的基本生活方式。这四业在一定程度上反映了古代不同价值取向。如果说"耕读"面对的是现实,蕴含入世向俗的道理,那么"渔樵"的深层意象是出世问玄,充满了超脱的意味。乐曲通过渔樵在青山绿水间自得其乐的情趣,表达对追名逐利的鄙弃,反映的是一种隐逸之士对渔樵生活的向往,希望摆脱俗尘凡事的羁绊。尘世间万般滞重,在《渔樵问答》飘逸潇洒的旋律中烟消云散。此境界令人叹服。

9.《胡笳十八拍》

汉末,著名文学家、古琴家蔡邕的女儿蔡琰(文姬),在兵乱中被匈奴所获,后成了南匈奴左贤王的妃子,生了两个孩子。后来曹操派人把她接回。她写了一首长诗,叙唱她悲苦的身世和思乡别子的情怀。情绪悲凉激动,感人颇深。"十八拍"即十八首之意。又因该诗是她有感于胡笳的哀声而作,所以名为《胡笳十八拍》。

10.《阳春白雪》

阳春白雪的典故来自《楚辞》中的《宋玉对楚王问》一文。楚襄王问宋玉,先生有什么隐藏的德行吗?为何士民众庶不怎么称誉你啊?宋玉说,有歌者客于楚国郢中,起初吟唱《下里巴人》,国中和者有数千人。当歌者唱《阳春白雪》时,国中和者不过数十人。宋玉的结论是:《下里巴人》是一种民间歌曲,《阳春白雪》是当时楚国的一种高级歌曲,能唱和的人自然很少。那些平凡的人,怎能了解我们的作为呢?

第六章 数学与航海、天文历法

【思政目标】

1.使学生养成积极探索、细心观察、认真分析、善于总结的良好思维习惯。

2.通过对数学与航海、天文历法的学习,体会数学与生活实际的联系。

3.培养学生不甘落后的精神。

三代以上,人人皆知天文。"七月流火",农夫之辞也;"三星在户",妇人之语也;"月离于毕",戍卒之作也;"龙尾伏辰",儿童之谣也。

——顾炎武

大自然这本书是用数学语言写成的……天地、日月星辰都是按照数学公式运行的。

——伽利略

6.1 来自航海的启发

麦哲伦出生于葡萄牙的一个骑士之家。从青少年时代起,他就被葡萄牙迪亚士、达·伽马和意大利的哥伦布等著名航海家的探险故事所吸引,幻想着有朝一日也能来到富庶的东方,实现人生的壮丽与辉煌。然而,有志于航海探险的麦哲伦在自己的国家中得不到国王的信任,反而遭到无端的诬告陷害。失望和悲愤之际,他转而寻求与葡萄牙敌对的西班牙国王的帮助。令人不可思议的是,他居然幸运地得到了西班牙国王的支持。

1519 年 8 月 1 日,即将踏上远航探险的征程,麦哲伦心潮澎湃、感慨万千。一支由 5 艘大船、265 名水手组成的西班牙船队立刻拉起风帆,破浪远航了。按照计划,麦哲伦沿着哥伦布当年的航线前进。一路上,他率领船员们战胜了无数艰难险阻,镇压了船队内部西班牙人发动的叛乱,终于使全体船员成为自己的忠实追随者。1520 年 10 月 18 日,麦哲伦的船队继续行驶在南美洲海岸的南部。这一天,麦哲伦对船员们宣布说:"我们沿着这条海岸向南航行了这么久,但至今仍然没有找到通向'南海'的海峡。现在,我们将继续往南前进,如果在西经 75° 处找不到海峡入口,那么我们将转向东航行。"于是,这支船队又沿海岸向南方前行了 3 天。21 日麦哲伦在南纬 52°附近发现了一个通向西方的狭窄入口。麦哲伦激动地看着这个将给他带来希望的入口,坚定地命令船队向这个看上去险恶异常的通道前进。船员们紧张地看着两旁耸立着的陡峭高峰,小心翼翼地迎着通道中的狂风怒涛前进。海峡越来越窄,没有人知道再往前走面临的是死亡还是希望,但是坚定的信念和冒险的精神推动着麦哲伦义无反顾地勇往直前。他大胆而豪迈地鼓舞士气:"眼前的海峡正是我们所要寻找的从大西洋通向东方的通道。穿过这个海峡,我们就成功了!"在麦哲伦的鼓舞下,船队一步一步地绕过了南美洲的南端。

1520 年 11 月 28 日,船队在经历了千辛万苦之后,突然看见了一片广阔的大海——"我们终于闯出了海峡,找到了从大西洋通向太平洋的航道",麦哲伦和船员们激动得热泪盈眶。哥伦布没有实现的梦想,他们实现了。这个海峡后来就被称作"麦哲伦海峡"。此后,船队在这片大海中航行了 3 个多月,海面一直风平浪静。因此,他们就为这片海洋取名为"太平洋"。

这个时候船队水尽粮绝,他们只得靠饮污水、吃木屑,甚至吃在船上的老鼠为生,许多水手因此得了坏血病在途中死去。1521 年 3 月,麦哲伦抵达菲律宾群岛,在岛上与当地居民发生了冲突。麦哲伦在这场冲突中被杀死,剩下的船员继续航行,经过印度洋,绕过好望角,沿着非洲大陆西海岸北上。1522 年 9 月,这支历时 3 年的远航队伍只有 18 个人回到了西班牙。

麦哲伦环球航行是世界航海史上的伟大成就,这次航行不仅成功地开辟了新航线,而且在科学史上也有着极其重要的意义,他们用实际行动证明,人类居住的地球的确是一个球体,从而最终结束了有关地球形状的无休止争论。

麦哲伦的航行还证明了世界各大洋都是相通的,世界第一次开始缩小,原先各自孤立而不相联系的大陆和国家被联系在一起。而且地球上海洋的面积明显超过陆地的面积,从而推翻了陆地大于海洋的误解。为此,人们称麦哲伦是第一个拥抱地球的人。

但这次拥抱地球的代价太大。据记载,当时一起出航的船有 5 艘、水手有 265 人,历时 3 年最后只有 18 人生还。他们用自己的亲身实践证明了地球是一个球体,地球表面类似于一个球面!

不过,到了 17 世纪,数学家高斯在他担任测量局局长期间,曾经利用测量面积的方法验证了地球是圆的。他在地表上取三点,并切割成许多小三角形,再量取每个小三角形的面积加起来,这样所得的结果并不近似于直接用平面上的三角形面积公式计算的结果,而是近似于用球面三角形面积公式计算的结果。这个实验给我们一个启示,即使我们不航行宇宙,也可以依靠理论推导来了解宇宙的形状。

麦哲伦环球航行的举动将地理大发现推到了最高点,从那以后航海技术不断发展,逐渐过渡到"定量航海"时期。此后航海逐渐发展成为一类学科。这类学科要解决的问题主要有:(1)拟定一条安全、经济的航线和制订一个切实可行的航行计划。(2)航迹推算,它是驾驶员在任何情况下,求取任何时刻的船舶位置的最基本的方法,也是路标定位、天文定位和电子定位的基础。(3)测定船位(简称定位),船舶航行中,要求航海人员尽一切可能随时确定本船的位置所在。这样才可能结合海图,了解船舶周围的航行条件,及时采取适当、有效的航行方法和必要的航行措施,确保船舶安全、经济地航行。航迹推算和定位是船舶在海上确定船位的两类主要方法。这些知识主要包括坐标、方向和距离等,而这些知识都是建立在地球表面的。因此要研究坐标、方向和距离等航海基本问题,必须首先对地球的形状和大小做一定的了解。这就涉及与平面几何不同的另一种几何——球面几何。

球面几何学研究的正是我们身处的空间的几何性质。它和天文观测、土地测量、航海航空等有着密切的联系,在这些领域有着广泛的应用。虽然我们不能跳出这个空间去观察我们生存的世界,但是可以通过理论的计算和推导对我们身处的这个空间的形状和性质有一定程度的了解。

6.2 第一个算出地球周长的人

埃拉托色尼(Eratosthenes)生于希腊在非洲北部的殖民地昔勒尼(今利比亚)。他在昔勒尼和雅典接受了良好的教育,成为一位博学的哲学家、诗人、天文学家和地理学家。他的兴趣是多方面的,不过他的成就则主要表现在地理学和天文学方面。

埃拉托色尼被西方地理学家推崇为"地理学之父",除了他在测地学和地理学方面的杰出贡献外,另一个重要原因是他第一个创用了西文"地理学"这个词汇,并用它作为《地理学》的书名。这是该词汇的第一次出现和使用,后来广泛应用开来,成为西方各国通用学术词汇。

埃拉托色尼在地理学方面的杰出贡献,集中反映在他的两部代表著作中,即《地球大小的修正》和《地理学》。前者论述了地球的形状,并以地球圆周计算为主,创立了精确测算地球圆周的科学方法,其精确程度令人为之惊叹。后者是有人居住世界部分的地图及其描述。

关于地球圆周的计算是《地球大小的修正》一书的精华部分。在埃拉托色尼之前,也曾有不少人试图进行测量估算,如攸多克索等。但是,他们大多缺乏理论基础,计算结果很不精确。埃拉托色尼天才地将天文学与测地学结合起来,第一个提出在夏至日那天,分别在两地同时观察太阳的位置,并根据地物阴影的长度之差异,加以研究分析,从而总结出计算地球圆周的科学方法。这种方法比自攸多克索起习惯用的单纯依靠天文学观测来推算的方法要完善和精确得多,因为单纯天文学方法受仪器精度和天文折射率的影响,往往会产生较大的误差。埃拉托色尼利用地球的曲率测量了地球的大小:6月21日中午太阳位于塞伊尼城的头顶,同一时间,阳光却在亚历山大城形成7.5°的影子。由于知道两城之间的距离和在亚历山大城影子的长度,所以埃拉托色尼可以计算出地球的大小(见图6-1)。

在埃及塞伊尼城即现在的阿斯旺的太阳正好在头顶上的时候,在塞伊尼城北边的亚历山大城,太阳并不在天顶。埃拉托色尼断定,一定是因为地面弯曲而偏离太阳,才会发生这种情况。埃拉托色尼用希腊单位求出了这个答案。如果换算成我们今天的单位,他的数据是地球的直径约为12 800 km,周长为39 690 km,这些数字与正确的数值差不多。可惜的是,这些关于地球大小的准确数值没有被人们广泛地接受。大约在公元前100年,另一位希腊天文学家波西多留斯重复了这一工作,他所得到的地球周长是28 800 km。这个较小的数字从古代到中古时代却广为人们所接受,哥伦布接受了较小的数字,认为只要向西航行4 800 km就可以到达亚洲。如果他知道地球的真实大小,也许就不敢如此冒险了。在1521—1523年,麦哲伦的船队(确切地说是船队中幸存下来的一条船)环绕地球一周后,才最终证实埃拉托色尼的数值是正确的。埃拉托色尼巧妙地将天文学与测地学结合起来,精确地测量出地球周长的精确数值。这一测量结果出现在2000多年前,的确是了不起的,是载入地理学史册的重大成果。

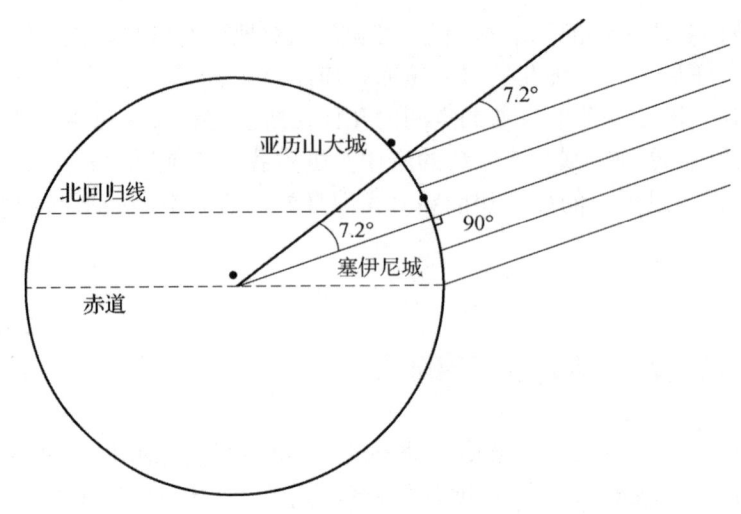

图 6-1　埃拉托色尼测量地球周长原理

6.3　由嫦娥奔月说起

中国古代就有嫦娥奔月的神话故事。嫦娥吃了仙药,突然飘飘悠悠地飞了起来。她飞出了窗子,飞过了洒满银辉的郊野,越飞越高。碧蓝的夜空挂着一轮圆月,嫦娥一直朝着月亮飞去,泪眼婆娑,不时回转头来,遥望大地(见图 6-2)。明月高悬,我们仰望夜空,会有无限遐想,遐想之余又不禁会问,遥不可及的月亮离地球究竟有多远呢? 早在 1671 年,两个法国天文学家就测出了地球与月球之间的距离大约为 385 400 km。他们是怎样测出两者之间距离的呢? 如何测量两个海岛之间的距离? 如何不过河测量河的宽度? 这些问题都与三角学有关,它们同属于怎样测量两个不能直接到达的地方之间的距离问题。

在平面上,要测量两地距离,可以归结为解三角形,即由三角形已知的边角,求未知的边角,它们属于平面三角问题。其中余弦定理是解三角形的一个重要工具,可以通过计算解决数学问题及生产、生活实际问题,具有广泛的应用价值。

所谓余弦定理,是指三角形任意一边的平方等于其他两边的平方和减去这两边与它们夹角余弦的积的 2 倍。如图 6-3 所示,设三角形 ABC 的三边分别是 a,b,c,它们的对角分别是 $\angle A, \angle B, \angle C$,则

$a^2 = b^2 + c^2 - 2bc\cos\angle A$;

$b^2 = a^2 + c^2 - 2ac\cos\angle B$;

$c^2 = a^2 + b^2 - 2ab\cos\angle C$。

从图中你会发现,余弦定理是勾股定理的直接延拓。它能够解决已知三角形三边,求三个内角,或者已知两边及其夹角,求第三边的问题,利用这个公式,我们可以由三角形的边求出角,也可以由角和边求出未知边。

有了余弦定理,我们可以解决许多实际问题,比如我国新一轮土地调查工程正式启动,准确计算各个行政区域的面积是一项必要的任务,它是取得土地的数据资料的关键。如何计算某个区域的面积呢? 虽然没有统一的计算模型,但我们可以将它划分为若干块三角形,通过计

算各个三角形面积再相加即可。

图 6-2　嫦娥奔月

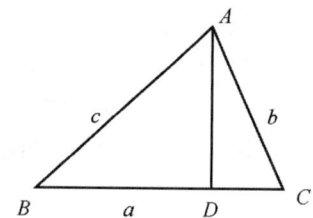

图 6-3　三角形

由于我们生活在球面上，这些分块的三角形在小范围内可以看成平面三角形。如果这个三角形很大，它就不再是平面图形而是球面三角形了，那时又该怎么办呢？例如我们要计算以北京、上海、重庆为顶点的球面三角形的面积，这就是一个实际问题。

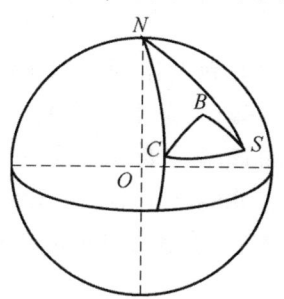

图 6-4　球面三角形

这个问题是求三地构成的三角形面积。根据球面三角形的面积公式，应该先求每两地所在的大圆弧长，参看图 6-4，B，S，C 分别表示北京、上海、重庆的位置，N 是北极。为了求出 $\triangle BSC$ 的三条边，即三条大圆弧长，要直线测量显然不可取，但你注意到任意两地与北极都可构成另一个球面三角形吗？比如，要求出 CS 的长，则连接 NC，NS，刚好构成一个球面三角形 CNS，其中 NC，NS 都是地球经线，有 C，S 两地的经纬度，很容易算出弧长 NC，NS 和夹角 CNS 的弧度数。这就是说，球面三角形 CNS 中，已知两边及夹角，能否由此求出第三边 CS 呢？

如果球面上有余弦定理，那么这个问题就迎刃而解了。三条边求出后，就可以再求出三个角，代入球面三角形的面积公式即可求出三地构成的三角形面积了。

那么，到底球面上是否也有余弦定理呢？

在很长一段历史时间内，很多数学家特别是古希腊数学家致力于天文测量研究，因为"量天的学问"的确比丈量土地、计量财产更引人入胜。经过不懈努力，他们终于总结出这样一个定理——球面三角形边的余弦定理。

对于任给半径为 R 的球面三角形 ABC,其三边 a,b,c 和三个对角 $\angle A,\angle B,\angle C$ 之间恒满足下述函数关系:

$$\cos\frac{a}{R}=\cos\frac{b}{R}\cos\frac{c}{R}+\sin\frac{b}{R}\sin\frac{c}{R}\cos\angle A;$$

$$\cos\frac{b}{R}=\cos\frac{a}{R}\cos\frac{c}{R}+\sin\frac{a}{R}\sin\frac{c}{R}\cos\angle B;$$

$$\cos\frac{c}{R}=\cos\frac{a}{R}\cos\frac{b}{R}+\sin\frac{a}{R}\sin\frac{b}{R}\cos\angle C。$$

这个定理称为球面三角形关于边的余弦定理。

如今我国航海事业融入新科技,启航新征程,展现新作为,谱写新篇章,勇担"与祖国共命运,同时代共发展"的历史使命。习近平总书记在二十大报告中指出:"讲好中国故事、传播好中国声音,展现可信、可爱、可敬的中国形象。"新时代下的海洋文化,航海精神就是我们的中国精神、民族精神,因此我们要传播中国精神、讲好中国故事,推动中华文化更好地走向世界。

6.4 球面三角那些事

6.4.1 球面三角的历史

球面三角是研究球面三角形的边、角关系的一门学科。从 16 世纪起,由于航海学、天文学、测量学等方面的发展,球面三角逐渐成为独立学科。

"三角学"一词的英文是 trigonometry,来自拉丁文 tuigonometuia。最先使用该词的是文艺复兴时期的德国数学家皮蒂斯库斯(Pitiscus),他在 1595 年出版的《三角学:解三角形的简明处理》一书中创造了这个词。它是由"三角形"(tuiangulum)和"测量"(metuicus)两词拼合而成的。

早在公元前 300 年,古代埃及人就已经有了一定的三角学知识,主要用于测量,例如建造金字塔、整理尼罗河泛滥后的耕地和观测天象等。

三角学作为一门学科的出现,在很大程度上要归功于古希腊人,其中做出主要贡献的有希帕卡斯、托勒密和梅内劳斯。

希帕卡斯(Hipparkhos),古希腊杰出的数学家、天文学家,出生于小亚细亚,活跃于公元前 140 年前后,作为一个以严谨而著称的天文观测者,他的主要成就是:确定平均太阳月,精确度精确到与现在采用的值相差不到一秒;精确计算黄道的倾角,发现和估计春分的岁差。据说他还提倡用经度和纬度来确定地面上的位置。也许是他首先把圆的 360° 划分法引入希腊。希帕卡斯的确已经掌握了天球三角学的基本知识。希帕卡斯对三角学的更直接、更重要的贡献是:为了观测,制作了一个和现在三角函数表相仿的"弦表",它类似于今天的正弦表和余弦表,这使他成了三角学最早的奠基者。

梅内劳斯(Menelaus of Alexandria)则写了一本专门论述球面三角学的著作《球面学》,内容包括球面三角形的基本概念和许多平面三角形定理在球面上的推广,以及球面三角形的许多独特性质。他还提出了三角学的基础问题和基本概念，特别是提出了球面三角学的梅内劳斯定理，这个定理可以叙述为：

如果一个大圆和球面三角形 ABC 的三边（及其延长线）分别交于 D、E、F，如图 6-5 所示，则有：$\sin AD \sin BE \sin CF = \sin BD \sin CE \sin AF$。

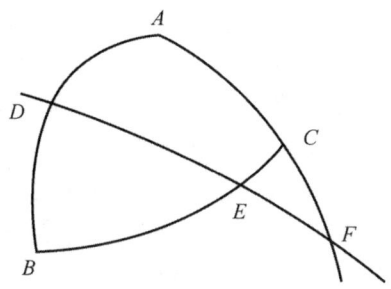

图 6-5　大圆三角形相交

50 年后，另一位古希腊学者托勒密（Ptolemaeus）著《天文学大成》，初步发展了三角学。而在公元 499 年，印度数学家阿耶波多（Aryabhata）也表述出古代印度的三角学思想。其后的瓦拉哈米希拉（Varahamihellora）最早引入正弦概念，并给出最早的正弦表。公元 10 世纪，一些阿拉伯学者进一步探讨了三角学。当然，所有这些工作都是天文学研究的组成部分。

因为早期的三角学不是一门独立的学科，而是依附于天文学，因为在历史上最先发展起来的是球面三角学，而不是我们学过的平面三角学。知道这一点，你一定会觉得很奇怪，但事实就是如此。公元 8 世纪以后，这些三角学知识传入阿拉伯并得到发展。10 世纪，阿拉伯天文学家阿布·瓦法（Ahul Wafa）引入了正切和余切的概念。他把所有的三角函数线都定义在同一个圆上，正切、余切作为圆的切线段被引入。他还在一本天文学著作中引入了正割与余割的概念。直到 13 世纪，中亚数学家纳西尔丁·图西（Nasiral-din Tusi）在总结前人成就的基础上，著成《论完全四边形》一书，才把三角学从天文学中分离出来。

而在欧洲，最早将三角学从天文学独立出来的数学家是德国人雷格蒙塔努斯（Regiomontanus）。雷格蒙塔努斯的主要著作是 1464 年完成的《论各种三角形》。这是欧洲第一部独立于天文学的三角学著作，标志着古代三角学正式成为一门独立的学科。这本书共 5 卷，前 2 卷论述平面三角学，后 3 卷讨论球面三角学，是欧洲传播三角学的源泉。雷格蒙塔努斯还较早地制成了一些三角函数表。雷格蒙塔努斯的工作为三角学在平面和球面几何中的应用建立了牢固的基础。他去世以后，其著作手稿在学者中广为传阅，并最终出版，对 16 世纪的数学家产生了相当大的影响，也对哥白尼等一批天文学家产生了直接或间接的影响。

16 世纪，三角函数表的制作首推奥地利数学家雷蒂库斯（Rheticus）。1536 年，他毕业于维滕贝格（Wittenberg）大学，留校讲授算数和几何。1539 年赴波兰跟随著名天文学家哥白尼学习天文学，1542 年受聘为莱比锡大学数学教授。雷蒂库斯首次编制出全部 6 种三角函数（即正弦、余弦、正切、余切、正割和余割）的数表，包括第一张详尽的正切表和第一张印刷的正割表。

三角学中一个重要的内容是三角公式，它是三角形的边与角、边与边或角与角之间的关系式，这些公式说明了各种不同名称的三角函数与三角形边角之间的内在联系。一些简单的关系式在古希腊人以及后来的阿拉伯人中已有研究。文艺复兴后期，法国数学家韦达（F.Vieta）成为三角公式的集大成者。他的《应用于三角形的数学定律》是较早系统论述平面和球面三角学的专著之一。其中第一部分列出 6 种三角函数表,有些以分和度为间隔,给出精确到 5 位和 10 位小数的三角函数值,还附有与三角函数值有关的乘法表、商表等。第二部分给出造三角函数表的方法,解释了三角形中各种三角线量值关系的运算公式。除汇总前人的成果外,他还补充了自己发现的新公式,如正切定理、和差化积公式等。他将这些公式列在一个总表中,使得给出三角形中某些已知量后,可以从表中得出未知量的值,即由一些已知的边或角求出未知的边或角。该书以直角三角形为基础,对斜三角形,则仿效古人的方法化为直角三角形来解决;对球面直角三角形,给出计算的完整公式及其记忆法则,如余弦定理。1591 年韦达还得到多倍角公式,1593 年又用三角方法推导出余弦定理。

17 世纪初,对数的发明大大简化了三角函数的计算,制作三角函数表已不再是很难的事,人们的注意力便转向了三角学的理论研究。不过三角函数表的应用却一直占据着重要的地位,在科学研究与生产生活中有着不可替代的作用。

尽管三角学起源于远古,但在 18 世纪以前,三角学的研究对象主要是三角形。三角学的现代知识出现在 18 世纪,是以瑞士数学家欧拉与 1748 年引进三角函数为标志的。17 世纪,数学从运动的研究中引出了一个基本概念——函数,在那以后的二百年里,这个概念在几乎所有的工作中都占中心位置。欧拉首先研究了三角函数,也即把函数引入了三角学,这就把三角学从原先静态地研究三角形问题的解法中解脱出来,成为以三角函数为主要研究对象的学科,它是反映现实世界中某些运动和变化的一门具有现代数学特征的学科。

在《无穷小分析引论》一书中,欧拉首次提出了三角函数的概念,它是利用线段的比来定义三角函数的(与现行教材中的定义基本相同),这样就使三角函数摆脱了几何的束缚。三角学的解析化也为这门学科的充分发展创造了条件。欧拉用直角坐标来定义三角函数,彻底解决了三角函数在四个象限中的符号问题,同时引进直角坐标系,在代数与几何之间架起了一座桥梁,通过数形结合,为数学的学习与研究提供了重要的思想方法。欧拉还研究了三角函数的周期性,引进了三角函数的一些符号,提出了弧度制,把直线与圆弧的度量统一起来,并把三角公式推广到一般情况。他还用小写拉丁字母 a,b,c 表示三角形的三条边,大写拉丁字母 A,B,C 表示三角形的三个角,从而简化了一些三角公式。

1722 年,英国数学家棣莫弗(De Moivre)发现了后来以他的名字命名的三角学公式 $(\cos\theta+i\sin\theta)^n=\cos n\theta+i\sin n\theta$,并证明了 n 是任意正有理数时公式成立;1748 年,欧拉证明了 n 是任意实数时该公式也成立,他还给出著名的欧拉公式 $e^{\theta i}=\cos\theta+i\sin\theta$,把原来人们认为互不相关的三角函数与指数函数联系在一起,为三角学增添了新的活力。在欧拉公式中,令 $\theta=\pi$,可得 $e^{\pi i}+1=0$,这一个公式被誉为"最美的数学公式",它将数学中的"五朵金花"——中性数 0,基数 1,虚数单位 i,圆周率 π,自然对数的底数 e 组合在一起形成了一个如此简洁而和谐的等式,真是令人拍案叫绝。

由于三角函数是一类典型的周期函数,这就为利用三角学知识解决具有周期性特征的实际问题开辟了广阔的领域。18 世纪,三角级数理论取得了长足的发展,虽然它不是严格意义上的三角学,但这一理论极大地开阔了三角学的应用范围,使它成为研究一切与函数有关的理论不可或缺的工具。

总之,三角学源于测量实践,其后经过了漫长时间的孕育和众多中外数学家的不懈努力,才逐渐发展为现代的三角学,它以三角函数及其应用为主要研究对象。三角函数是数形结合的桥梁,在解决代数与几何问题中都具有重要的作用,它是研究数学问题的基本工具之一。更为重要的是,它是刻画周期现象的重要数学模型。对于等速圆周运动、温度的变化、生命节律、声波、潮汐等周期现象,我们都可以通过建立三角函数模型来加以研究。而球面三角还可以用来解决三维问题和处理空间关系,在天文学、航海学、测量学、制图学、仪器制造等方面有着广泛的应用。可见事物是多样的,又是统一的。习近平总书记在党的二十大报告中指出"促进世界和平与发展,推动构建人类命运共同体"。同样地,世界文明是多样的,但人类共同生活在地球表面上的水圈、气圈、生物圈中,世界的命运又是统一的,每个民族、每个国家的前途命运都紧紧联系在一起。因此,人们应该构建人类命运共同体,应该风雨同舟、荣辱与共,努力把我们共同生存的这个星球建成一个和睦的大家庭,把世界各国人民对美好生活的向往变成现实。

6.4.2　球面上的相似

1998 年 10 月,美国某知名地理信息系统制造商用户大会在北京召开。中国航海图书出版社的一幅海图,让该公司总裁杰克·丹里尔大为惊讶。他们公司生产的地理信息系统具有强大的陆地自动成图功能,但用地理信息系统来生产海图,连他自己也是第一次听说。

什么是海图呢?海图是专供船舶海上航行用的,航海必须有精确测绘海洋水域和海岸地物的专门地图。海图大致由图名、比例尺、出版日期组成,中间还有罗经花用于辨别方位,海图内有较多数字表示海水深度,还有一些专用标志,表示一些障碍物、海上钻井平台等。它是地图的一种。无论是地图还是海图,它们都是对地球的一种模拟与抽象。它们和地球表面之间就是一种相似关系。

图形相似是平面几何中一个很重要的性质,两个三角形相似是其中之一,而且相似三角形不一定全等,只有比例系数为 1 的时候才变成全等,全等是相似的特殊情况。

两个球面三角形全等是指球面三角形的三条边、三个角分别相等,也即是这两个球面三角形能够完全重合。由于半径不同,球面的大小也不同,所以研究球面三角形的全等问题,只能在同一球面上或半径相等的球面上才有意义。

6.4.3　球面坐标系与导航问题

远洋航行的船只随时需要确定自己在茫茫大海中的位置。在远古时代,没有指南针之前,船只航海主要是依靠晚上天空星图来判断自己的位置,这称为天文导航。在海岸区域航行时,也会使用已探明的地图来确定自己的位置。因为当时还没有大地的整体形状是球面这样一个概念,所以也就无所谓经纬度了。

现在我们都知道船只在海上的位置是由其所在位置的纬度和经度来表示的,那么经度和纬度又如何确定呢?自古以来,许多科学家根据日月星辰情况制作了许多观象仪,可以用来确定任何一点所在的纬度。而要想定出船只所在的经度,最好的办法是用所在地的时间和家乡港口的时间作比较。为什么这样可以确定经度呢?我们知道,地球一天 24 小时由西向东转动一周是 360°,也就是 1 小时转动 15°,1 分钟转动 0.25°。这样,要是知道了船只所在地的时间比家乡港口早了 1 小时 4 分钟,那船只就在家乡港口东边 16° 的经线上。但是,又如何确定家乡和所在地的时间呢?

从哥伦布发现新大陆到麦哲伦绕地球以后的很长时期里,因为没有准确的时钟,所有的航海家都面临确定经度这个生死攸关的大事。一旦经度和航向有了偏差,就可能引起人员的大量死亡和船只的沉没。

现代高新航用仪器发展日新月异,船舶在海上确定经纬度主要使用全球定位系统,如GPS、北斗导航系统、伽利略导航系统等。而这些定位系统的基础是选用合适的坐标系。

再看一个例子,在民航飞行中常常会遇到这样一个问题:同一个点的坐标,使用我国民航局制定的航图查出来的坐标值,与使用杰普逊公司的航图查出来的往往不是完全相同,有着或多或少的差别。例如,在一个机场,当输入停机位置的全球定位系统的坐标时,飞机明明停在跑道的南侧停机坪上,但是在中国飞行图上却显示飞机到了跑道的北侧。这是什么原因造成的呢?

为了说明上述问题,我们首先来了解球面坐标系。在飞行中所涉及的有球面坐标系(即通常的经纬度坐标系,也称地理坐标系)和平面坐标系。球面坐标系可以确定地球表面上任意一点的位置。如果我们将地球看作一个椭球体,经纬网线就是加在这个椭球表面的地理坐标参照系格网。由于度并不是衡量长度的单位,球面坐标系中,不能用它来测量长度和面积,所以我们需要通过一定的数学方法将这样的球面坐标系投影到二维平面上,进而形成平面坐标系,也就是航图——地图中采用的坐标系。这样我们才能对距离、面积进行测量。为了把形状不是几何椭球体的地球进行模型化,我们可以用严格的数学公式表示出地球数学模型——参考椭球体。随着人们对地球的不断认识和探索,对于地球形状的数学模型也在不断改进,不同时期采用的地球数学模型造成不同时期的坐标基础不同。另外,任何一种对地球表面的平面坐标表示方法(即地图投影)都会在形状、面积、距离或者方向上产生不同的变形,每一种投影都有其各自的适用条件和限制。即使是同一个地球模型,不同的投影方法得到的平面坐标也不尽相同。

6.5 海战中如何掌握对方的信息

在未来战争中,战争不再局限于某个地方,而是属于全方位、立体化的战争;部队的作战指挥、作战方式也发生了重大变化;战场上快速有效地进行协同作战的能力要求显得越来越重要,这就使得各作战单元之间必须准确及时地掌握彼此的信息(如具体位置、方位、高度角等重要参数)。而这些参数的计算往往会涉及球面三角形正弦定理。

我们先来回忆一下平面三角形正弦定理。

故宫四个角各矗立着一个角楼(见图 6-6),如何测量角楼的高度?如何从篱笆外侧测量篱笆内树木的高度?这些问题属于怎样测量一个底部不能到达的建筑物的高度问题,利用平面正弦定理就可以解决。在平面上,解斜三角形的另一个重要定理是正弦定理:在一个三角形中,各边与所对角的正弦的比相等,即 $\dfrac{a}{\sin A} = \dfrac{b}{\sin B} = \dfrac{c}{\sin C}$。利用正弦定理,可以解决两类有关三角形的问题:第一类是已知两角和任一边,求其他两边和一角;第二类是已知两边和其中一边的对角,求另一边的对角。

球面上是否也有正弦定理呢?当已知一个球面三角形的两边及其一边所对的角时,怎样求出另一边的对角呢?能否求出其他的边和角呢?下面这个公式能够回答这个问题。

图6-6 故宫角楼

对于单位球面上的球面三角形 ABC，有：

$$\frac{\sin a}{\sin A}=\frac{\sin b}{\sin B}=\frac{\sin c}{\sin C}=\frac{\sin a\sin b\sin c}{2\Delta}。$$

其中，$\Delta=\sqrt{\sin p\sin(p-a)\sin(p-b)\sin(p-c)}$，这里 $p=\frac{1}{2}(a+b+c)\in(0,\pi)$。

这个公式称为球面三角形边的正弦定理。

利用球面三角形边的正弦定理，我们又可以解决一部分球面三角形的问题。例如知道球面三角形的两边和一边的对角，要求其他边角，或者知道球面三角形的两个内角及其一个角的对边，就可以求出这个球面三角形的其他三个元素。

下面我们简单介绍球面三角在海战、电子战中关于潜艇航向的计算以及舰艇与空中目标之间高度角的计算等问题。

6.5.1 航向的计算

假设舰艇和目的地分别位于地球上的两点 A,B，它们的纬度和经度分别是 $A(\varphi_A,\lambda_A)$，$B(\varphi_B,\lambda_B)$，N 是北极，如图6-7所示，a,b,c 分别是 NB、NA 和 AB 的长，$NB=\frac{\pi}{2}-\varphi_A$，$NA=\frac{\pi}{2}-\varphi_B$，并且这三个点可构成球面三角形 NAB，利用球面三角对该球面三角形进行计算，可求出舰艇与目的地之间的航向。根据球面三角形的正弦定理得：$\frac{\sin c}{\sin a}=\frac{\sin N}{\sin A}$，其中角度 A 即为潜艇的航向，因此 $\sin A=\frac{\sin N\sin a}{\sin c}$，由反三角函数即可得到目的地的航向。

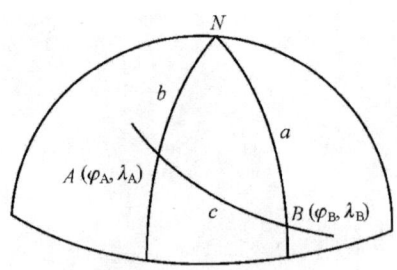

图 6-7　球面三角形

6.5.2　舰艇与空中目标之间高度角的计算

根据要求,设舰艇点 A 坐标为 $A(\varphi_A,\lambda_A)$,空中目标 W 坐标为 (φ_W,λ_W)。所以,空中目标在球面上的投影点坐标为 $B(\varphi_B,\lambda_B)$,空中目标的高度为 h,则可画出求解的球面三角形,如图 6-8 所示,舰艇与空中目标投影方位角为 A,即 $\sin A=\dfrac{\sin N\sin a}{\sin c}$。

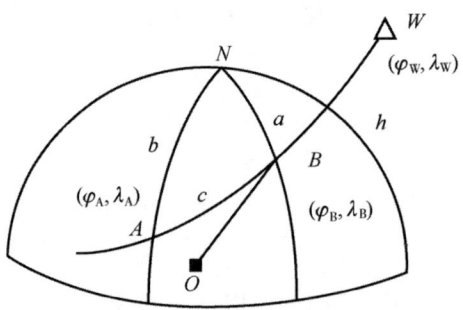

图 6-8　投影方位角

舰艇与空中目标投影的仰角即为弧长 AB 所对应的圆心角 $\angle AOB$,其值为 $\cos c=\cos a\cos b+\sin a\sin b\cos N$,由球心、舰艇和空中目标可构成一个平面三角形(见图 6-9)。

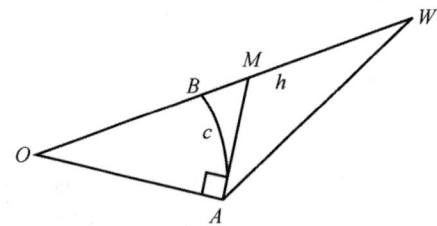

图 6-9　平面三角形

在图 6-9 中,$\angle MAW$ 即为舰艇与空中目标的高度角。首先用平面三角公式求出三角形 WAO 的边长 AW,在三角形 WAO 中,OA 为地球半径 R,OW 为空中目标的高度加地球半径 $R+h$,$\angle AOW=\angle AOB$,即

$$AW^2=OA^2+OW^2-2OA\times OW\times\cos\angle AOW。$$

根据上面求出的边长 AW 和已知条件,可求得高度角 $\angle MAW$,其表达式为:

$$\frac{AW}{\sin\angle AOW}=\frac{OW}{\sin\angle(90°+\angle MAW)}=\frac{OW}{\cos\angle MAW}$$

即：$\cos\angle MAW = \dfrac{OW}{AW}\times\sin\angle AOW$，由反三角函数即可得到高度角$\angle MAW$的大小。

再看一个例子，平面三角形ABC中，等边所对的角相等，大边所对的角较大，反之亦然。球面三角形是否也有同样的性质？我们通过定量的方式来探讨一下。

由球面三角形余弦定理，有

$$\cos A-\cos B=\frac{\cos a-\cos b\cos c}{\sin b\sin c}-\frac{\cos b-\cos a\cos c}{\sin a\sin c}$$

$$=\frac{1}{\sin a\sin b\sin c}\left[\sin(a-b)\cos(a+b)+\sin(b-a)\cos c\right]$$

$$=-\frac{2\sin(a-b)}{\sin a\sin b\sin c}\sin\frac{a+b+c}{2}\sin\frac{a+b-c}{2}$$

而$\angle A$，$\angle B\in(0,\pi)$，所以当$a=b$时，$\cos A-\cos B=0$，即$\angle A=\angle B$，反之也成立。当$a>b$时，$\cos A<\cos B$，即$\angle A>\angle B$，反之也成立。

由此可知，在球面上，同一个球面三角形中，等边对等角，大边对大角，反过来也成立。和平面三角一样，正、余弦定理是球面三角形的重要定理，也是球面三角的基础，有了这两组公式，球面三角的很多问题都可以得到很好的解决。而且球面三角正、余弦定理的应用比平面三角更广泛。

运用球面三角形的基本公式，可以得出天文三角形的天体高度和天体方位的计算公式。因此，在航海学中，利用球面三角形公式不仅可以解决天文航海定位中天体高度和方位的计算问题，还可以在船舶观测罗经差时利用公式求太阳或者北极星方位。除此之外，在实际生活中，球面三角形和球面几何的知识还有着广泛的应用。例如，大地（天体）测量、航空、卫星定位等都要用到相关知识，球面三角和球面几何知识也是研究其他学科的基础。随着对球面几何知识的进一步深入研究和完善，它的理论会更广泛、更深入地应用于其他学科中。

6.6　天文与数学的关系

课堂实践，猜猜星期几

由于每四年加一闰，每百年少一闰，每四百年又加一闰，由此得到

$$S=(X-1)+\left[\frac{X-1}{4}\right]-\left[\frac{X-1}{100}\right]+\left[\frac{X-1}{400}\right]+C。$$

这里X是公元的年数，C是从这一年的元旦算到这天为止（这一天包括在内）的日数。$\left[\dfrac{X-1}{4}\right]$表示$\dfrac{X-1}{4}$的整数部分，其他的方括号也是同样的意思。

求出S以后用7除，如果恰能除尽，这一天就是星期日；若余数为整数$r(1\leqslant r\leqslant 6)$，这一天就是星期$r$。

例1　1949年10月1日是中华人民共和国成立的日子，试问：这一天是星期几？

解 按上面的公式计算,可知:

$$S = (1949 - 1) + \left[\frac{1949-1}{4}\right] - \left[\frac{1949-1}{100}\right] + \left[\frac{1949-1}{400}\right] + (31 + 28 + 31 + 30 + 31 + 30 + 31$$

$$+31+30+1)$$

$$= 2\ 694。$$

$2\ 694 \div 7 = 384 \cdots\cdots 6$。所以 1949 年 10 月 1 日是星期六。

例 2 2005 年 6 月 1 日是星期三,试问:

(1)2006 年 6 月 1 日是星期几?

(2)2008 年 6 月 1 日是星期几?

解 (1)由于 2006 年不是闰年,有 $365 \div 7 = 52 \cdots\cdots 1$,故 2006 年 6 月 1 日是星期四。

(2)由于 2008 年是闰年,从 2005 年 6 月 1 日到 2008 年 6 月 1 日三年的总天数为 $365 \times 3 + 1 = 1\ 096$,$1\ 096 \div 7 = 156 \cdots\cdots 4$,故 2008 年 6 月 1 日是星期日。

6.6.1 古希腊的天文学

古希腊数学宗教式的天文理论构思充分地运用了数学的思维方式。由于从毕达哥拉斯开始,古希腊人就认为圆形、球形是世间最美好的形体构造。于是经过不同天文学家的努力,到托勒密的地心说,古希腊人的天文学是以地球为中心的多个球体的重合数学计算模式。

托勒密的地心说与中国天文学的浑天说,在当时都是古代民族的创造,但是其中运用的数学思维、数学方法却在以后的发展中表现出巨大的差异。16 世纪中叶,哥白尼的日心说取代了地心说。日心说的创立,主要是从数学模式、数学方法出发。

西方的日心说经过开普勒的努力,总结出行星的三个定律。开普勒具有充足的观测记录,但是他更崇拜数学方法的作用。开普勒深信上帝是依照完美的数学原则创造世界的,所有根本性的数学和谐,即所谓天体的音乐,乃是行星运动的真正可以发现的原因。

相比之下,可以发现,西方天文学理论构造的地心说,带有与中国古代天文学理论构造相同的主观性、猜测性,但是由于数学思维及其方法在其中的运用,西方的天文学理论从地心说、日心说到开普勒行星运行规律,最后到牛顿的万有引力理论模式,形成了一个清晰的数学思维、数学方法的发展轨迹。

6.6.2 中国的古天文学

1.甘石星经

在 18 世纪以前,整个太阳系,各个星体都是中国人发现的(见图 6-10)。我们曾经的天文学还这么牛?对于大部分人而言,一提起天文学,脑海中浮现的不是哥白尼,就是伽利略,对于中国天文学,可能只能想到浑天仪。

作为天文学家,甘德和石申(见图 6-11)他们比哥白尼早了 1000 多年,比伽利略早了 2000 多年。甘德和石申,其实都是战国时期杰出的天文学家,为后世留下了宝贵的天文学著作《甘石星经》(见图 6-12)。这是华夏历史上也是全世界最早的一部天文学著作。正因为如此,《甘石星经》后来入选了中国世界纪录协会,成为世界最早的天文学著作。它的神奇之处,乃至于

图 6-10　星空

带给后人的震撼,也许与西方相比,经过现代科技验证,方能深刻理解。

那这两个人是何方神圣呢?

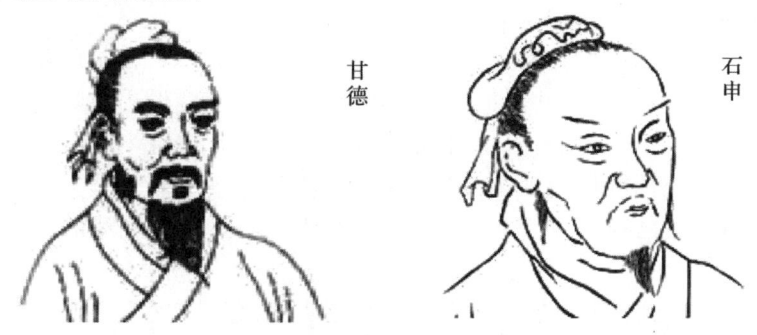

甘德　　　　　　　　　　　　石申

图 6-11　甘德和石申

甘德和石申是春秋战国时期伟大的天文学家,他们创造了两样很重要的东西:一是他们编制了世界上太阳系最早的恒星表(即整个恒星的方位图);二是他们联合编著的《甘石星经》。这本书里收藏了包括各种类型的星体,恒星、行星各种星 1 464 颗。更重要的是,甘德和石申测定并精密记录下了黄道附近 120 颗恒星的方位,以及这些恒星距离北极的度数。经过长期观测和详细考核,石申测出恒星共 810 颗,都在哪个位置,被他们全部计算出来。

后来恒星表和《甘石星经》传到了西方,西方天文学界为了验证中国人的说法,进行了大量的计算,算出了 121 颗。那时根本没有望远镜,全靠中国的天文系统。中国古天文学的计算方式定位了 800 多颗恒星,现在 121 颗已经被证明,还有很多没有确定,因为连望远镜也看不到。

更重要的是,他们不仅把太阳系的恒星全部确定了,还发现了五大行星的规律,就是把五大行星怎么出没的,以及时间规律全部弄清楚了。甘德和石申所测定的恒星记录(包括二十八星宿),是目前世界上最早的恒星表,这是世界级的贡献。所谓恒星表,就是把测量出的若干恒星的坐标等加以汇编而成,这是古代天体测量工作的基础。因为测量日月星辰的位置和

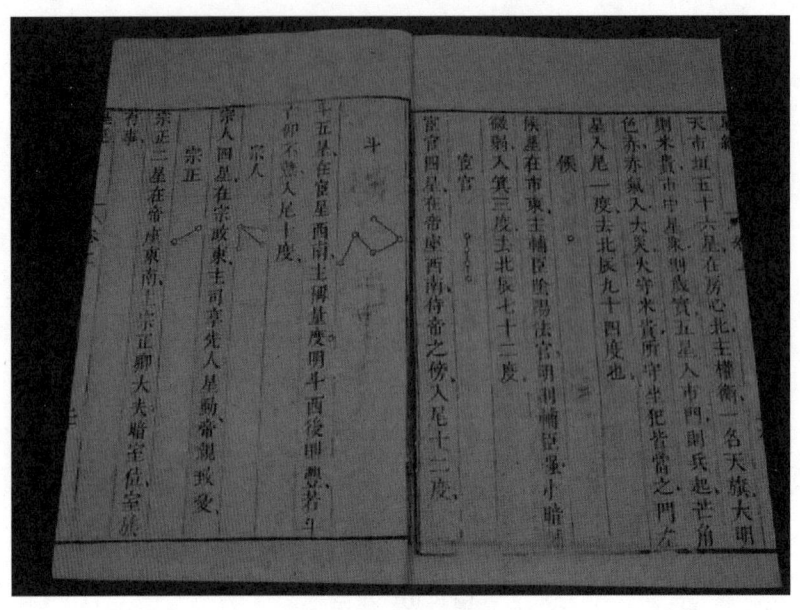

图 6-12 《甘石星经》

运动,都要用到其中二十八宿距度(本宿距星和下宿距星之间的赤经差叫距度)的数据,这也是中国天文历法中一项重要的基本数据。

我们知道美国是最早登陆月球的国家。美国人登上了月球以后,美国国家航空航天局(NASA)跟美国天文学会(AAS),共同把世界上最牛的天文学家、做出贡献的人物在月球上定位。《甘石星经》书中卷二十三摘有甘德对木星的一段论述,言木星"有小赤星附于其侧,是谓同盟"。根据科学家席宗泽的研究证明,这颗"小赤星"就是木星的三号卫星,即木卫三,也就是说,甘德在战国时期就已经发现了木卫三。这一发现比意大利伽利略的同一发现早了将近2000年。

甘德还建立了行星会合周期的概念,并且测得了木星、金星和水星的比较准确的会合周期值,其中木星的会合周期为400日,比真值398.9日只差1.1日。甘德指出木星和水星在一个会合周期内见伏(不见)的日数,以及金星在一个会合周期内顺行、逆行和伏的日数,而且明确指出了在不同的会合周期中这些日数可能在一定幅度内变化的现象。虽然此等描述从定量的角度来看稍显粗疏,但却为后世传统的行星位置计算法奠定了坚实的基础。

此外,甘德和石申都发现了火星和金星的逆行现象,二人把行星从顺行到逆行、再到顺行的视运动轨迹,十分形象地描述为"已"字形。石申还发现,日月食是天体相互掩盖的现象,从那个时候就已经意识到这个问题了,是不是有点不可思议?

正是由于石申在天文学方面的开创性工作,以及对后世深远的影响,位于月球背面西北隅,在北极圈附近的一座古老大撞击坑(形成于39.2亿—38.5亿年前的酒海纪),1970年经国际天文学联合会同意,被正式命名为石申环形山(见图6-13),象征着他仰望星空、追寻北极附近恒星的成就。月球背面的环形山名称,都是使用已故世界级科学家的姓名命名的,迄今为止,除了石申外,其他四位中国人分别是祖冲之、张衡、郭守敬、万户(明朝人,世界公认的航天梦想第一人)。

图 6-13 石申环形山

后世,许多天文学家在测量日、月、行星的位置和运动时,都要用到 2000 多年前的《甘石星经》中的数据,其作用和地位不言而喻。

对天上星辰掌握得越多、测量得越精准,就越能精准地分析太阳与月亮的变化,由此,制定的历法也就愈发精确。由于石申绘制了世界上最古老的星表,因此他也被誉为"世界星表之父"。秦始皇造骊山陵墓、汉惠帝重修长乐宫、西汉陵墓壁画的星象图(见图 6-14),以及河南洛阳西北郊西汉墓中的壁画天文图等,全都借鉴了这本书中对星空的准确描述和记载。

图 6-14 星象图

2.《周髀算经》

《周髀算经》是中国古代天文学和数学著作,至今没有哪一本天文学著作影响这么深远,不仅包括对宇宙的详细计算,同样对现代高科技有很好的指导意义。《周髀算经》包括从圆周运动、日月运行、二十四节气、宇宙等精准的计算和运行规律。今天除了二十四节气、年月日等历法仍在沿用外,高科技尖端科技通信等似乎也没有走出《周髀算经》,比如圆周运动的应用。今天的卫星发射频道,就是根据圆周轨道运动的规律理解等。

关于天体的结构,有三种不同的学说:一是宣夜说;二是盖天说,以《周髀算经》为代表;三是浑天说。持浑天说的有洛下闳、耿寿星、张衡等人。张衡还总结了当时天文学家的最新成就,写成了天文学巨著《灵宪》一书。洛下闳在汉武帝时期制造浑天仪,于太初三年(前102),用水钟测定了二十八宿的位置。东汉张衡又设计了一种新的浑天仪,即用水力转动布列了星宿的球体仪器。转动时反映出来的现象,完全与天上的日月星辰的变动相符合。

(1)盖天说

产生于战国前,是中国最古老的天文学说,现见于汉代的《周髀算经》。盖天说的主体是"天圆地方",然而随着人们活动范围扩大,学说演变成天地均圆。天地像反转的盘子,天盖于地。此说主要用以解释四季变化。旧说称天地间有阴阳两气,光透不过阴气,太阳每天穿梭阴阳气间,夏天阳气多故日长,冬天阴气多故日短。新说称太阳有七条轨道,即七衡六间,太阳在轨道间运动。夏至时于第一衡(内衡),冬至时于第七衡(外衡)。盖天说更据勾股定理(即毕氏定理)认为天地相距八万里。因为他们认为阳光照射范围有限,人可见范围亦有限,太阳于内衡时较近北方,人可见时间较长;太阳于外衡时较近南方,人可见时间较短。这点有些像南北回归线之设。

(2)浑天说

浑天说主要于汉代后开始流行,他们主张天如球壳,天包着地如鸡蛋,天外为气,天内有水而地漂于水上。天之一半于地上,一半于地下,运转不息。

他们把天球分为几部分:近北极有恒显圈,全年可见;近南极有恒隐圈,于地平下,永不可见;中间的圆周是天球赤道。由于浑天说有可以被量化的性质(包括相似三角形的等比关系和勾股弦定理等几何定理),可做反复计算和验证。他们曾有"日影千里差一寸"的假设,虽在唐朝开元年间被测量结果否定了,但浑天说反而可以发扬光大。这就是因为浑天说有科学性的缘故。浑天说虽然在汉代便开始有不错的理论支持,而且能解释盖天说难以解释之处。但直至唐代的实地论证后方能结束和盖天说的争论,大概是人们心理上难以接受大地漂浮和日月星夜晚泡于水中的假设所使然。

(3)宣夜说

宣夜说是和前两说相当不同的一套宇宙论,可能形成于战国时期,记载于《晋书·天文志》。盖天说与浑天说均认为天空如一壳,日月与星附于壳上。宣夜说认为,固体天壳并不存在,天之所以是蓝色,是因为离我们太远了。天是个充满气的虚空处,日月众星均只是浮游其中的发光气体,受着气体的推动而活动。天地均无限,天体之间亦互不干涉。三国魏明帝(226—239)时,杨伟创制了《景初历》,开始知道黄、白二道的交点每年也有移动;同时又知道日、月交食的发生,不一定在轨道的交点上。于是,他定出"食限",即日、月两星球距黄、白交点左右各18°以内,便可发生交食。他又推算得月食分数和初亏时的方位角,这些都是前所未有的。

在晋以前,中国天文学家还不知道岁差现象,以为太阳从冬至回到第二年的冬至就是一岁。虞喜比较古代星宿的位置,发现其与当时的位置不同,因而发现岁差"使天为天,岁至为岁",一岁日行度数和周天度数相差五十分之一度。这个发现,虽然比西洋晚了几百年(古希腊天文学家喜帕恰斯在公元前125年发现岁差,定为每100年差一度),但却比较精密。

祖冲之于大明六年(462)创制了《大明历》,他的另一贡献则是改革历法。他经过长期观察发现,以前的历法不够精密。经过200年后朔策的累积数约一日,这样,就引起其他各数之差了。因此,他以391年有144闰代替19年7闰。至此,历法上的四种月法——朔望月("古历"所用)、恒星月(《三统历》所用)、近点月(《乾象历》所用)、交点月(《大明历》所用),到了祖冲之才算完备了。《大明历》因为遭到当时的顽固分子戴法兴的阻挠,没有被采用,到了梁朝的天监(502—519)年间,祖冲之的儿子把《大明历》送交史官验定,结果证明比旧历好,才从天监九年(510)得以开始施行,共施行了80年。

唐武德二年(619),历法家张仁钧制定了《戊寅元历》,用了"定朔",这是我国历法史上的第三次大改革。此历在公元619年至664年间施行,以太阳、月亮的平均运动求得的会合周期,就是朔望月的平均值,每月为29.530 588日,这称为平朔。而太阳、月亮的真正会合周期,就是朔望月的真实值,也即"定朔"。唐代有名的天文历算家,应为李淳风和一行两人。李淳风是唐初的天文历法专家,他和他的父亲李播都精于天文历算。李淳风于贞观时官至太史令,晋书和五代志中的天文志、律历都是他所撰写的,他又制造了观测天象的黄道浑仪。而一行和其他天文工作者,通过长期观察,认定恒星位置有动。一行还提倡实地测量子午线的长短。一行根据实测结果,算出北极高度或子午线上的度数。

宋代沈括制订了《奉元历》,在全国施行了18年,又制订了《十二气历》。《十二气历》,只依时令节气不按月晴圆缺,与现行公历的主张是吻合的。

元代,我国古代天文学发展到了高峰。以郭守敬为首的宋司天监人员,加上王恂、许衡、张易、杨恒、冯天章等,组成了一支强大的科技队伍,在全国建立了27个观测站,测量了二十八宿及其他恒星的位置。二十八宿距离观测值与现代精密定值平均的误差,仅是4分22秒,较宋代姚舜辅的观测结果减少了一半多。在太阳视运动方面,测定了冬至时刻和回归年长度,此外,郭守敬还测量了北极出地和月地距离。郭守敬、王恂等人,在实际观测的基础上,汲取了前人的经验,加上自己的创见,编订了我国最优秀的历法——《授时历》。《授时历》提出了黄道宿度变换、白赤道宿度变换和太阳视赤纬计算的数学公式,这些公式是由数学方法推衍而得的,与前人类似公式得来的途径大不相同。考其所用的数学方法,实际上已经开辟了通往球面三角法的蹊径,所以具有天文学和数学进展的双重意义。

明代初期颁行的《大统历》基本上就是《授时历》。如果把这两种历法看成一种,可以说是我国历史上施行最久的历法,达364年。《授时历》之所以沿用这么长时间,和它的计算精度非常高有很大关系。首先,它使用了当时世界上最为精确的天文资料,如它的回归年为365.242 5日,这和现行的公历所采用的数值是一样的;其次,它吸收了《统天历》首先发现回归年的长度在逐渐变小的观点,规定一百年中回归年的长度减小0.000 1日,虽然这个数值有点大,但它与《统天历》相比,还是要精确一些;另外,《授时历》废除了沿用了上千年的上元积年和用复杂分数表示天文资料的办法,不仅大大减少了计算量,也保证了计算精度。《授时历》在计算方法上也有很大的创新,如为了对太阳、月亮的不均匀运动进行改正创造了三次内插法;为了进行黄道和赤道宿度之间的转化以及太阳视赤纬的转化,而创立了类似球面三角法的数学方法。

6.7　中国纪年法的演变

在春秋战国时期,各国施行的六种历法(包括黄帝历、颛顼历、夏历、殷历、周历、鲁历),它们都取平均年长为 365.25 日,故又合称为四分历。所以古夏历是古六历中的一种。

以后,每当改朝换代时,为了显示新皇朝的权威,都要改历。因此,还同时采用的是皇帝年号纪年和天干地支纪年。

到了汉朝,在汉武帝元封七年(前 104)颁行的《太初历》,被后人称为《汉历》。它同夏朝的历法一样,以立春正月(即夏正)为"岁首",以后除了极短时期以外,一直到清朝,都是用夏正,因而一般也叫夏历。

中国从辛亥革命的次年(1912)起采用公历年、月、日,但同时采用中华民国纪年和阴阳历。阴阳历被称为"夏历"或者"旧历"。

1949 年 9 月 27 日,全国政协第一届全体会议决定采用公历纪年为新中国的纪年法(就是民间俗称的"阳历")。

直到 20 世纪上半叶,我国仍然把现在所说的"农历"称为夏历或者旧历,而把公历称为西历或者新历。一直到 60 年代末,才改夏历为"农历"。

太阳历的一年是回归年,是地球围绕着太阳旋转一周的时间,大约为 365.242 2 日,就是 365 日 5 小时 48 分 46 秒。

太阴历的每月初一的新月称为"朔",十五的满月称为"望"。两个新月之间所隔时间称为"太阴月"(我国古人称月球为太阴),又称"朔望月",平均大约为 29.530 6 日,就是 29 日 12 小时 44 分 3.84 秒。太阴历的一年是 12 个朔望月,组成一个阴历年。顺便说明一下,月球围绕着地球旋转一周的时间称为"恒星月",大约为 27.321 7 日,而在天文学上的朔望月是太阳和月球视运动的会合周期,这两者是不同的。恒星月的参照物是在无穷远处的恒星,而朔望月的参照物是太阳。朔望月比恒星月长,是因为在月球运行期间,地球本身也在绕太阳的轨道上前进了一段距离(见图 6-15)。在后文中,凡是说到"月球围绕地球旋转一周"都指的是视运动的会合周期,就是一个朔望月,而不是恒星月。

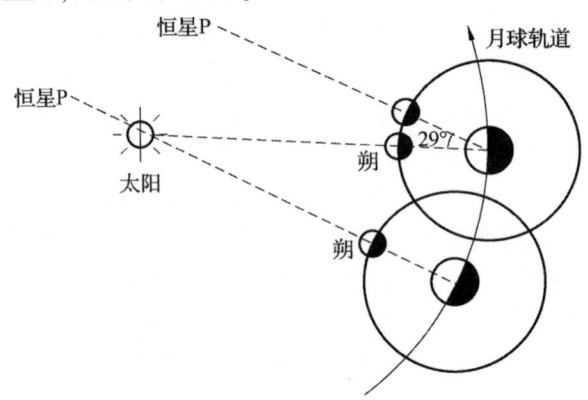

图 6-15　朔望月与恒星月

在我国,自古以来采用的一直是阴阳历,确切地说是一种四位一体的阴阳历。它包括以下四个方面的内容:把"朔望月"作为一个月(就是通常所说的阴历月或者农历月),反映了月球、太阳与地球之间的运行关系;采用"在十九年中插入七个闰年"的方法,消除阴历年与回归年的差值积累,而回归年反映了太阳与地球之间的运行关系;在一个回归年中设置了二十四个节气,反映了一年中气候的变化,指导农业生产和生活;更插入了便于表述的天干地支纪年法,六十年周而复始一次。

据统计,有名称可考的中国古代历法,共有 115 种。其中著名的有汉朝时期的《太初历》、南北朝时期的《大明历》和清顺治二年(1645)颁行的《时宪历》。现逐个介绍如下:

6.7.1　太初历

西汉汉武帝元封七年,也就是太初一年(前 104),汉武帝刘彻下令,废除秦朝的《颛顼历》,采用由司马迁等人制定的新历法《太初历》。《太初历》被后人称为《汉历》,是中国古代第一部比较完整的且有完整文字记载的汉族历法,也是当时世界上最先进的历法。

《太初历》测定一个回归年为 365.250 16 日,一个朔望月为 29.530 86 日;将原来以十月为岁首改为以正月为岁首;开始完整地采用有利于农时的二十四个节气;规定没有中气的月份为闰月。显然,《太初历》是阴阳合历。

《太初历》问世以后,一共便用了 189 年,这是我国历法史上一个划时代的进步。

《太初历》的原本早已失传,在西汉末年,刘歆(中国数学史上研究圆周率的第一人)基本采用了《太初历》的数据,根据《太初历》制定出《三统历》,一直流传至今。

6.7.2　大明历

在我国南北朝时期,南朝出了一位杰出的科学家祖冲之(429—500)。他不仅是一位数学家,还通晓天文历法、机械制造、音乐等。

祖冲之流传于后世的主要有以下两个杰出成果:

第一,公元 460 年,他计算出圆周率在 3.141 592 6 与 3.141 592 7 之间,成为世界上第一个把圆周率计算准确到小数点后七位的人。他的这个世界纪录保持了 1200 多年!

我国在宋朝才开始有算盘作为计算工具。在此以前的计算工具是由一些小竹棍、小木条或小骨条制成的"算筹",一切计算都是人们趴在地上摆弄很多算筹才算出来的。

第二,他测出了地球绕太阳旋转一周的时间是 365.242 814 81 日,与现在知道的 365.242 2 日相比,已经准确到了小数点后第三位,误差只有 46 s,实属不易!另外,他发现了当时使用的历法中的错误,创制出当时最好的《大明历》。可惜遭到权势人物和宋孝武帝的反对,直到祖冲之死后 10 年,由于他的儿子祖暅再三坚持,并经过实际天象的检验,《大明历》才被正式颁行。

6.7.3　时宪历

明崇祯三年(1630),由礼部尚书徐光启上书朝廷,推荐汤若望供职于钦天监,译著历书,制作天文仪器。

中国古代制定和颁布历法是皇权的象征,列为朝廷的要政。要说到"时宪历",有一段离奇、曲折和悲戚的故事。主人公是一位到中国来传播天主教和西方科学文化的德国人约翰·亚当·沙尔·冯·白尔(J.A.S.VonBell)。他把德文姓名"亚当"改为"汤","约翰"改为"若望",取名汤若望,他的字是"道未",取自《孟子》的"望道而未之见"(期望得到道却似乎从来没有见过道)。

帝制时代,历书是由皇帝颁布的,并规定只许官方刊印,不准私人刻印,所以历书又叫"皇历"。历代都在政府机构中设有专门司天的天文机构,称为太史局、司天局、司天监、钦天监等,配备一定数量的具有专门知识的学者进行天文研究和历书编纂。历法在中国的功能除了为农业生产和社会生活授时服务以外,更要为王朝沟通天意、趋吉避凶。日、月食和各种异常天象的出现常常被看作是上天出示的警告。这就是"天垂象,见吉凶,圣人象之"。

自明初开始到万历年间,大约200年的时间中,天文历法的研究陷于停顿的状态。明初统治者对天文历法采用了极其严厉的政策:"习历者遣戍,造历者诛死。"有关官员多趋保守,认为"祖制不可变",这严重地摧残和遏制了民间对天文历法的研究。

到了明代,历法已经年久失修,经常出现错误和偏差,所以修正历法已迫在眉睫。到了明崇祯二年(1629),成立了"历局",它是个临时的研究改历的机构,其任务就是编纂一部《崇祯历书》。"历局"的成立,意味着西方经典天文学从此系统地传入中国,是中西天文学交流沟通的开始。

在徐光启(礼部尚书兼文渊阁大学士)的主持下,李天经、汤若望等人,经过5年的辛勤工作,终于完成了卷帙浩繁的《崇祯历书》,共计46种137卷。《崇祯历书》的编撰完成,标志着中国天文学从此纳入世界天文学发展的共同轨道,在中国历法发展史上是又一个划时代的进步,是迄今为止中国历法大改革中的最后一次。

崇祯皇帝对汤若望等人的工作十分赞赏,到1638年年底,曾亲赐御匾一方,上面亲书"钦褒天学"四个大字。

清顺治元年(1644),清军进入北京,明朝灭亡。汤若望以其天文历法方面的学识和技能受到清廷的保护,受命继续修正历法。

1645年,汤若望下了很大功夫,对卷帙庞杂的《崇祯历书》进行删繁去芜、整理修改、增补内容,把原来的137卷删改为103卷,取名"西洋新法历书"。他将"西洋新法历书"上呈朝廷,说服了睿亲王多尔衮定名"时宪历"。"时宪"两字截自《尚书·说命中》的"惟天聪明,惟圣时宪"句。时宪的意思是以天为法建立法制,以后就把当时国家的法令称为"时宪"。

后来到了乾隆年间,为了避开乾隆名字(弘历)的讳,把"时宪历"改称"时宪书"。汤若望得授钦天监监正,这是中国历史上的一个洋监正,开创了清朝任用耶稣会传教士掌管钦天监的先例,并由此延续了将近200年之久。

从此以后,"时宪历"成为我国每年编制历书和各种天文推算的基础。现在我们所用的"农历",就是根据"时宪历",先后经过康熙二十三年(1684)和乾隆七年(1742),分别采用西方第谷和牛顿的数据作为"岁实"修订而成的。在20世纪,民间还有老人将历书叫成"时宪书"。

汤若望根据他的西方科学理论,研究编制了适合中国实情的历法,因此他先后受到崇祯、顺治、康熙皇帝的最高礼遇。

顺治皇帝非常钦佩汤若望的道德与学问,与他保持很好的关系,并且尊他为"玛法"(满语,尊敬的老爷爷)。他经常来往于皇宫与汤若望居住的南堂(北京最古老的天主教堂),与汤若望叙谈,无需太监们的传唤,也免除了觐见时的叩跪之礼。汤若望曾经治好了孝庄皇太后的侄女、顺治帝未婚皇后的病,为此皇太后对汤若望非常感激。到后来,皇帝遇到一些事关国家前途的重大问题,也会征求汤若望的意见。例如,24 岁的顺治皇帝得天花病重不起,但还没有确定皇太子。他临终前请汤若望给他建议。汤若望知道天花的危害很大,于是他建议立一个曾经出过天花的三皇子当皇帝,这个人就是后来的康熙皇帝玄烨。

汤若望被康熙皇帝封为"光禄大夫",是唯一能够自由进出皇宫的外国人。

可是现实往往又是无情的。如此功高盖世、飞黄腾达的汤若望,晚年竟然遭遇灭顶之灾,险遭凌迟处死!

1661 年,顺治病逝,8 岁的康熙登基。此时,汤若望已经是年近 70 的老人了,却成为宫廷斗争的牺牲品。辅政大臣鳌拜等反对西洋学说,怂恿一名不学无术的文官杨光先弹劾汤若望,说汤若望等传教士有三天大罪:潜谋造反,邪说惑众,历法荒谬。于是,1664 年冬,鳌拜废除"时宪历",恢复"大统历",逮捕了已经中风瘫痪的汤若望和比利时传教士南怀仁等 30 余人,判决汤若望等人绞刑,斩立决。在汤若望等人经初审被判处绞刑之后,曾进行了一次预测日食时间的实际检验活动。结果南怀仁等人据西洋历法预测的日食时间与事实相符,最为精确。但是,对汤若望等人的处罚非但没有减轻,反而加重了:由绞刑变成了最残酷的凌迟。按照判决,次年汤若望应被凌迟处死。但不久天上出现了被古人认为不祥之兆的彗星,京城又突然发生了六级大地震,皇宫遭到破坏,皇后和皇帝居住的宫殿着火,这显然吓坏了清朝统治者。按照惯例,朝廷颁布全国大赦,于是汤若望得以免死,潘尽孝也免去一死,而其他的从事西学的汉人,还是被斩首处死。至此,徐光启在崇祯年间精心培养的一大批西方数学家、天文学家,被彻底扫荡干净。

1666 年 8 月 15 日,汤若望病死于寓所南堂,享年 75 岁。他在中国历时 47 年,除了完成"时宪历"的改编外,还向清廷进呈了珍贵的天文仪器和西方历书,撰写、译编了关于天文历法方面的巨著 30 余种,还有关于开采、冶金技术的巨著以及监铸大炮 20 门。当然,还有大量的宗教著作。他对中国的贡献称得上是"鞠躬尽瘁,死而后已"。

1669 年康熙给汤若望平反。为了避开康熙帝(玄烨)的讳,把"通玄教师"改为"通微教师",并且宣布全国祭奠汤若望,把他葬在皇家陵园。利玛窦(1552—1610,意大利传教士)墓地左右两侧,分别有南怀仁、汤若望的墓。

这就是历史上著名的历法案。这场以"历法之争"为名、实则为宫廷之争和两种不同文化较量的历案,所表现出的盲目排外,使清朝付出了沉重的代价。

祖冲之和汤若望的事例充分说明,在历法改革历史上,修正历法往往并不是一帆风顺的,是正确与错误、先进与保守之间斗争的产物,有时还笼罩着政治斗争的阴影,在历史上为历法改革而献身者不乏其例。

6.8 历法中的数学

6.8.1 连分数

奇特的连分数是凭空想出来的吗？它们有什么用？且不要小看它们,用它们可以描述和解释很多天文现象。与连分数密切相关的是辗转相除法,它是求最大公因数的常用方法。

任意取定两个正整数 a,b,既能整除 a,又能整除 b,称为 a 和 b 的公因数。在 a 和 b 的所有的公因数中,必有一个最大的,称为最大公因数。

例 1 求 $m=10$ 和 $n=12$ 的最大公因数和最小公倍数。

解 由 $m=10=2\times5$ 和 $n=12=2\times2\times3$ 可知最大公因数为 2,最小公倍数为 60。

据清朝诗人赵翼考证,在东汉之前,我们的祖先就会用最大公因数了。这就是干支纪年法。

分别排出十个天干与十二个地支,并用十二种动物来配十二个地支:

天干:甲乙丙丁戊己庚辛壬癸。

地支:子丑寅卯辰巳午未申酉戌亥。

属相:鼠牛虎兔龙蛇马羊猴鸡狗猪。

把天干与地支按以下方法依次配对:

把第一个天干"甲"与第一个地支"子"配出"甲子";

把第二个天干"乙"与第二个地支"丑"配出"乙丑";

把第三个天干"丙"与第三个地支"寅"配出"丙寅";

……

把第十个天干"癸"与第十个地支"酉"配出"癸酉"。此时,十个天干已经用完,而地支还剩两个,于是接下去的是:

把第一个天干"甲"与第十一个地支"戌"配出"甲戌";

把第二个天干"乙"与第十二个地支"亥"配出"乙亥"。

此时,十二个地支也已用完,再从第一个地支"子"开始,于是接下去的是:

把第三个天干"丙"与第一个地支"子"配出"丙子";

把第四个天干"丁"与第二个地支"丑"配出"丁丑"。

按此规则,可依次配出天干地支纪年法:

甲子,乙丑,丙寅……癸酉(共计十年);

甲戌,乙亥,丙子……癸未(共计十年);

甲申,乙酉,丙戌……癸巳(共计十年);

甲午,乙未,丙申……癸卯(共计十年);

甲辰,乙巳,丙午……癸丑(共计十年);

甲寅,乙卯,丙辰……癸亥(共计十年)。

到了癸亥年,十个天干与十二个地支正好全部用完,一共用了六十年。接下去"天干"与"地支"都从头开始配对,即又从"甲子"年开始纪年。每隔六十年轮回一次,俗称一个甲子。

例 2　用辗转相除法求 1 350 和 942 的最大公因数。

解　依次作带余除法

1 350 除以 942,得:1 350 = 1 ×942+408

942 除以 408,得:942 = 2 ×408+126

408 除以 126,得:408 = 3 ×126+30

126 除以 30,得:126 = 4 ×30+6

30 除以 6,得:30 = 5 ×6+0

因为最后一个余数是零,所以辗转相除法结束。所求最大公因数是最后一个除数 6。

6.8.2　连分数在天文中的应用

1.火星大冲

我们知道地球和火星差不多是在同一轨道平面上围绕太阳按各自的椭圆形轨道旋转,火星轨道在地球轨道之外。当火星、地球和太阳接近在一条直线上时(地球在中间),就称为"冲"(见图 6-17)。特别地,在地球轨道与火星轨道的最近处发生的冲称为大冲。此时,是人们背着太阳观察火星的最佳时机。

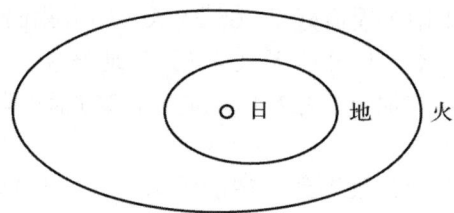

图 6-16　火星大冲

已知火星绕太阳一周需 687 天,地球绕太阳一周需 365.25 天。需要求出:

$$a = 687/365.25 \approx 1.880\ 903\ 491$$

的连分数表示式。先求出竖式计算过程:

```
    6 8 7 0 0                      3 6 5 2 5
 -) 3 6 5 2 5      1           -) 3 2 1 7 5
    3 2 1 7 5   1                  4 3 5 0
 -) 3 0 4 5 0      7           -)  3 4 5 0
    1 7 2 5    2                     9 0 0
 -)     9 0 0      1           -)    8 2 5
        8 2 5    1                    7 5
 -)     8 2 5      11
         —
```

据此可得到连分数表示式:

$$a = \frac{687}{365.25} = 1 + \cfrac{1}{1} + \cfrac{1}{7} + \cfrac{1}{2} + \cfrac{1}{1} + \cfrac{1}{1} + \cfrac{1}{11}$$

依次截取渐近分数

$a_0 = 1$

$a_1 = 1 + \dfrac{1}{1} = \dfrac{2}{1} = 2$

$a_2 = 1 + \dfrac{1}{1} + \dfrac{1}{7} = \dfrac{15}{7} \approx 2.143$

$a_3 = 1 + \dfrac{1}{1} + \dfrac{1}{7} + \dfrac{1}{2} = \dfrac{37}{14} \approx 2.643$

$a_4 = 1 + \dfrac{1}{1} + \dfrac{1}{7} + \dfrac{1}{2} + \dfrac{1}{1} = \dfrac{51}{14} = 3.643$

$a_5 = 1 + \dfrac{1}{1} + \dfrac{1}{7} + \dfrac{1}{2} + \dfrac{1}{1} + \dfrac{1}{1} = \dfrac{65}{14} \approx 4.643$

渐近分数的数值说明地球转 15 周与火星转 8 周的时间差不多,所以,两次冲的间隔时间大约为 15 年。渐近分数的数值说明地球转 79 周与火星转 40 周后几乎回到了原处。所以,由于 1956 年 9 月曾发生一次大冲,那么,79 年以后,即到 2035 年,几乎在原来的相对位置上又将发生一次大冲。

2.四年一闰,百年少一闰

公历年分平年(365 天)和闰年(366 天),如果地球绕太阳 1 周恰好是 365 天,就不需要分平年与闰年了。如果地球绕太阳 1 周恰好是 365.25 天,那么我们每 4 年加 1 天就很精确,没有必要每隔 100 年又少加 1 天。但根据天文学观察,地球绕太阳 1 周(1 回归年)实际是 365.242 2 天。由此可知:1 万年应加上 2 422 天。按百年 24 闰计算,只加了 2 400 天,显然少算了 22 天。

下面求分数的连分数的渐近分数得到更精确的结果:已知地球绕太阳一周的时间为 365 天 5 小时 48 分 46 秒,也就是

$$a = 365 + \dfrac{5}{24} + \dfrac{48}{24 \times 60} + \dfrac{46}{24 \times 3\,600} = 365\,\dfrac{10\,463}{43\,200}$$

展开得连分数:

$$365\,\dfrac{10\,463}{43\,200} = 365 + \dfrac{1}{4} + \dfrac{1}{7} + \dfrac{1}{3} + \dfrac{1}{5} + \dfrac{1}{64}。$$

分数部分的渐近分数是:

$\dfrac{1}{4}, \dfrac{1}{4} + \dfrac{1}{7} = \dfrac{1}{1 + \dfrac{1}{7}} = \dfrac{7}{29}$,类似有 $\dfrac{1}{4} + \dfrac{1}{74} + \dfrac{1}{1} = \dfrac{8}{33}$,依次得 $\dfrac{31}{128}, \dfrac{163}{673}, \dfrac{10\,463}{43\,200}$

这些渐近分数一个比一个精确,说明 4 年加 1 天是初步的最好近似值,但 29 年加 7 天 更精密些,33 年加 8 天又更精密一些,这就是 99 年加 24 天,百年少一闰的由来。

6.8.3 阴历、阳历、阴阳合历

我国古代日历的制定(发明)和具体情况如前文所述。我国古代历法有 100 多种,如果将

这些历法仔细研究并加以比较,你就会发现,不论这些历法如何推陈出新,其本质不外乎三个类型:阴历、阳历、阴阳合历。

（1）阴历

"月光生于日之所照,魄生于日之所蔽,当日则光盈,就日则光尽也。"这句话出自张衡《灵宪》,意思是说,月光来自日光的照射,对着太阳时月亮就全发光,成为满月;月亮背着太阳时就不发光,看不见了。

阴历是古人根据月亮的阴晴圆缺变化周期来制定的,也就是所谓的"朔望"。一个朔望月的自然长度为 29.530 6 天(用小时来计算的话应该是 29 天 12 小时 44 分 3 秒)。但是这个数字太过于复杂,为了便于实际运用必须取整,但问题是取整之后又不能破坏朔望的自然规律。如果要对 29.530 6 这个数进行取整的话,显然只有 29 和 30 比较接近。但是不论取哪个数,都无法与自然的朔望长度相对应。为了确保每一次的"朔"都能发生在每月初一,古代的历法家巧妙地采取了 29 与 30 交替使用的方法,解决了历月的长度问题。

历月的长度问题解决了,那还有历年的长度问题。因此,历法家们首先考虑到了回归年的因素。因为历月的长度只有与回归年的长度相吻合,历法才能真实地反映春、夏、秋、冬的四季变化。根据这一原则,再经过反复观测发现,12 个朔月的长度累加起来的天数非常接近回归年的天数。于是,古代的历法家就将阴历的历年定为 12 个月,为了与回归年达到一致,把第三年十二月的 29 天改为 30 天,并把这一年称为闰年。这就是阴历的历月长度和历年长度的由来。当然,这也就是阴历的制定方式。它的基本周期是朔望月,是月亮变化的周期。反过来说,从阴历的日期就可以知道月相。比如:初一是朔(新月);十五、十六是望(满月);初七、初八是上弦月;二十二、二十三是下弦月,等等。古人不仅可以根据日期判断月相,还可以通过月相判断日期。

（2）阳历

阳历是按照太阳的运动来制定的。它的基本周期是回归年。一个回归年的自然长度是 365.242 2 天(365 天 5 小时 48 分 46 秒)。如果将这个长度直接用于日历,那么从第二年起,每年都会推迟 5 小时 48 分 46 秒,要不了几年,季节、节气的日期都将与现实差距很远。

古人很聪明,把 5 小时 48 分 46 秒乘以 4,等于 23 小时 15 分 4 秒,也就接近一天。因此便采取了每经过四年多算一天(称为闰年)、每满一百年少闰一次,到第四百年再闰。这样一来,阳历历年的平均长度就变成了 365 天 5 小时 49 分 12 秒,与回归年的自然长度相差仅仅只有 26 秒。每年相差 26 秒,累积 3300 年才会差一天。这个误差已经很小了。3000 年以后的事情,自然有 3000 年后的人处理,所以阳历历年的长度就这样解决了。阳历的历月长度:阳历的历月数与阴历一样,都是 12,但是这种取法与阴历的朔望月没有什么关系,仅仅是沿用了阴历把一年分为 12 个等份的方法而已。

（3）阴阳合历

农历,也叫夏历、汉历,是中国从汉武帝时期开始推行,沿用至今的历法,按推行时间定义的话,其实叫汉历才是最科学的。在中国,很多人把农历俗称为"阴历",这其实是完全错误的,因为中国农历并不是单纯的阴历,而是一种"阴阳合历"。

农历的月是通过月亮的运行(即朔望月周期)而确定的,一个月就准确为一个望朔,我们可以通过一个月中的某一日来确定月亮的圆缺,这是阴历的部分。同时农历中的一年,又用设置闰月和二十四节气的办法,使历年的平均长度等于回归年,是一个准确的回归年,因兼有阴历和阳历的特性,实质上是一种阴阳合历。

月亮盈亏的一个周期大约是二十九天半,而一个回归年的时间大概是三百六十五又四分之一天,这样十二个月是三百五十四天半,比一个回归年少了大约十一天。因为阴阳无法协调,所以大多数单纯的阴历很早就被淘汰了。

阴历不能指导农耕,这实在是个太过致命的缺点,所以必须改革。为了克服这个缺点,于是,中国农历诞生了。用折中的方法找出一回归年的天数,和阴历十二个月的天数两者的最小公倍数,既不放弃直观的阴历,也不放弃可知冷暖的阳历。

农历的历月是以朔望月为依据的,它有大月30天与小月29天之别,但它和纯粹的阴历的大小月交替编排不同,农历大小月是经过推算决定的。

农历通过设置闰月来协调朔望月和回归年之间的关系,设置十九年七闰法,即每十九年设置七个闰月,这样,每十九年阴阳历的"年"之间的差别就被消除得很小,只剩下两个多小时。十九年七闰的中国"颛顼历",早在春秋时期就已经有记载了,距今2600多年,不得不佩服中国古代的计算能力。

我国是严格而准确地参照地农业节气来安排阴历的闰月和月大月小的,且不断地予以调整,全年分成二十四个节气(见表6-1)。"春雨惊春清谷天,夏满芒夏暑相连。秋处露秋寒霜降,冬雪雪冬小大寒。"

表6-1 二十四节气表

月份	正	二	三	四	五	六
节气	立春	惊蛰	清明	立夏	芒种	小暑
中气	雨水	春分	谷雨	小满	夏至	大暑
月份	七	八	九	十	十一	十二
节气	立秋	白露	寒露	立冬	大雪	小寒
中气	处暑	秋分	霜降	小雪	冬至	大寒

我们是一方面根据月亮与地球之间的运行规律制定出中国的特有的阴历,另一方面根据月亮与地球之间的运行规律制定出中国特有的二十四节气。早在《易经》中就有"卦气说",它把"易卦"与"节气"相结合,用来占卦和解释自然现象。把全年分成二十四节气,每个节气十五六天;每个节气等分为三候:初候、中候与末候。严格地说,"二十四节气"才是中国的"农历",因为它是农业安排的唯一依据。

值得注意的是,中国的二十四节气与世界通用的公历非常吻合,那就是每个节气在公历中的日期区间最多是三天,下面是二十四节气的交节时间表(公历)(见表6-2)。

表 6-2　二十四节气的交节时间表

春季	立春(2月3—5日)	雨水(2月18—20日)
	惊蛰(3月5—7日)	春分(3月20—22日)
	清明(4月4—6日)	谷雨(4月19—21日)
夏季	立夏(5月5—7日)	小满(5月20—22日)
	芒种(6月5—7日)	夏至(6月21—22日)
	小暑(7月6—8日)	大暑(7月22—24日)
秋季	立秋(8月7—9日)	处暑(8月22—24日)
	白露(9月7—9日)	秋分(9月22—24日)
	寒露(10月8—9日)	霜降(10月23—24日)
冬季	立冬(11月7—8日)	小雪(11月22—23日)
	大雪(12月6—8日)	冬至(12月21—23日)
	小寒(1月5—7日)	大寒(1月20—21日)

因此,我国农历的节气安排既与阳历相关,又与农业相配,是非常科学的历法。

(4)中国的二十四节气与黄道十二宫的关系

我们常说的"天球",就是以观测者的眼睛为中心,以任意长度为半径的假想球,所有天体在天球内面上的投影的移动称为"视运动"。联结天球中心与南北两极的直径视为假想的"天轴",它与地球的自转轴平行。垂直于天轴的平面与天球所交的那个大圆称为天球"赤道",太阳(投影)在天球内面移动(与地球自转的方向相反)的视轨道称为"黄道",黄道在赤道上的倾角为23°27′。黄道与赤道相交于两点。每年3月21日左右,太阳由南半天球移向北半天球,经过黄赤交点,称为"春分点"。在黄道上,从春分点开始自左向右(逆时针方向),每隔30°设一"天宫",共有十二宫:

　　　　白羊宫　　　金牛宫　　　双子宫
　　　　巨蟹宫　　　狮子宫　　　室女宫
　　　　天秤宫　　　天蝎宫　　　人马宫
　　　　摩羯宫　　　宝瓶宫　　　双鱼宫

其中,进入白羊宫、巨蟹宫、天秤宫或摩羯宫的时间依次为:

　　春分(3月21日左右),夏至(6月22日左右),

　　秋分(9月23日左右),冬至(12月22日左右)。

所以,我国采用的农历实际上是阴阳合历。所谓"阳",它的历年(二十四节气)基本适应"回归年"(每年365.25天)。

二十四节气在阴历中的日期是在不断变动的。为了阴历年与阳历年协调,规定以每个农历年的"立春"前后的一个"朔日"(新月)为正月初一,这样,农历平年12个月只有354天左右(29.5×12=354),比回归年少11天左右,因此,在农历中,每隔两三年就必须插入一个闰月。选哪一个月为闰月比较好呢? 农历历法规定,在每一个月中,必须包含一个相应的"中气"。一般来说,月初为"节气",月末为"中气"(例如,中气"雨水"代表正月,"春分"代表二月,等等)。因为两个相邻的节气和两个相邻的中气之间的平均长度为30.436 8天,这比朔望月的平均长度 29.530 6 天要长一些,所以,每个月的节气与中气都要比上个月的相应的节气与中气推迟一两天。当推迟到某个月中只有一个"节气"而没有"中气"时,就必须规定这个月为上一个月的闰月,那么它所在的这一年就是闰年。由此可见,何时设置闰月并不是确定的,与误差的积累有关。

课外延伸阅读

　　华夏民族自古以来就是"仰观天文、俯察地理"的民族,是真正仰望星空的族群,是有悠久的历史传承的。石申的成就不是突然产生的,而是建立在无数先辈的积累之上的。占卜在距今大约 9000 年前的贾湖遗址时就有了,恰好与天文观测同时出现。占星术,用天上的星星为世上的人和事做预测,这格局气魄是何等的大,当然,也只有在天文观测异常发达、形成了天人合一的观念的中国才能产生。圭表是中国古代观测天象的仪器,圭表测影是中国古代天文学的主要观测手段之一(见图 6-17)。

图 6-17　中国古代观测天象的仪器——圭表

　　与西方考古和文献难以互相印证不同,中国很多考古发现都能与史书互相印证。先秦史书上有"北斗九星"之说,与双槐树遗址的发现互相印证;文献中有帝尧首开制作历法的记载,又与陶氏遗址在时间上十分契合。商代纪年文字资料:纪日甲骨,干支纪日;纪月甲骨,数字纪月;纪年铭文,年称为"祀"(见图 6-18)。

　　在长达数千年积累的基础上,春秋末期至战国时期,中国人确定了回归年长为 365.25 日,以石申为代表的一批天文学家将西周的太阴历与太阳历合二为一,创立了具有里程碑意义的科学历法——四分历。万年前产生的天文观测习惯,一直延续了下来,且从未断绝。先秦青铜器数以十万计,有铭文的青铜器数以万计,但是月份、月相词语和干支四要素齐全的铭文寥寥无几,仅发现 70 余篇,其价值弥足珍贵(见图 6-19)。

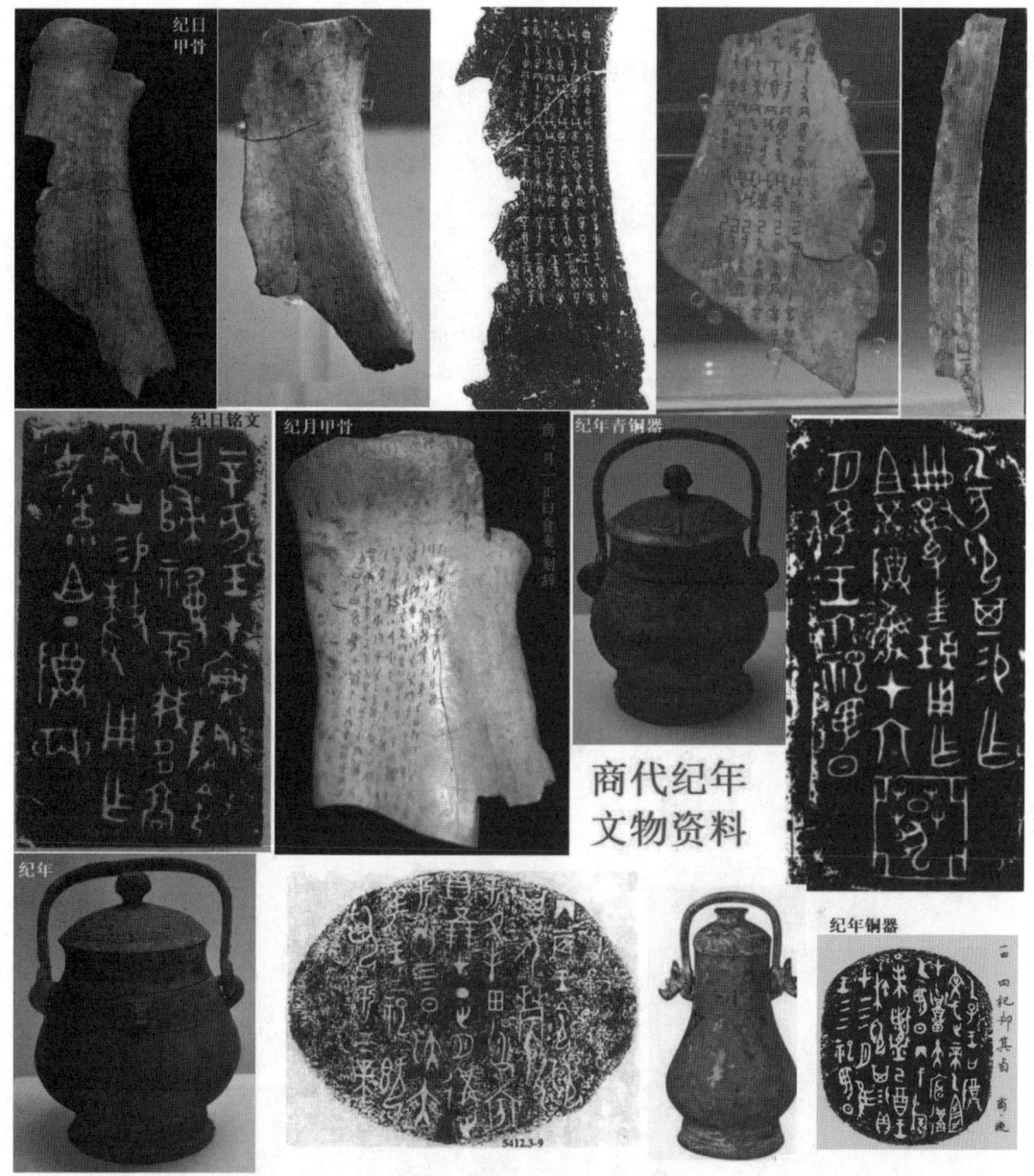

图 6-18　商代纪年文物资料

　　三国时,陈卓绘制了一张有 283 组 1 464 颗星的全天星图,这是前人数千年来的劳动结晶(见图 6-20)。再看考古发现与流传后世的天文学著作,真是灿若星河。

　　1973 年,长沙马王堆汉墓中出土了《五星占》和《天文气象杂占》。西汉时,中国传统星占术体系已告大成。各种天文历法著作数目繁多,仅《汉书·艺文志》就列有 21 家,450 卷,还不包括前面提到的出土的星占著作(见图 6-21)。

　　东汉以后,占星术进一步发展,《隋书·经籍志》中所列的星占著作已达 80 余家,670 多卷。从唐代开始,又出现了《乙巳占》《开元占经》《景祐乾象新书》《乾象通鉴》等大型星占著作,至于小型著作更是不计其数。这些著作的共同特点是收集了大量前人和当时的天文资料,

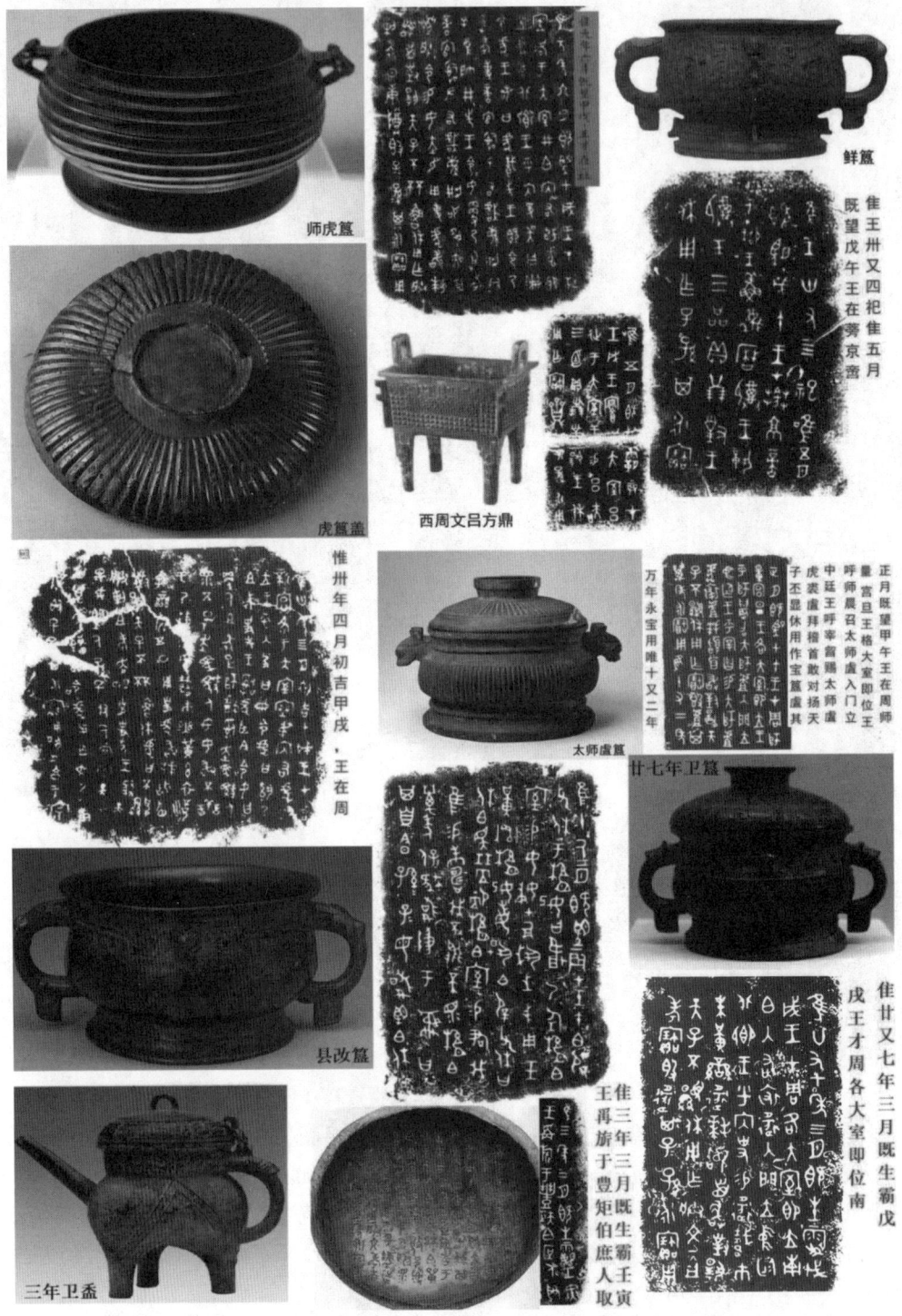

图 6-19　青铜陶器及其铭文

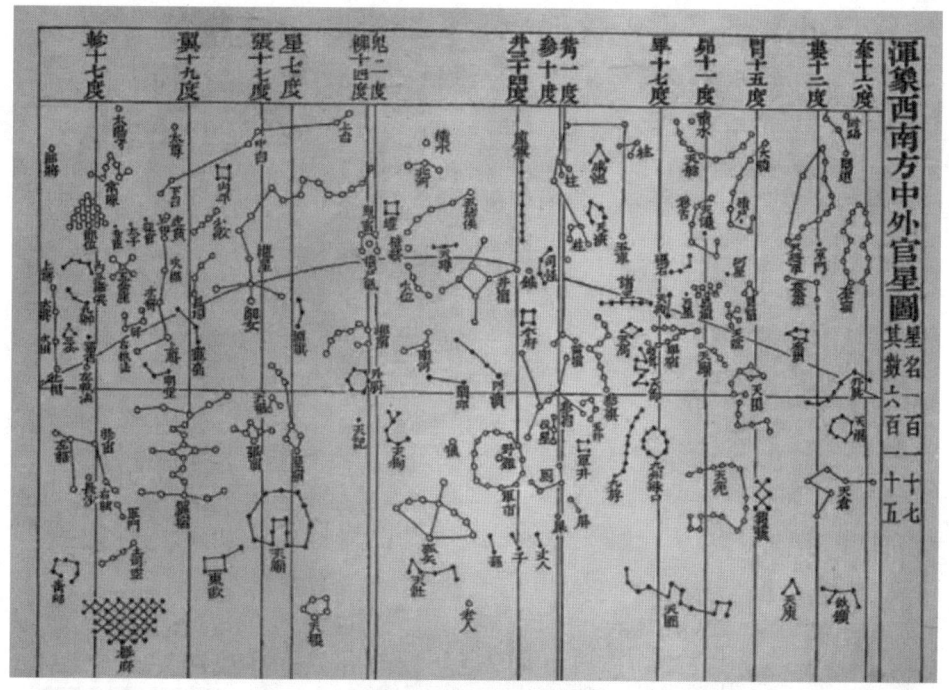

图 6-20　全天星图

尤其是关于星座位置、天象记录等方面的资料有极高价值。最著名、保存资料最丰富的星占著作是唐代的《开元占经》。

华夏古代天文学繁荣发达，诞生了数不胜数的天文大家。伏羲、羲和、阏伯、周公、甘德、石申、巫咸、唐都、邓平、司马迁、贾逵、张衡、陈卓、祖冲之、李淳风、一行、苏颂、郭守敬……不胜枚举。除了这些出了名的天文大家外，还有成千上万的普通天文工作者。例如，天宝元年，唐代司天台就有 220 多人。天宝元年，太史局复为监，自是不隶秘书省。乾元元年，曰司天台。艺术人韩颖、刘烜建议改令为监，置通玄院及主簿，置五官监候及五官礼生十五人，掌布诸坛神位，五官楷书手五人，掌写御书。有令史五人，天文观生九十人，天文生五十人，历生五十五人。初，有天文博士二人，正八品下；历博士一人，从八品上；司辰师五人，正九品下，装书历生五人。历朝历代，从事天文观测的人都不在少数，且有据可考。华夏文明，仰观天文，仿照天道，以天文定人文、定社会体系，所有思想体系，都是以天文星象为基础架构。如果不是以星象学为基础，就不是正统的华夏思想。华夏敬天法祖，一敬天地，二敬祖宗，先学天文历法，再学地理堪舆，最后认识社会，识人辨物。

1368 年，朱元璋建立明朝时，其体系建设的基础便是邵雍的天文理论。邵雍的极经世书，亦是万年历法，数学建模为：

1 会 = 10 800 年　　　1 元 = 12 会 = 129 600 年

历史，历为时间，史为人事，古人谓之春秋，因春分和秋分这两日昼夜均等，寓意客观公正、不偏不倚。邵雍的历史著作深刻地体现了人类历史乃至宇宙历史遵循定数发展的基本规律。古时，天文是殿堂级高级学问，属于核心机密。一般的人只能接触《周髀算经》《九章算术》等算书十经这些外学。王子朝奔楚事件后，周王室典籍散落民间，知识逐渐扩散开来。在深奥的天文知识向下传播时，逐渐发展出了奇门遁甲、紫微体系等学说。

《汉书·艺文志》收录的天文历法五行著作

《泰壹杂子星》二十八卷。
《五残杂变星》二十一卷。
《黄帝杂子气》三十三篇。
《常从日月星气》二十一卷。
《皇公杂子星》二十二卷。
《淮南杂子星》十九卷。
《泰壹杂子云雨》三十四卷。
《国章观霓云雨》三十四卷。
《泰阶六符》一卷。
《金度玉衡汉五星客流出入》八篇。
《汉五残彗客行事占验》八卷。
《汉日旁气行事占验》三卷。
《汉流星行事占验》八卷。
《汉日旁气行占验》十三卷。
《汉日食月晕杂变行事占验》十三卷。
《海中星占验》十二卷。
《海中五星经杂事》二十二卷。
《海中五星顺逆》二十八卷。
《海中二十八宿国分》二十八卷。
《海中二十八宿臣分》二十八卷。
《海中日月彗虹杂占》十八卷。
《图书秘记》十七篇。

天文二十一家，四百四十五卷

《黄帝五家历》三十三卷。
《颛顼历》二十一卷。
《颛顼五星历》十四卷。
《日月宿历》十三卷。
《夏殷周鲁历》十四卷。
《天历大历》十八卷。
《汉元殷周谍历》十七卷。
《耿昌月行帛图》二百三十二卷。
《耿昌月行度》二卷。
《传周五星行度》三十九卷。
《律历数法》三卷。
《自古五星宿纪》三十卷。
《太岁谋日晷》二十卷。
《帝王诸侯世谱》二十卷。
《古来帝王年谱》五卷。
《日晷书》三十四卷。
《许商算术》二十六卷。
《杜忠算术》十六卷。

历谱十八家，六百六卷

《泰一阴阳》二十三卷。
《黄帝阴阳》二十五卷。
《黄帝诸子论阴阳》二十五卷。
《诸王子论阴阳》二十五卷。
《太元阴阳》二十六卷。
《三典阴阳谈论》二十七卷。
《神农大幽五行》二十七卷。
《四时五行经》二十六卷。
《猛子闰昭》二十五卷。
《阴阳五行时令》十九卷。
《堪舆金匮》十四卷。
《务成子灾异应》十四卷。
《十二典灾异应》十二卷。
《钟律灾异》二十六卷。
《钟律丛辰日苑》二十三卷。
《钟律消息》二十九卷。
《黄钟》七卷。
《天一》六卷。
《泰一》二十九卷。
《刑德》七卷。
《风鼓六甲》二十四卷。
《风后孤虚》二十卷。
《六合随典》二十五卷。
《转位十二神》二十五卷。
《羡门式法》二十卷。
《羡门式》二十卷。
《文解六甲》十八卷。
《文解二十八宿》二十八卷。
《五音奇胲用兵》二十三卷。
《五音奇胲刑德》二十一卷。
《五音定名》十五卷。

五行三十一家，六百五十二卷

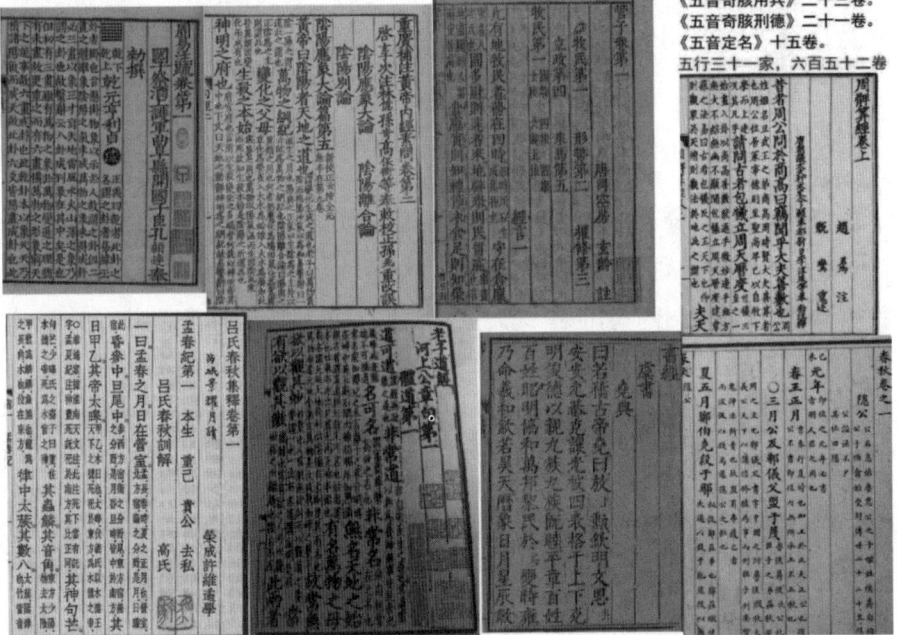

图 6-21　《汉书·艺文志》

华夏生来就是大国，骨子中自带骄傲，是东方文明的唯一代表。所以，作为炎黄子孙，我们有责任、有义务传承祖先给我们留下的文化瑰宝，也要不遗余力地传播、推广中国传统文化，最起码要铭记在我们泱泱华夏历史中留下浓墨重彩的各个学科的先驱伟人。我们拥有最璀璨的文化、最厚重的历史。当下最应该挺起的就是我们的民族自信、文化脊梁。

第七章 数学与诗歌

【思政目标】

1. 感受诗歌与数学的联系,培养学生审美能力。
2. 培养学生开动脑筋转换思路,化陌生为熟悉,提升解决问题的能力。
3. 让学生发现美,从而创造美,培养学生勇于创新的精神。

> 数缺形时少直观,
> 形少数时难入微,
> 数形结合百般好,
> 隔离分家万事休。
>
> ——华罗庚

7.1 当古诗与数学相遇

7.1.1 数学与诗歌赏析

《题画竹》

> 一两三枝竹竿,
> 四五六片竹叶。
> 自然淡淡疏疏,
> 何必重重叠叠。

这首诗咏的是竹子的疏淡之韵(见图7-1)。整体感觉简单易懂,把数学镶嵌在诗中,就像珍珠一样,用"数数"的方式就让描写的画面出现在眼前,把那么多的乡村美景像珍珠一样一颗颗串起来。华罗庚曾这样描述数学:"宇宙之大,粒子之微,火箭之速,化工之巧,地球之变,生物之谜,日用之繁,无处不用数学。"数学的魅力不仅在于它的实用价值,还在于它独有的外在美和内在美。数学的动人之处在其"增之一分则太长,减之一分则太短,着粉则太白,施朱则太赤"。

图 7-1　竹子

7.1.2　诗歌趣题

（1）
鱼有几条?

三寸鱼儿九里沟,口尾相衔直到头。

试问鱼儿多少数,请到对面说因由。

译文:三寸长的一群小鱼儿,它们口尾相衔在河里游玩,从头到尾排成了九里长。试问这群鱼儿有多少条?请说出你的推算理由。

1 里 = 360 步,1 步 = 5 尺 = 50 寸

9×360 = 3 240(步)　3 240×50 = 162 000(寸)　162 000÷3 = 54 000(条)

所以这群小鱼儿一共有 54000 条。

（2）
晚霞红

太阳落山晚霞红,我把鸭子赶回笼。

一半在外闹哄哄,一半的一半进笼中。

剩下十五围着我,共有多少请算清。

该诗朴实生动,颇有田园气息。

可算出鸭子的总数为:

$$15 \div \left[\left(1 - \frac{1}{2}\right) \times \frac{1}{2} \right] = 15 \div 1/4 = 60(只)。$$

7.2　数学与诗歌的共性

7.2.1　数学与诗歌的源泉都是自然社会

刘勰(见图 7-2)的《文心雕龙》以为文章之可贵在于自然。文章是反映生活的一面镜子，脱离生活的文学是空洞的，没有任何用处。诗歌和数学也是这样。

诗歌是一种纯真自然的初心。从古至今，无数美好的愿景和梦想都能在诗歌当中得到反映。比如"安得广厦千万间，大庇天下寒士俱欢颜"，以铿锵之声抒发了诗人忧国忧民、推己及人的深切情感，反映了自然社会的现状。又如宋代大诗人陆游告诫儿子说："汝果欲学诗，工夫在诗外。"这个诗外体现的是诗人对日常生活和大自然细致的观察、体验、感知，这是诗歌创作的源泉。

做数学研究也与诗歌创作相类似。数学存在的意义在于理性地揭示自然界的一些现象、规律，帮助人们认识自然、改造自然。可以这样说，数学是取诸生活而用诸生活的。数学最早的起源，大概来自古代人们的结绳记事(见图 7-3)，一个一个的绳扣，把数学的根和生活从一开始就牢牢地系在了一起。后来出现的记数法，是牲畜养殖或商品买卖的需要，而古代几何学的产生，是为了丈量土地。中国古代的众多数学著作，如《九章算术》中几乎全是对于某个具体问题的探究和推广。法国数学家庞加莱指出："把外部世界置诸脑后的纯数学家，就好比是懂得如何把色彩与形态和谐地结合起来但没有模特儿的画家，他们的创造力很快就会枯竭。"对自然的深入研究是数学发现最丰富的源泉。

图 7-2　刘勰

图 7-3　结绳记事

7.2.2　数学和诗歌有着相同的美

其实数学和诗歌是有相似性的。数学强调精妙、简洁、紧凑的表达结构，而诗歌也是如此。它可以在不到 100 字的字数内，使读者强烈感受到其中的奥妙之处。美是诗歌和数学的共同之处。曾有人说过："除了诗歌之外，其他的人类行为恐怕都难以像数学论证一样，需要创作者将巧思如此专注于文本本身。"

简洁美：世事再纷繁，加减乘除算尽；宇宙虽广大，点线面体包完。

这首诗，用字不多，却概括出了数学的简洁明了。数学和诗歌一样有着独特的简洁美。诗歌的简洁，众所周知，有着寥寥几字，却为读者创造出了广阔的想象空间，这大概正是诗歌的魅力所在。

简洁性是数学结构美的重要标志。数学理论的迷人之处，就在于能用最简洁的方式揭示现实世界中的量及其关系的规律。如果一个数学理论结构十分烦琐和累赘，以致使人难以看下去，那么，即使这个理论能够解决问题，也难免令人厌烦。

美国著名心理学家布隆菲尔德（L.Bloonfield）说："数学是语言所能达到的最高境界。"如果说诗歌的简洁是写意的，是欲言还休的，是中国水墨画中的留白，那么数学语言的微言大义则是写实的，是简洁精确、抽象规范的，是严谨的科学态度的体现。数学的简洁，不仅使人们更快速、更准确地把握理论的精髓，促进自身学科的发展，也使数学学科具有了很强的通用性。

目前，数学作为自然科学的语言和工具，已经成了所有科学的语言和工具。

对称美：中国的文学讲究对称，这一点可以从历时百年的楹联文化中窥见一斑。而更胜一筹的对称，就是回文了。苏轼有一首著名的七律《题金山寺》便是这方面的上乘之作。

> 潮随暗浪雪山倾，
> 远浦渔舟钓月明。
> 桥对寺门松径小，
> 槛当泉眼石波清。
> 迢迢绿树江天晓，
> 霭霭红霞晚日晴。
> 遥望四边云接水，
> 碧峰千点数鸿轻。

不难看出，把它倒转过来，仍然是一首完整的七律诗。

> 轻鸿数点千峰碧，
> 水接云边四望遥。
> 晴日晚霞红霭霭，
> 晓天江树绿迢迢。
> 清波石眼泉当槛，
> 小径松门寺对桥。
> 明月钓舟渔浦远，
> 倾山雪浪暗随潮。

这首回文诗无论是顺读还是倒读，都是情景交融、清新可读的好诗。凭着精巧的构思给人以奇妙的感受，每每读之，读者都会暗自叫绝。

而数学中，也不乏这样的回文现象。如：

$$12 \times 12 = 144 \qquad 21 \times 21 = 441$$
$$13 \times 13 = 169 \qquad 31 \times 31 = 961$$
$$102 \times 102 = 10\ 404 \qquad 201 \times 201 = 40\ 401$$
$$103 \times 103 = 10\ 609 \qquad 301 \times 301 = 90\ 601$$

对称性是数学美的最重要的特征。著名德国数学家魏尔斯特拉斯（Weierstrass）说："美和对称紧密相连。"由于现实世界中处处有对称，既有轴对称、中心对称和镜面对称等的空间对称,又有周期、节奏和旋律的时间对称,还有与时空坐标无关的更为复杂的对称,作为研究现实世界的空间形式与数量关系的数学,自然会渗透着圆满和自然的对称美,将几何对称运用在建筑、美术领域后给人以无穷的美感。

总之,数学并不像有些人认为的那般枯燥乏味。它不是长篇的定理公式的累积,而是一种美的学科。

7.2.3　数学和诗歌的创作都需要直觉与想象力

任何科学和艺术的创作都需要直觉和想象力,数学和诗歌则更为突出。例如,李贺《梦天》中诗句"遥望齐州九点烟,一泓海水杯中泻"和李白《望庐山瀑布》中诗句"飞流直下三千尺,疑是银河落九天"就极富直觉和想象力。这种直觉和想象力是源于诗人的形象思维。

美国数学史家克莱因说:"数学也是一门需要创造性的学科。在预测能被证明的内容时,和构思证明的方法时一样,数学家们利用高度的直觉和想象。"这和诗歌创作时构思意境和遣词造句非常类似。

德国数学家魏尔斯特拉斯说:"一个数学家,如果没有一点诗人的气质,不会是一个完满的数学家。"一个数学家不一定要会写诗,但是气质上要像诗人,即要有丰富的直觉和想象力,这样才能做好数学研究。

7.2.4　诗歌趣题

莲花问题
在波平如镜的湖面,
高出半尺的地方长着一朵红莲。
它孤零零地直立在那里,
突然被风吹到一边水面。
有一位渔人亲眼看见,
它现在离开原地点两尺之远。
请你来解决一个问题,
湖水在这里有多少深浅?

解　设湖水在这里深 x 尺,依题意列方程:

$$\left(x+\frac{1}{2}\right)^2 = x^2+2^2$$

解得 $x = 3\dfrac{3}{4}$(尺)。

著名的"莲花问题"是印度古代数学家拜斯卡拉用诗歌形式写成的,与中国《九章算术》中"池中之葭"十分相似,"今有池方一丈,葭(芦苇)生其中央,出水一尺。引葭赴岸,适与岸齐。问水深、葭长各几何?"

(2)元代数学家朱世杰于1303年编著的《四元玉鉴》中有这样一道题目:

九百九十九文钱,及时梨果买一千,

一十一文梨九个,七枚果子四文钱。

问:梨、果多少? 价几何?

此题的题意是:用 999 文钱买得梨和果共 1 000 个,梨 11 文买 9 个,果 4 文买 7 个。问买梨、果各几个,各付多少钱?

解 梨每个价:$11÷9=11/9$(文)

果每个价:$4÷7=4/7$(文)

果的个数:$(11/9×1\ 000-999)÷(11/9-4/7)=343$(个)

梨的个数:$1\ 000-343=657$(个)

梨的总价:$11/9×657=803$(文)

果的总价:$4/7×343=196$(文)

7.3 诗歌中的数学元素

7.3.1 诗歌中的数

诗词是我国古代文学宝库中一颗璀璨的明珠。在许多诗词中都出现了数,这些表面上既不生动形象又无丰富情感的简单的数,在诗句中绝不是可有可无,而是起到了营造诗歌优美意境和表达作者内心丰富情感的关键作用。下面欣赏几首诗,体会一下数字在诗歌中勾勒出来的优美意境。

山村咏怀

【北宋】邵雍

一去二三里,烟村四五家。

亭台六七座,八九十枝花。

作者选择烟村、亭台和花枝等事物,用一至十的自然数分别加以修饰形容,非常贴切自然,利用数的连用,产生模糊概念这一特性,勾勒出一幅恬静温馨的田园风光图,描绘出一幅水墨淋漓的乡村风景画(见图 7-4)。由于巧妙运用了十个数入诗,全诗通俗易懂、清新朴实、音韵和谐、传神入化,读起来朗朗上口、富于情韵,可谓是不可多得的经典儿童启蒙佳作。

图 7-4 山村咏怀

西江月·夜行黄沙道中

【南宋】辛弃疾

明月别枝惊鹊,清风半夜鸣蝉。

稻花香里说丰年,听取蛙声一片。

七八个星天外,两三点雨山前。

旧时茅店社林边,路转溪桥忽见。

词里描绘的是山村的夏夜(见图 7-5)。从天边的七八点疏散星光,到山前的两三点零星雨点,都描绘得灵活生动、情趣盎然、自然贴切,尽显俏皮欢快,充分地反映了作者的愉悦心情和对乡村生活的向往。

图 7-5　山村的夏夜

还有晏殊在《破阵子·春景》一词中写道:"池上碧苔三四点,叶底黄鹂一两声。"运用数轻快洒脱地描写了清明前后的景象。类似的,同是写春色,李山甫的《寒食》诗:"有时三点两点雨,到处十枝五枝花。"也是运用数轻松优美地描绘了春光的明媚动人。在这些诗词中,抽象的数好像活了一般,尽显灵气生机,令人叹服。

7.3.2　诗歌中的形

美籍华裔数学家、菲尔兹和沃尔夫奖得主丘成桐这样解说古诗词与数学的关系:"我们国家的古诗词是最美的!而把数学运用进去可能会有更意想不到的美!这就是数学在古诗词中的完美与巧妙的结合!诗与数学之间最深刻的关系莫过于数学概念或意象与诗歌的结合。"

使至塞上

【唐】王维

单车欲问边,属国过居延。

征蓬出汉塞,归雁入胡天。

大漠孤烟直,长河落日圆。

萧关逢候骑,都护在燕然。

这首诗中被王国维称为千古壮观的名句"大漠孤烟直,长河落日圆",古来今往的很多数学家和文学家一致认为是最美的数学诗句。这首诗将数学中的"形"与诗歌完美融合,营造出一幅和谐美妙的画面(见图7-6)。

图 7-6　大漠落日

诗中对比鲜明,"大漠"正是数学平面的化身,一个洁净的世界;"孤烟直"也是数学直线的表示,多么宁静的画面;"长河"是数学中的曲线;"落日圆"代表数学中的圆。这些数学中枯燥简单的元素,已被诗人化为一幅美妙精巧的画卷。就这么短短的十个字,却让我们好像看见了无垠沙漠上的一幅景象。数学与古诗词碰撞出的火花如此惊人。

绝句四首(选一首)

【唐】杜甫

两个黄鹂鸣翠柳,一行白鹭上青天。

窗含西岭千秋雪,门泊东吴万里船。

这首诗中构成空间图形的最基本的要素是"点、线、面、体"。诗圣杜甫对景物的描写由近及远、由小到大,是一幅优美的水墨画(见图7-7)。第一句"两个黄鹂鸣翠柳",描写的是两个"点";第二句"一行白鹭上青天",描写的是"一条线";第三句"窗含西岭千秋雪",描写的是一个"面";第四句"门泊东吴万里船",描写的是一个"空间体"。此处表现的时空之幽远,数字深化了时空意境,与平面的无限延伸有异曲同工之妙,数学美由此可见一斑。正是由于这首诗概括了几何的四个基本要素,才构造出了一幅完整的画卷,创设出了一种难以言表的美妙意境。

图 7-7　《绝句四首(选一首)》

7.3.3　诗歌中的量

诗歌中往往还会出现度量单位,"量"的出现为中华诗词增添了很多光彩。了解数学中的度量单位,可以帮我们更好地理解中华诗词。

在 2020 年中央电视台组织的《中华诗词大赛》第七场比赛中,有这样一道题:请问下列哪一项中的长度单位最长?

A."白发三千丈"中的"丈";

B."一片孤城万仞山"中的"仞";

C."千寻铁锁沉江底"中的"寻"。

如果我们对古代的量理解不当,就会造成误解。李白既是诗仙,又是"酒仙",每日必饮,每饮必醉。他写下了许多关于酒的诗歌。

> 花间一壶酒,独酌无相亲。
>
> —— 李白《月下独酌四首·其一》
>
> 笑尽一杯酒,杀人都市中。
>
> —— 李白《结客少年场行》
>
> 金樽清酒斗十千,玉盘珍羞直万钱。
>
> —— 李白《行路难·其一》

李白的好友,"诗圣"杜甫的一首诗写出了李白的酒量。

饮中八仙歌
【唐】杜甫

> 李白斗酒诗百篇,长安市上酒家眠。
>
> 天子呼来不上船,自称臣是酒中仙。

李白一次能喝"一斗"酒,"一斗"到底是多少呢? 我们曾经见过的斗,一般是称量粮食的工具。《说文》里对"斗"的解释是"斗,十升也"。这谁要是喝一斗酒,酒量自然是大得惊人。比"斗"更高级的是"石"和"斛"。十斗为一石,五斗为一斛。

实际上,杜甫诗篇中的"斗"并非是我们现代意义上的"斗"。《公羊传》:"熊蹯不熟,公怒,以斗击而杀之。"这斗就是喝酒的杯子,能够顺手拿起来投向人,说明体积一定是有限的。《史记·项羽本纪》中,刘邦从鸿门宴上逃走时,让张良送给项羽白璧一双,送给范增玉斗一双,这玉斗也是酒器,张良可以随身带着,说明体积也不是很大。《史记·滑稽列传》中,齐威王问淳于髡能喝多少酒。淳于髡答:"臣一斗亦醉,一石亦醉。""一斗亦醉",这是说喝得很少,不算什么;"一石亦醉",这是说喝得很多。

为了更好地理解中华诗词,下面就中华诗词中常用的长度计量单位做一介绍:

"丈""寻""仞"这三个计量单位在古代诗词中较为常用。唐代李白《秋浦歌》大家最为熟悉:"白发三千丈,缘愁似箇长。不知明镜里,何处得秋霜。""丈",《汉书·律历志》:"十尺为丈。"古典诗歌中描写愁的很多,有以山喻愁者,如杜少陵的"忧端如山来";有以水喻愁者,如李颀的"请量东海水,看取浅深愁"。而李白独辟蹊径,以"白发三千丈"之长比喻愁之深之重。人们不但不会因"三千丈"的无理而见怪诗人,相反会由衷赞赏这出乎常情而又入心的奇句,感到诗人的长叹疾呼实堪同情。

唐代刘禹锡《西塞山怀古》中讲:"王濬楼船下益州,金陵王气黯然收。千寻铁锁沉江底,一片降幡出石头。人世几回伤往事,山形依旧枕寒流。今逢四海为家日,故垒萧萧芦荻秋。"其中,"寻",《小尔雅》云:"寻,舒两肱也。"《大戴礼记》云:"舒肘知寻。"《说文》又讲:"度人之两臂为寻,八尺也。"诗中用"千寻"形容铁锁之长,暗喻大江之深。有人将其直接译为"千丈"是不准确的。刘禹锡的《乌衣巷》:"朱雀桥边野草花,乌衣巷口夕阳斜。旧时王谢堂前燕,飞入寻常百姓家。"其中,"寻""常"原都是长度计量单位。《小尔雅》云:"倍寻谓之常。"一寻为八尺,一常等于两寻,等于十六尺。经过不断发展,寻常变成了普通的意思。

唐代王之涣《凉州词二首·其一》最为广泛流传:"黄河远上白云间,一片孤城万仞山。羌笛何须怨杨柳,春风不度玉门关。""仞",《说文》云:"伸臂一寻八尺,从人,刃声。"《正字通》"仞"字下云:"古以周八尺为仞。中人之身长八尺,两臂寻之亦八尺,两足步之亦八尺,度高深以仞,度长短以寻,度地以步。"用"万仞"来表示很高的山。"仞"在古诗词中一般都用来形容山的高大。再如宋代陆游《秋夜将晓出篱门迎凉有感二首》中有一句:"三万里河东入海,五千仞岳上摩天。"用来形容华山之高。

"咫""尺"这两个长度计量单位在古诗中也经常用到,据不完全统计,达 200 余首。宋代杨万里的《初秋行圃》:"落日无情最有情,遍催万树暮蝉鸣。听来咫尺无寻处,寻到旁边却不声。"其中讲到"咫尺",说蝉的声音听起来很近,可走到旁边却又不发声了。唐代韦庄的《浣溪沙·夜夜相思更漏残》:"夜夜相思更漏残,伤心明月凭阑干,想君思我锦衾寒。咫尺画堂深似海,忆来惟把旧书看,几时携手入长安?"诗中用"咫尺"形容画堂的深就像大海一样。

古代多以人体的某个部位或某段长度作为长度计量单位,如尺。"尺",《大戴礼记》和《孔子家语》中讲"布手知尺",也就是说,一尺为一个成人张开手后,大拇指指尖与食指(也有人说是中指)指尖间的长度距离。"咫",《说文》中解释为:"中年妇人手长八寸谓之咫,周尺也。"也就是说,一咫为中年妇女的大拇指指尖与食指(或中指)指尖间的长度距离,大约相当于八寸,这也和周朝的一尺差不多。

"尺"在古代诗词中有时也代表"尺子",即测量长度的工具。唐代陆复礼的《试中和节诏赐公卿尺诗》:"春仲令初吉,欢娱乐大中。皇恩贞百度,宝尺赐群公。欲使方隅法,还令规矩同。捧观珍质丽,拜受圣恩崇。如荷丘山重,思酬方寸功。从兹度天地,与国庆无穷。"在这首诗中"尺"代表"尺子",用尺子量天度地。尺子也代表规矩(矩:直角尺),即规则、准则、律法等。《唐六典》中记载,在唐朝,每年到中和节(即二月初二),朝廷常常以"尺"作为最贵重礼物,赠送给朝廷军政要臣及各国使节。其寓意是统治者订立了法度,要求群臣"均权衡,一度量",用统一的法度维护国家的统一和长治久安,同时也要求各大臣公平公正办事。而接受恩赐的大臣,得到这类制作精良、精美绝伦的红、绿牙尺或鎏金镀银的刻花尺时,都受宠若惊、感激涕零,常常吟诗作赋表达誓死效忠朝廷的决心。

7.3.4　诗歌中的数学思维方法

很多诗词中饱含数学思维方法。如《题西林壁》前两句要求我们从多个角度看问题,后两句则是解数学题许多时候的困境:陷于局部最优而无法得到全局最优(见图 7-8)。

图 7-8 《题西林壁》

题西林壁

【北宋】苏轼

横看成岭侧成峰，远近高低各不同。

不识庐山真面目，只缘身在此山中。

我们将前两句比喻黎曼积分和勒贝格积分的关系，相当有趣。其诗意是：同是一座庐山，横看和侧看各不相同。勒贝格则说："比如数一堆叠好了的硬币，你可以一叠叠地竖着数，也可以一层层横着数，同是这些硬币，计算的思想方法却差异很大。横看和侧看，数学意境和人文意境竟可以相隔时空得到共鸣，发人深思。

最后一句体现出局部和整体的思想。仔细琢磨一下微积分的核心思想，之一在于考察一点的局部。研究曲线上一点的切线，只考虑该点本身不行，必须考察该点周围的一些点，这就是局部的思想。一点的局部，只是考察该点的"附近"，却没有远近的确切要求。这种小大由之的概念，颇有一些哲学意味，它需要从意境上加以把握。为什么考察一个人，要问他的身世、家庭、社会关系？因为人也是以局部而存在的。孤立地考察一个人是不行的。微积分学就是突破了初等数学"就事论事"、孤立地考察一点、不及周围的静态思考，转而用动态地考察"局部"的思考方法，终于创造了科学的黄金时代。

考察局部，何止于微积分？韩愈有诗句："天街小雨润如酥，草色遥看近却无。"诗的第二句当是阐述拓扑学上局部和整体的一种文学意境描写。就曲面来说，远看可以有整体的区分，例如球面和环面。但是，近看却都差不多，都是一个"圆片"：二维的欧几里得平面的局部。这正如整体的草色只能"遥看"，一旦近了，到局部状态，那种"草色"就"近看无"了。

李白的《送孟浩然之广陵》（见图 7-9）："故人西辞黄鹤楼，烟花三月下扬州。孤帆远影碧空尽，唯见长江天际流。"其中，"孤帆远影碧空尽"与数学中的极限概念极为相似，描述了"孤帆"远影的大小（变量）趋向于 0 的动态意境，碧空"尽"，在数量上的最后归宿为 0。这充分展示出数学和诗词是可以沟通的。

再如陈子昂《登幽州台歌》："前不见古人，后不见来者；念天地之悠悠，独怆然而涕下。"一般的语文解释说：前两句俯仰古今，写出时间绵长。第三句登楼眺望，写出空间辽阔。在广阔无垠的背景中，第四句描绘了诗人孤单寂寞、悲哀苦闷的情绪，两相映照，分外动人。然而，从数学角度来看,这是一首阐发时间和空间感知的佳句。前两句表示时间可以看成是一条直线(一维空间)。陈子昂以自己为原点,"前不见古人"指时间可以延伸到负无穷大,"后不见来者"则意味着未来的时间是正无穷大。后两句则描写三维的现实空间:天是平面,地是平面,悠悠地张成三维的立体几何环境。全诗将时间和空间放在一起思考,使人感到自然之伟大,产生敬畏之心,以至怆然涕下。这样的意境,数学家和文学家可以共有。

图 7-9 《送孟浩然之广陵》

7.3.5 诗歌趣题

(1)

百羊问题

甲赶群羊逐草茂,

乙拽肥羊一只随其后,

戏问甲及一百否?

甲云所说无差谬,

若得这般一群凑,

再添半群小半群(小半群就是四分之一群),

得你一只来方凑。

玄机奥妙谁猜透?

此诗押韵上口,有人有物,有事有对话,更是一道很好的数学题。

设甲原有羊 x 只,依题意列方程

$$x+x+\frac{x}{2}+\frac{x}{4}+1=100$$

解得: $x=36$(只)。

"百羊问题"是《算法统宗》中的"难题"之一。《算法统宗》是我国 16 世纪的数学杰作,全书 17 卷,共有 595 个数学题。其中卷十三至卷十六诸题,均以诗歌体写成。

（2）

巍巍古寺

巍巍古寺在山林，

不知寺内几多僧。

三百六十四只碗。

看看周尽不差争。

三人共食一碗饭，

四人共吃一碗羹。

请问先生明算者，

算来寺内几多僧。

可设盛饭用碗 x 个，盛羹用碗 y 个，则

$$\begin{cases} x+y=364 \\ 3x=4y \end{cases}$$

解得： $x=208$（个）　　 $y=156$（个）

因此，寺内有僧 $3x=3\times208=624$（人）。

7.4　数字演绎诗歌之美

数字飞花令

一字诗

一茶一酒一翁唱，一砚毫台一霎霜。

一笔一描怡且乐，一任心境入诗香。

二字诗

两只莺儿两唱鸣，两相两悦两情浓。

两童两枝两相戏，两叟两姑两相行。

三字诗

三炷清香三礼神，三分信仰三分真。

三坛禅意同玄语，三世三生积果因。

四字诗

四月晴和四野鲜，四邻四舍早犁田。

四时凝合丰年景，四季庄农播梦圆。

五字诗

五十年华惭愧之，五旬诞日作不知。

五香曲酒自憨饮，五脏五心独醒时。

六字诗

六出冰花瘦影多,六幽风月冷消磨。
六尘不染听逾寂,借得六弦琴韵和。

七字诗

七零八落飞花过,七瑾年华寄隐心。
七友情牵梅弄月,玲珑七窍七弦琴。

八字诗

八节香林自在心,八阶八袭八方音。
八风台上参诗意,八九相思化雪襟。

九字诗

数九寒天九九歌,回肠九曲与诗和。
春光九十寻常主,明月九分狂醉么。

十字诗

十色春光已有时,南枝嫁北朔风知。
十年梦里寻常事,十里孤山与鹤随。

思考:诗歌中拥有从 1 到 10 的还有哪些?

数字是文字的一部分,也是数学和算术的基础,它传递着多寡、对称和秩序等重要信息。有些数字在大多数情况下为"虚指"。比如,"八面玲珑"中的"八"实为"多"的意思。"零敲碎打"中的"零"取的是"非整"之意。因此,数字入诗,或可鲜明地说明大小多少等真切之意,或可用其虚指之意夸张绘出事物的极端之妙,使诗歌本身的叙述性、趣味性、灵活性更胜一筹。如果把数字融入文学作品——诗词曲联中,数字生情,并蒂花开,含情带意,摇曳生姿,深化意境,由此也涌现出了许多传诵千古的"数字诗"。常见的数字诗类别颇多,不同类别在诗中会起到不同的作用。

"一"字诗:最常见的入诗的数字是"一"。"一"虽然是个数字概念,但是把"一"字恰当地运用到诗文中,会产生美的艺术效果。

例如,五代时南唐后主李煜在位时,曾为宫廷画家卫贤所作的《春江钓叟图》题词二首:"浪花有意千里雪,桃花无言一队春;一壶酒,一竿身,快活如侬有几人。""一棹春风一叶舟,一纶茧缕一轻钩;花满渚,酒满瓯,万顷波中得自由。"把一个个洒脱的渔翁形象刻画得栩栩如生。

又如元曲一首小令《雁儿落带过得胜令》:"一年老一年,一日没一日,一秋又一秋,一辈催一辈,一聚一离别,一喜一伤悲。一榻一身卧,一生一梦里,寻一个相识,他一会,咱一会,都一般相知,吹一回,唱一回。"诗中 22 个"一"字不断重复,反映了人生虚幻的凄苦。其写法奇特,而以俚语取胜。

"十"字令诗:也是数字诗中最为常见的一种,就是将"一"到"十"十个数字嵌入诗中,《红楼梦》中有这样的一首十字令:

一笔好字,二等才情,三斤酒量,

四季衣服,五子围棋,

六出昆曲,七字歪诗,八张纸牌,

九品头衔,十分和气。

这是《红楼梦》中一清客的画像,寥寥数字就把人物的形态描绘得栩栩如生,读完之后感觉一个鲜活的人就站在我们面前。

数字回环诗:中国诗词中有一种较为特殊的体裁名为回环诗,又称回文诗,其应用了回环往复的修辞手法,如同数学中的周期函数一般,读起来绵延无尽,予人以强烈的叙事效果。

将数学问题融入诗歌之中,由于其寓意较为隐晦,让人深思、遐想,具有迷人色彩。我国古代有一些数学问题,是以诗歌形式叙述的,是诗人和数学家和谐的统一,形成诗歌海洋别具一格的浪花,也是数学天空中闪烁的繁星。我们来欣赏一首别有风味的数字回文诗歌:

一别之后,二地相悬。

只说是三四月,又谁知五六年。

七弦琴无心弹,八行书无可传。

九连环从中折断,十里长亭望眼欲穿。

百思想,千系念,万般无奈把郎怨。

万语千言道不尽,百无聊赖十凭栏。

重九登高看孤雁,八月中秋月圆人不圆。

七月半,烧香秉烛问苍天。

六月伏天,人人摇扇我心寒。

五月石榴红胜火,偏遇阵阵冷雨浇花端。

四月枇杷未黄,我欲对镜心意乱。

忽匆匆,三月桃花随水转。飘零零,二月风筝线儿断。

噫!郎啊郎,巴不得下一世,你为女来我为男。

这首数字回转体的诗歌传说是卓文君写给司马相如的《怨郎诗》。卓文君和司马相如有一段动人的爱情故事。汉景帝中元六年(前144),被临邛县令奉为上宾的清贫才子司马相如到蜀地参加富豪卓王孙的宴请。司马相如仪表堂堂、风度翩翩,当庭弹唱一曲《凤求凰》助兴:"凤兮凤兮归故乡,遨游四海求其凰。时未遇兮无所将,何悟今兮升斯堂。有艳淑女在闺房,室迩人遐毒我肠。何缘交颈为鸳鸯,胡颉颃兮共翱翔。"司马相如精湛的琴艺,博得众人好感,更使那隔帘听曲的卓王孙之女卓文君为其倾倒。卓文君是远近闻名的美貌才女,因丈夫刚逝世不久而回娘家守寡,当她听到司马相如的琴声时,如痴如醉,一见倾心。其后二人双双产生了爱慕之情,并约定私奔。一天夜里,卓文君没有告诉父亲,就私自去找司马相如。他们一起回到成都成亲。这就是有名的"文君夜奔"的故事。

但是,这个故事的结局并非"王子和公主从此过上了幸福的生活"。二人私奔后,卓文君不得不面对家徒四壁的处境,于是开起了酒肆,自己当垆卖酒,最终迫使爱面子的父亲承认了他们的爱情。后来汉武帝下诏来召,相如与文君依依惜别。岁月如梭,司马相如别娇妻去长安做官已五年。文君朝思暮想,盼望丈夫的家书,可万没料到盼来的却是写着"一、二、三、四、五、六、七、八、九、十、百、千、万"13个数字的家书。文君反复看信,明白了丈夫的意思。数字中无"亿",表明相如已对她无"意"。文君伤心不已,挥笔写下上面的《怨郎诗》。这首诗除去文字优美、意象生动外,数字的用法更为精湛。首先卓文君将司马相如家书中的13个数字嵌于诗中,其情感顺沿数字的递增而逐渐升温,随之通过数字的回转,达到一吁三叹、轮回周复、诉尽相思之妙。然而一周期过后,完成了从"一别"到"一世"的大回环,亦从相思地起点提到了生命的高度。相传司马相如读过此诗后黯然落泪,悔恨自己的无情,遂驷马高车,亲自回乡把卓文君接往长安同住。

杂数诗:就是诗歌中运用数字没有定数和规律,只根据诗歌的需要来写,古代的数字诗大多属于这一种。

> 一片两片三四片,五片六片七八片。
> 九片十片十一片,飞入梅花都不见。

严格地说,这首诗并不满足绝句的格律要求,但读起来有一种步步上升,最后豁然开朗的意境,隐含着从有形到无形、从有限到无限的大道理,所以有其强大的生命力。其中数字的叠加回复,宛如一个递增数列,对营造整首诗的意境起到了不可或缺的作用。

数字隐秘诗:就是将数字用谜语的形式表现出来,十分有情趣。宋代才女朱淑真在临终前带着无限的哀怨写下的《断肠谜》是这一类数字隐秘诗的代表之作。

> 下楼来,金钱卜落。
> 问苍天,人在何方?
> 恨王孙,一直去了。
> 詈冤家,言去难留。
> 悔当初,吾错失口。
> 有上交,无下交。
> 皂白何须问,分开不用刀。
> 从今莫把仇人靠,千里相思一撇销。

朱淑真是宋代与李清照几乎齐名的女词人。但李清照的作品大多流传了下来,而朱淑真的所有词稿都在她死后被父母烧掉了,只是一些流传在民间的词被后人收集了起来。如果主要作品能流传下来,估计她在文学史上的地位就要改写了。朱淑真的诗词婚前与婚后迥异。婚前的诗词均为欢快愉悦的笔调,而婚后的诗词大多充满幽怨,这与她婚后的不幸生活有关。

词的首句"下楼来,金钱卜落","卜落"疑为拟声词,意为金钱纷纷落地。闺楼下来,嫁到夫家,不缺金钱,表明自己的生活富裕,不必为生活所苦。本句运用了拆字的手法,将"下"拆解为"一"和"卜",暗藏着"一"字的谜面。

第二、三句"问苍天,人在何方? 恨王孙,一直去了"转写自己的精神世界。再充裕的物质条件也驱遣不了精神上的孤独寂寞。自己在闺中独处,而丈夫却"一直去了",自己只能独对苍天。这两句与开头一句形成了强烈的对比,将闺中独守的苦痛淋漓尽致地表现了出来。此句中的"王孙"运用了借喻的手法,借以写身为纨绔子弟的夫婿。这两句是"二"和"三"的谜面。"天"去"人"为"二","王"去直写"一"为"三"。

第五、六句"詈冤家,言去难留。悔当初,吾错失口",则是孤独寂寞后惆怅的宣泄。詈骂冤家,可以品出其中杂陈的五味,有怨,有恨,有悔,有痛,但无论如何,这已经是覆水已倾,难以再收,一切都只剩下当初错口答应婚事的后悔。这两句则是"四"和"五"的谜面。"詈"去"言"为"四","吾"失"口"为"五"。

第七句"有上交,无下交",是对前面叙事的概括与补充。这一句可以从两个层面来理解。

第一个层面是说,有开始的交情,没有后面的交情,怨叹命运的无情。还有一层可以这样理解：从今往后,断无接下去的交情。是说自己终于看清了丈夫的面目,自己已经死了心,两颗心不再靠拢,心中已经完全决绝。"交"是"六"的谜面。没有了"交"字的下半部分就是一个"六"字。

"皂白何须问,分开不用刀。"对于此事的缘由已经不再需要问个青红皂白,两个人的分离已经不再需要刀枪棍棒。这一句进一步表明了前面一句所言的彼此心已死,更加突出双方的陌生与疏离。"皂"字是"七"字的谜面,"分"去掉"刀"为"八"。

最后一句"从今莫把仇人找,千里相思一撇销"则是最后的决绝词。这句话在当时以一个女子之口说出,是需要勇气与胆识的。此时,主人公已经将之当作仇人了。以往的相思、情谊都已一撇而销了。此句中,"仇"莫把"人"找,剩下的就是"九"；"千"去掉一撇就是"十"。此处"千里相思一撇销"与"千里共婵娟"形成鲜明的对比,说明作者饱含的怨怼可想而知。

整首词暗含"一"至"十"10个数字,句句充满对负心人的谴责,倾诉自己无限的哀怨。

知识延伸

数字对联

数字对联是对联的一种,即将数字巧嵌于对联中。数字与文字对联交相辉映,将数学演算引入对联之中,能启迪人们的思维智慧,激发读者的兴趣爱好。特别是那些构思奇巧的数字对联,令人叹为观止。让我们一起来赏析数字对联的妙趣。

相传,郑板桥(见图7-10)在山东任知县时,看见一个破旧的大门上贴了一副春联,上联：二三四五；下联：六七八九。郑板桥立即派人送去衣服、食物。众吏惊问何故,板桥笑答：上联缺一即缺衣,下联缺十即少食。

上面这样全部用数字写成的对联很少见,而嵌入数字的对联却很多,但嵌入十个基数的对联并不多见。下面介绍两条谐联：

童子看檐,一二三四五六七八九十；

先生讲命,甲乙丙丁戊己庚辛壬癸。

读后令人捧腹。原来先生讲命,恰如孩童信口念数,是不值得认真的。再如下面这个故事,上下联都包含了十个基数,十分难得,值得仔细玩赏。

相传,苏东坡(见图7-11)与学友赴京赶考。因涨大水,船只行进困难。耽搁时日,眼看应考就要迟到,学友叹曰："一叶孤舟,坐二三个骚客,启用四桨五帆,经由六滩七湾,历尽八颠九簸,可叹十分来迟。"苏东坡亦用数字入联劝勉道："十年寒窗,进九八家书院,抛却七情六欲,苦读五经四书,考了三番二次,今天一定要中！"上联从一数到十,下联又倒着从十数到一,不仅数字使用巧妙得当,而且将莘莘学子寒窗苦读、赴京赶考的艰难表述得淋漓尽致。

图 7-10　郑板桥

图 7-11　苏东坡

诗歌趣题

(1) 明代大数学家程大位著的《算法统宗》中有这样一题：

一百馒头一百僧，大僧三个更无增；

小僧三人分一个，大小和尚各几丁？

这题可用假设法求解。现假设大和尚 100 个，(3×100-100)÷(3-1÷3) = 75(个)，即小和尚人数 100-75 = 25(个)。

7.5　数学家的诗

在人们的心目中，大凡数学家都痴迷数学，时时在和数学打交道。其实，不少数学家的爱好是相当广泛的，他们不仅爱诗、背诗、读诗、吟诗，而且也会写诗。下面引用著名数学家的诗，表明他们不但是一流的数学家，同时也具有深厚的文学功底，在他们身上，数学与文学已融为一体。

数学大师陈省身教授，1980 年在中科院的座谈会上即兴赋诗：

物理几何是一家，一同携手到天涯，

黑洞单极穷奥秘，纤维联络织锦霞。

进化方程孤立异，曲率对偶瞬息空，

筹算竟得千秋用，尽在拈花一笑中。

把数学和物理中的最新概念纳入优美的意境中，讴歌数学的奇迹，毫无斧凿痕迹。

数学家熊庆来(见图 7-12)是华罗庚(见图 7-13)的恩师，也是杨乐、张广厚的导师。当杨乐宣读完自己的第一篇论文时，熊教授即席赋诗赞美：

带来时雨是东风，成长专长春笋同。

科学莫道还落后，百花将见万枝红。

华罗庚教授是一位才兼文武的大家，他的名句"聪明在于勤奋，天才在于积累"和"勤能补拙是良训，一分辛苦一分才"，早已成为很多人的座右铭，他曾为青年一代题了一首劝勉诗：

发奋早为好,苟晚休嫌迟。

最忌不努力,一生都无知。

图 7-12　熊庆来

图 7-13　华罗庚

全国政协副主席、著名数学家和数学教育家苏步青教授(见图 7-14),曾发表数学论文 150 篇,他把业余时间的诗作结集为《原上草集》,其序诗曰:

筹算生涯五十年,纵横文字百余篇。

如今老去才华尽,犹盼春来草上笺。

图 7-14　苏步青

张景中院士主编的新课程高中数学教材中,在每一章都有一首诗歌。例如:

集合、映射与函数

日落月出花果香,物换星移看沧桑。

因果变化多联系,安得良策破迷茫。

集合奠基说严谨,映射函数叙苍黄。

看图列表论升降,科海扬帆有锦囊。

日出月落,花果飘香,物换星移,沧桑变化,都是现实世界中变化的事物,而这些变化都包含了因果关系。函数就是描述现实世界因果关系的一种数学模型,是破除迷茫的良策之一。

指数函数、对数函数与幂函数

晨雾茫茫碍交通,蘑菇核云蔽长空。

化石岁月巧推算,文海索句快如风。

指数对数相辉映,立方平方看对称;

解释大千无限事,三族函数建奇功。

光线在晨雾中按指数函数快速衰减,所以"晨雾茫茫碍交通"。铀核裂变时放出的中子数和能量都按指数函数快速增长,引起核爆炸。由化石的放射性碳含量与化石年龄之间的对数函数关系可以推算出化石的年龄。将海量数据经过合理编排,可以使搜索资料所需的工作量是数据量的对数函数,当数据大量增长时工作量增长很少,因此能做到"文海索句快如风"。指数、对数函数与现实生活中的这些现象密切相关,是我们身边活生生的数学。

立体几何
锥顶柱身立海天,高低大小也浑然。
平行垂直皆风景,有角有棱足壮观。

解三角形
近测高塔远看山,量天度海只等闲。
古有九章勾股法,今看三角正余弦。

......

测塔看山,量天度海,好大的气派!可以想象一个顶天立地的巨人,拿着无比巨大的尺子和量角器量天度海。我们不必长成那样的巨人,我们只要利用解三角形的知识就能做到量天度海。数学知识可以使我们成为巨人。

数列
玉兔子孙世代传,棋盘麦塔上摩天。
坛坛罐罐求堆垛,步步为营算连环。

......

这里讲的都是历史上有关数列的著名例子。"玉兔子孙"讲斐波那奇的兔子数列。"棋盘麦塔"讲古印度国际象棋发明者向国王要奖赏的故事:他所要奖赏的麦子总数是 2 的 0 到 63 次幂所组成的等比数列的和,这样多的麦子堆成的"麦塔"可以从地球一直堆到太阳上去,说"棋盘麦塔上摩天"一点都不夸张!堆垛和连环都是中国古代数列的著名例子。这些历史故事都很有趣,当然数列也就很有趣。

不等式
天不均匀地不平,风云变幻大江东。
入水光路改方向,露珠圆圆看晶莹。

......

天地之间,到处是不相等的例子。天不均匀,地不平坦,这才是常态。风云变幻,大江东流,万物都在变化,变化前后就不相等。这里不但举出不等式的具体实例,而且指出不相等才是普遍的、绝对的,而相等反而是特殊的、相对的、近似的。后两句举的是极大极小值的著名例子,"入水光路改方向"说的是光的折射,光在入水后改变方向,发生折射。"露珠圆圆",球形的露珠在保持体积不变的情况下表面积最小。极小值小于其他值,这也是不等式问题。

7.6 用数学思维解读诗歌

世事洞明皆学问。对诗歌的认识和探究不能停留在表面,如果用数学的思维和方法去认识诗歌、研究诗歌,就会发现诗歌的别样美丽和精彩。对诗歌的美学鉴赏,我们通常从文学艺术角度思考,很少从理性角度思考。数学是诗歌的载体。中国的诗歌浩如烟海,在这些诗歌中处处跳动着数学美的浪花,中国许多诗歌用数学思维去解读,则蕴含着深奥的秘密。

唐诗密码破译难:在通信技术不发达的古代,传递信息非常困难,尤其是在兵荒马乱的战争年代,则更加困难。在这种条件下,古人利用唐诗编制密码,传递军事信息,保密性极高。

> 前年伐月支,城下没全师,
>
> 蕃汉断消息,死生长别离。
>
> 无人收废帐,归马识残旗,
>
> 欲祭疑君在,天涯哭此时。

这首诗为张籍所作,名为《没蕃故人》,诗中充分展示出在古代要想得到消息情报的困难。诗中讲述张籍的一位朋友前年随军征战吐蕃,兵败异域,全军覆没,故人生死不明,消息断绝。诗人为故人的存亡未卜而心情十分沉重,"欲祭疑君在"一句集中反映了作者的悲痛情结。像张籍这样的政府要员,两三年间都得不到军中朋友存亡的消息,一般人就可想而知了。

在战争年代,不仅民间信息传递困难,即使军事情报传递也非易事,所以历代军事家都非常重视军事情报的传递问题。在古代战争中,传递军事情报一般只能靠心腹人员用快马一站一站地传送,不仅存在一个时间问题,还有一个安全保密问题,两者都关系到战争的胜负和军队的存亡。因此,历代军事家都非常重视军事通信中的保密技术。宋仁宗嘉祐年间的宰相曾公亮(999—1078)曾经利用唐诗来编制密码。

北宋时期,辽和西夏都已经十分强大,他们频频侵犯中原。为了窃取北宋的军事情报,赢得战争的胜利,辽和西夏都纷纷派遣间谍潜入中原,刺探各种军机大事。当时的军机密件,都是派心腹人员直接投送的。这些传递军机的人员,很自然地就成为间谍攻击和收买的对象。万一这些人员被劫持或被收买,后果是不堪设想的。曾公亮注意到了军事通信工作中保密的重要性,设计了一套保密的新办法,编制了一种特殊的密码表,保存在他和丁度编撰的《武经总要》一书中。

曾公亮所用的方法是把军事中常见的活动概括为 40 个军事术语,并分别编上数字代码。比方说,他随机编的代号是:

1.请增兵;2.请调粮;……40.被敌围。

把 40 项军事活动都任意编上代码以后,再选择一首没有重复字的五律唐诗作为"钥匙",然后把 40 种军事活动的代码数字与五律唐诗中 40 个字的顺序对应起来。这样,那首五律唐诗的每一个字就成了一种军事活动的代码。例如若用张籍的这首五律为"钥匙",在上述编码方法下,就形成了如下的对应方法:

军事活动	请增兵	请调粮	……	被敌围
数字代码	1	2	……	40
唐诗字码	前	年	……	时

这就是曾公亮编制密码的原理。其具体的使用法则是:当大将率兵去前方作战时,主帅便发给他由本人亲自编定的 40 个军事术语的密码本,另外再告诉大将一首作为钥匙的五言律诗,编码的方法和选定的唐诗都是绝对保密的,外人无法知道。这样就建立了双方联络的密码体系。

双方又是怎样使用这种密码体系进行联络的呢?假设前方大将要请主帅增援粮草,他先在密码本上查出"请调粮"这一军事活动的代码是 2,相应的唐诗的第二字是"年"。于是,大将便特别设计一道含有"年"字在内的普通公文,并在"年"字处做出预先约定的标志,如加盖自己的官印等。公文到达后,主帅会注意到公文中"年"字的特殊标志,知道它是密钥诗中的第二字,再反查密码表中代码为2的项目是"请调粮",主帅便知道了前方大将的要求,从而可以采取相应的措施。

从本质上讲,曾公亮编制密码的方法,运用了数学中的"映射原理"和排列组合大数原理。他的方法保密效果非常好,因为把40个军事活动用任意顺序编成代码的方法有 $40! = 40 \times 39 \times 38 \times \cdots \times 3 \times 2 \times 1$ 种之多。这是一个大得吓人的天文数字,它至少是一个有50位的数。一个局外人很难猜测出用的是哪一种方式。唐人的五言律诗又数以千计,主帅与大将约定的是哪一首唐诗,局外人也很难猜测。以当时的科技水平而言,只要密码本和钥匙诗不同时落入敌手,这种密码几乎是不可能被破译的。

生活在今天的人们,更时时刻刻要与密码打交道。例如到银行存款,一般要自己设定一个六位数的密码,密码可以加强存折的安全,但是如果自己忘记了密码或被人窃取,却又是很麻烦的事情。

怎样设计既不容易被遗忘又能保证安全的密码呢?可以借助于唐诗。

许多唐诗中都有一些数字,如果恰有6个数字,就可以直接用来作为密码。如果不是6个数字,则可对它们进行一些简单的运算,使它变成6位数(可称为加密方法)。例如:

一封朝奏九重天,夕贬潮州路八千。

——韩愈《左迁至蓝关示侄孙湘》

我们可以直接提取1、9、8000作为六位数的密码"198000"。

再如李白的《望庐山瀑布》:

日照香炉生紫烟,遥看瀑布挂前川。

飞流直下三千尺,疑是银河落九天。

诗中可提取3000和9两个数,把它们依次连写成五位数30009,再乘以一个一位数,例如8,便得到一个六位数的密码"240072"。

这些方法都是简便易行的,它们有两大优点:一是便于记忆,只要你记住了那首唐诗,也就记住了密码。记一首唐诗,肯定要比记一组杂乱无章的数字容易;二是比较安全,因为它有三道防线:在浩如烟海的唐诗中选出一首诗是第一道防线;从选出的诗中随机提取几个数字是第二道防线;通过适当的加密方法是第三道防线。局外人要同时突破这三道防线是比较困难的。

天玄地转现密文:用数学思维解读诗歌,就会发现不一样的天地。电影《垂帘听政》里有这样一个情节,慈禧太后拿到恭亲王的一封密信,她用一张有着镂空格子的正方形白纸板放在信上阅读,并不断地旋转着纸板,你知道这是怎么一回事吗?原来慈禧太后是在利用那块镂空的格子板作为解开密码的工具来阅读恭亲王的密信。这是一种什么样的密码呢?

一重山,两重山。山远天高烟水寒,相思枫叶丹。

菊花开,菊花残。塞雁高飞人未还,一帘风月闲。

——李煜《长相思》

这是李煜中期的作品。远山、烟水、枫叶、菊花、塞雁,共同构建了一个深秋的画面。在这样的氛围中,相思之情就越发地显得寂寞、幽怨。李煜既有天赋之才,更有亡国之痛,使得他的诗词语言最为感人,毫不雕琢,使艺术与情感浑然一体。王国维在《人间词话》中说:"词至李后主而眼界始大,感慨遂深。"

下面就以李煜的这首词作为一个例题来说明慈禧太后的密码体系。

在这个图表中,把词的 36 个字写得杂乱无章(见图 7-15),局外人便不知从哪里读起,不知其意,因而成了一篇"密文"。

高	一	烟	菊	飞	重
山	人	花	水	开	未
还	菊	一	花	寒	两
残	帘	重	香	山	思
枫	山	风	远	叶	塞
雁	丹	天	月	高	闭

图 7-15　"密文"

怎样解读这篇"密文"呢?首先要了解镂空纸板的制造方法:

任意选定 6 个 6 位的二进制数,例如:010001,100000,000001,001010,010100,001000。

再拿一张纸板,画好与密文同样大小的 6×6 方格。然后再把这 6 个二进制数的数码依次填入 6×6 的方格表中,就有了一张由 6×6 个 1 和 0 组成的表,将写着数 1 的格子挖掉,便得到一张挖了 9 个洞的纸板(见图 7-16)。

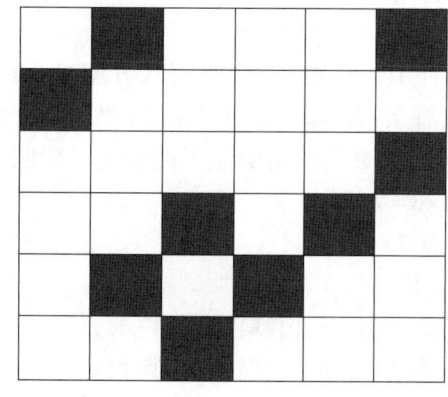

0	1	0	0	0	1
1	0	0	0	0	0
0	0	0	0	0	1
0	0	1	0	1	0
0	1	0	1	0	0
0	0	1	0	0	0

图 7-16　6×6 纸板

将纸板对准密文的方格,按从上到下、从左到右的顺序就可以读出 9 个字,依次是:一、重、山、两、重、山、山、远、天。读完后,将挖有空格的纸板逆时针旋转 90°,从空格内又可读出 9 个字:高、烟、水、寒、相、思、枫、叶、丹。继续将纸板逆时针旋转 90°,从空格内又可读出 9 个字:菊、花、开、菊、花、残、塞、雁、高。最后再把纸板逆时针旋转 90°,读出最后 9 个字:飞、人、未、还、一、帘、风、月、闲,就把 36 个字都读出来了。它就是李后主的词《长相思》。

慈禧太后的密码就是按这一原理编制的,不过那需要位数较多的二进制数和较大的方格表,纸板旋转的方向和阅读的顺序也可能不同。挖洞的纸板是预先做好了的,相当于一种密码体系中解密的"密钥"。

古代这种"密钥"在军事和生活中都大有益处。这就是用数学思维去解读文学而衍生出来的新技能。

诗歌趣题

(1)隔壁分银:只闻隔壁客分银,不知人数不知银,四两一份多四两,半斤一份少半斤。试问各位能算者,多少客人多少银?

此题是民间算题,用方程解比较方便。

设客人为 x 人,则得方程:$4x+4=8x-8$

解:$x=3$,$4×3+4=16$

答:客人 3 人,银 16 两。

(注:旧制 1 斤=16 两,半斤=8 两)

(2)宝塔装灯:这是明代数学家吴敬编著的《九章算法比类大全》中的一道题,题目是:

远望巍巍塔七层,红光点点倍加增,

共灯三百八十一,请问顶层几盏灯?

解各层倍数和:

$1+2+4+8+16+32+64=127$,顶层的盏数:$381÷127=3$(盏)。

(3)男女捉兔

百兔纵横走入营,几多男女都来争。

一人一个难拿尽,四只三人始得停。

来往聚,闹喧哗,各人捉得往家行。

英贤如果能明算,多少人家堪法评。

译文:有 100 只野兔,从四面八方跑进山野村寨,男男女女都来争捉兔子。这批兔子若 1 人得 1 只有余;若 4 只兔子分给 3 个人,则恰好分尽。围捉兔子的男女十分欢喜,高兴地喊叫着。只见每人拿着捉得的兔子往家走。聪明的人快来算一算,捉兔的男女共有多少人?

$100÷4×3=75$(人)

答:共有 75 人。

(4)庐山路程

庐山山高八十里,山峰顶上一粒米。

黍米一转只三分,几转转到山脚底?

1 里=360 步　1 步=5 尺　1 尺=10 寸　1 寸=10 分

$80×360×5×10×10=14\ 400\ 000$(分)

$14\ 400\ 000÷3=4\ 800\ 000$(转)

答:一粒米从山峰滚到山脚共转 4 800 000 转。

(5)两求斤歌(杨辉日用算法)

一求隔位六二五,二求退位一二五,

三求一八七五记,四求改日二十五,

五求三一二五是,六求两价三七五,

七求四三七五置,八求转身变作五。

译文:1 两化为 0.0625 斤,2 两化为 0.125 斤,3 两化为 0.1875 斤,四两化为 0.25 斤,5 两化为 0.3125 斤,6 两化为 0.375 斤,七两化为 0.4375 斤,8 两化为 0.5 斤(旧制 8 两为半斤)。

解法:1 斤 = 16 两

$1 两 = \frac{1}{16} = 0.0625 斤$ $5 两 = \frac{5}{16} = 0.3125 斤$

$2 两 = \frac{2}{16} = 0.125 斤$ $6 两 = \frac{6}{16} = 0.375 斤$

$3 两 = \frac{3}{16} = 0.1875 斤$ $7 两 = \frac{7}{16} = 0.4375 斤$

$4 两 = \frac{4}{16} = 0.25 斤$ $8 两 = \frac{8}{16} = 0.5 斤$

(6)百人搬百砖

百人搬百砖,男子一搬八,

妇女一搬三,小孩三搬一。

请问各几人,各搬几块砖?

不准列方程,不准用比例,

只许用心算,看谁算得快!

解法一:本题题意清如水,明若镜,不用注释与翻译,心知肚明。

本题解法多种,但编创此诗题的数学家,只要求你"心算"。其心算之路是这样的:

假设男女各 1 人时,那么男比女多搬 5 块砖;假设女人和小孩各 3 人时,那么女人比小孩多搬 8 块砖。因人不能分开,砖不能砸碎,必须都是整数,所以先从小孩算起,假定小孩为 90 人(也可设 60、75、87 等,最后否定假设),搬砖 30 块,那么剩下 70 块砖要 10 人搬,设这 10 人都是女人,则只能搬 30 块,此时剩下的 40 块砖就没有人搬,与题意不符,但知每个男人比每个女人多搬 5 块,于是男女对换一下,剩下的 40 块恰好为 8 个男人搬。

因此,男人 8 人,搬砖 64 块;女人 2 人,搬砖 6 块;小孩 90 人,搬砖 30 块。

解法二:(不定方程解)设有男 x 人,女 y 人,小孩 z 人,根据题意,有

$$\begin{cases} x+y+z=100 \\ 8x+3y+\dfrac{z}{3}=100 \end{cases}$$

这道"百人搬百砖"诗题,是根据《张丘建算经》(5 世纪)卷下末题:"今有鸡翁一只钱五;鸡母一只钱三;鸡雏三只钱一。百钱买百鸡,问鸡翁、鸡母、鸡雏各几何?"改编而来。因此"百人搬百砖"与"百钱买百鸡"是一致的。

(7)绩麻分布

赵嫂自言快绩麻,李宅张家雇了她。

李宅六斤十二两,二斤四两是张家。

共织七十二尺布,二人分布闹喧哗。

借问高明能算士,如何分得布无差。

——程大位《算法统宗》

注释:绩,即把麻搓捻成线。两,旧市制 1 斤 = 16 两。

译文:赵嫂自称是一位善于纺织的能手,绩得一手好麻,织得一手好布,李家和张家都请她织布。李家给她 6 斤 12 两麻,张家给她 2 斤 4 两麻,两家的麻一共织出了 72 尺布。对织成的布应该怎样分配,两家争执不休。请问高明的数学家,如何公平合理地进行分配才没有差错?

解法一:(分步列式)张、李两家共有麻 6 斤 12 两+2 斤 4 两 = 9 斤

每斤麻可织布 72÷9 = 8(尺)

每两麻可织布　　72÷(16×9)＝0.5(尺)

因此,李家6斤12两麻应分布:(6×16+12)×0.5＝54(尺)

张家2斤4两麻应分布:(2×16+4)×0.5＝18(尺)

答:李家分布54尺,张家分布18尺。

解法二:(算术综合法)列成综合式为

$$72÷\left(6\frac{3}{4}+2\frac{1}{4}\right)=8(尺)$$

李家分布　　$6\frac{3}{4}×8=54$(尺)

张家分布　　$2\frac{1}{4}×8=18$(尺)

解法三:(代数法)设每两(或斤)麻可织布 x 尺,那么李家有麻108两,可织布108x尺,张家有麻36两,可织布36x尺,由题意得:

$$108x+36x=72$$

解得　　$x=0.5$(尺)

答:李家分布108×0.5＝54尺,张家分布36×0.5＝18尺。

据说,明代数学家程大位经常帮助邻里计算,没有架子,助人为乐,受到人们夸奖。这道诗题和下道诗题,都是根据程大位帮人算账的经历编成的,来自他的生活实践,不是从古算书中编成的。上面及下面的诗题,就是他帮人算账分布的历史记载之一。

(8)纺织分配(西江月)

净拣棉花弹细,相合共雇王媚。

九斤十二是张昌,李德五斤四两。

纺讫织成布匹,一百八尺曾量。

两家分布要明彰,莫使些儿偏向。

——程大位《算法统宗》

译文:选择弹好的上等棉花,两家人合在一起请王媚织布,张昌家有棉花9斤12两,李德家有棉花5斤4两。将两家棉花纺线织成了108尺布,分配给两家的要公平,不要有一点儿偏向。

解法一:(算术法)因棉花总数9斤12两+5斤4两＝156两+84两＝240两,

所以张昌家分布 $\frac{108×156}{240}=70.2$(尺),

李德家分布 $\frac{108×84}{240}=37.8$(尺)

解法二:设每斤棉花可织布x尺,那么张昌家分布$9\frac{3}{4}x$尺,李德家分布$5\frac{1}{4}x$尺,由题意得$9\frac{3}{4}x+5\frac{1}{4}x=108$,$x=7.2$。所以张昌家分布$9\frac{3}{4}×7.2=70.2$(尺),李德家分布$5\frac{1}{4}×7.2=37.8$(尺)。

(9)算题对联

> 花甲①重逢，外加三七岁月②
>
> 古稀③双庆，更多一度春秋
>
> ——清代乾隆与纪晓岚对联句

这副对联还有另一种记载：花甲重开，外加三七岁月；古稀双庆，内多一个春秋。

注释：①花甲，古代指60岁。②三七岁，即三个7岁为21岁。③唐代大诗人杜甫在《曲江》诗中说："酒债寻常行处有，人生七十古来稀。"后人以"古稀"代称70岁。

译文：此对联实际上是一位141岁老人的两种算法。上联：度过了两个花甲外加3乘7岁；下联：庆祝了两次古稀又过了1年，是多少岁？

解法：根据译文，分别求得上、下联所云岁数为：

$$60\times2+21=141（岁）$$
$$70\times2+1=141（岁）$$

这副"算题"对联，是清乾隆五十年（1785），皇帝在乾清宫为千叟（1000个老者）设宴，赴宴者3900人，内有一叟141岁，乾隆高兴地与才子纪晓岚对句。纪晓岚是河北献县人，每天给乾隆皇帝讲书、侍读、酒宴、闲玩之时常与皇帝对句为戏。他们二人对应如流，美句佳联传遍民间，流芳后世。这里，乾隆皇帝先出上联，要求纪晓岚对下联，他略思片刻，对出了下联。

这副妙联，上下相应，十分恰当，古稀对花甲，双庆对重逢（重开），更多（内多）对外加，并且，它巧妙、隐晦地镶嵌了最长者之岁数。

对联在我国已有悠久的历史，我们所见到最早的一副春联"新年纳余庆，嘉节号长春"，是后蜀之主孟昶于宋太祖乾德二年（964）除夕，题于卧室门上的。

在宋代，对联的应用范围逐渐扩大，社会上的酬唱、亲朋间的庆贺和吊唁都使用它。明清时期，对联的应用范围又进一步扩大到名胜古迹、山水园林、茶馆酒肆、歌楼戏台、陵墓道碑、寺庵庙祠等。

（10）经商本钱（水仙子）

> 为商出外去经营，将带白银去贩参。
>
> 为当初不记原银锭，只记得七钱七买六斤。
>
> 脚钱①便使用三分，总计用牙钱②四锭③。
>
> 是六十分中取二分，问先生贩买数分明。
>
> ——《歌词古体算题》

注释：①脚钱，即运费。②牙钱，即中介人（或介绍人）佣钱（今称劳务费或信息费）。③古时1锭＝50两。

译文：某人外出经营做生意，不知带了多少白银去贩卖人参，只记得6斤人参价7.7钱，运费3分，总计牙钱4锭，中介费是原带本钱银的六十分之二。请问：某人原带本钱银、买参数量、参价与运费各是多少？

解法：因为牙钱4锭为50两×4＝200两＝2000钱，是原带本钱银的$\frac{2}{60}$，所以原带钱数为

$$2000\div\frac{2}{60}=60000（钱）。$$

因为参6斤7.7钱（即$\frac{7.7}{6}$每斤参钱），加脚钱3分（即1斤参脚钱$\frac{3}{6}$分），即6斤参价与脚

钱共 8 钱,则每 1 钱买 $\frac{6}{8}$ 斤参,所以:

人参数 $(60\ 000-2\ 000)\times\frac{6}{8}=43\ 500($斤$)$

参价 $43\ 500\times\frac{7.7}{6}=5\ 582.5($两$)$

脚钱 $43\ 500\times\frac{3}{6}=217.5($两$)$

答:原带本钱银 60 000 钱,买参数为 43 500 斤,参价为 5 582.5 两,运费为 217.5 两。

(11)船载油盐

> 一斤半盐换斤油,五万斤盐载一舟。
> 斤两内除相易换,须教二色一般筹[①]。

——程大位原著,梅毂成《增删算法统宗》

注释:①后二句指以盐换油后使油盐数量一样多。

译文:1.5 斤盐换 1 斤油,5 万斤盐载一船,盐换油后的数量一样多,问船中载油盐数各是多少?

解法:因 1.5 斤盐换 1 斤油,即每 2.5 斤盐中应有 1 斤油和 1 斤盐,所以,船中载油盐数各为 $\frac{5\ 000}{1.5+1}=20\ 000($斤$)$。

答:船中载油盐数各为 20 000 斤。

(12)甲追及乙(西江月)

> 甲乙同时起步,其中甲快乙迟。
> 甲行百步且交立[①],乙才六十步矣。
> 使乙先行百步,甲行起步方追。
> 不知几步方追及,算得扬名说你。

——程大位《算法统宗》

注释:①这句与下句意思是说,甲走了 100 步停下来时,乙只走了 60 步。

译文:甲乙两人同时同地同向开始行走,甲比乙走得快。甲走了 100 步后,乙只走了 60 步。若让乙先走 100 步,则甲开始追及。请问甲走多少步才能追到乙?若你正确算出来,你就能名扬天下。

解法:(程大位用文字叙述解法)用今式表达,即走得快的甲单位时间内追上走得慢的乙需走 $100-60=40($步$)$,甲追及 100 步需要单位时间为

$100\div40=2.5$

甲追上乙所走步数为

$100\times2.5=250($步$)$

答:乙先行 100 步,甲走 250 步便追上乙。

注:词题解法列成今综合式为

$100\times100\div(100-60)=250($步$)$

我国是世界上最早研究和应用行程问题中如相遇与追及以及其他相当复杂行程问题的国

家,在《九章算术》均输章和后来的古算书《张丘建算经》等书上都有记载,如《九章算术》均输章中第 12 题(追及)和第 20 题(相遇)。第 12 题是:"今有善行者行一百步,不善行者行六十步。今不善行者先行一百步,善行者追之,问几何步及之。"第 20 题是:"今有凫(指野鸭)起南海,七日至北海;雁起北海,九日至南海。今凫雁俱起,问何日相逢。"

看词题与此题对照,文理兼通的程大位等好像一点儿不费力气,如人呼吸空气或者鹰乘风飞翔一样,连数字都没有改动,只将"善行者"改为"甲","不善行者"改为"乙",便成为一道脍炙人口的、融人类情感结晶的"西江月"的词题。

由于我国古算采用简奥文字叙述,没有数学符号、表达式和图表,令今人难懂。上面第 12 题用今式写成解法表达式与词题一样,即 $100×100÷(100-60)=250$ 步。

(13)公公几岁

<blockquote>
有一公公不记年,手持竹杖在门前。

借问公公年几岁,家中数目记分明。

一两八铢①泥弹子,每岁盘中放一丸。

日久岁深经雨湿,总数化作一泥团。

称重八斤零八两②,加减方知得几年。
</blockquote>

——程大位原著,梅毂成《增删算法统宗》

注释:①铢,古代重量单位。1 两 = 24 铢。②旧市制 1 斤 = 16 两。

译文:有一个挂着竹手杖的老公公在家门前,问老公公今年有多少岁,老公公说年纪大已经记不清了。不过他在家里用泥丸做了记载:每长一岁就在盘中放上一个泥丸,一个泥丸重 1 两 8 铢。因年岁久远,放在盘里的泥丸被雨水淋湿了,所有的泥丸化成一大泥团了,这个大泥团重 8 斤 8 两。请你用数学方法计算,即可知道老寿星有多少岁了。

解法:因大泥团总重 8 斤 8 两,折合 136 两,而 1 两 = 24 铢,故大泥团有 $136×24=3264$(铢)。

又因为一个小泥丸重 1 两 8 铢,折合 32 铢,所以

$$3264÷32=102(岁)$$

答:老公公今年 102 岁。

这道诗题,设喻生动,构思新颖,脍炙人口,奇特巧妙,有声有色,朗朗上口,饶有趣味,使人不禁高声朗读,笔算或心算出老寿星的年龄。

(14)桩栓百牛

<blockquote>
百牛拴在十三桩,桩桩成单不成双,

问君怎样把牛拴? 算得姓名到处扬。
</blockquote>

译文:100 头牛拴在 13 个木桩上,每桩拴单数头牛,而不能拴双数头牛,试问每桩拴多少牛? 若计算正确,则你的名字到处传扬。

解法:奇数常表示为 $2n-1$ 或 $2n+1$(n 为正整数)。这里,设 13 个桩所拴牛的奇数分别为

$$2n_1-1,2n_2-1,2n_3-1,\cdots,2n_{13}-1$$

这里未知数 $n_1,n_2,n_3,\cdots,n_{13}$ 分别为正整数,根据题意,得方程:

$$(2n_1-1)+(2n_2-1)+(2n_3-1)+\cdots+(2n_{13}-1)=100$$

解此方程,得:

$$2(n_1+n_2+n_3+\cdots+n_{13})=113$$

显然,方程左边不论$(n_1+n_2+n_3+\cdots+n_{13})$是奇数还是偶数,它的 2 倍必为偶数,而右边 113 是奇数,偶数 ≠ 奇数,即左边 ≠ 右边,即

$$(2n_1-1)+(2n_2-1)+(2n_3-1)+\cdots+(2n_{13}-1)\neq 100$$

这就是说,此题无解。因此,诗题条件"成单不成双"拴牛方案总是行不通的。类似上述古算趣味诗题,在民间流传的还有,也是无解,如:

三十六口缸,九只船来装,

只准装单,不准装双。

课外延伸阅读

梅氏数学世家

梅毂成(1681—1763),字玉汝,号循斋,又号柳下居士,清代安徽宣城人。他是以梅文鼎为首的梅氏数学家族中的一员。

梅氏家族是声名显赫的数学家族,梅文鼎和他的两个弟弟、一个儿子、两个孙子、五个曾孙共 11 位都是数学家。梅毂成是他的孙子。祖孙四代都精通数学,可与瑞士伯努利数学家族相媲美。

梅毂成在数学上造诣很深,被当朝的康熙皇帝所赏识。他曾和皇子等在宫中读诗书和数理天文,还听博学的康熙皇帝用满文讲欧几里得《几何原本》的内容。梅毂成是个有突出成就的数学家,其著作很多,如1713 年 5 月他与何国宗主编《律历渊源》巨著共100 卷,并编辑了包括他自己的数学著作在内的《梅氏丛书辑要》23 种 61 卷。另外,他还根据明朝数学家程大位的诗题,加以修改著成《增删算法统宗》11 卷,其中许多数学题都是用诗歌写出来的。

我国数学史家严敦杰(1917—1988)先生说:"在 17 到 19 世纪我国数学家的研究,主要为安徽学派所掌握,而梅氏祖孙为中坚部分。"

第八章　数学与游戏

【思政目标】

1.提升运用数学知识解决实际问题的能力。

2.从团队协作中体验团结精神的乐趣,感受数学思想的魅力。

3.让学生感受大胆探索的乐趣与成功的喜悦,激发学生对数学知识的热爱,养成实事求是的科学态度。

数学是有用的,数学是好玩的。

——陈省身

大家一般认为,游戏轻松愉快、趣味盎然,人人乐于参与,而数学则艰深困难、枯燥乏味,大多令人生畏。其实游戏与数学关系非常密切,两者有类似的元素和结构,数学比游戏更高一筹。

数学有两个基本元素:给定的集合以及运算规则,这里的集合可能是"数的集合""几何形体的集合""函数的集合",甚至更为抽象的其他集合;而这里的运算规则就是加、减、乘、除、微分、积分等。

游戏也有两个基本元素,给定的集合或道具以及游戏规则,这里的集合或道具是游戏活动范围内某些物体的集合,如一堆棋子、一副扑克牌,甚至更为抽象的数字等,而这里的游戏规则则是对游戏活动所做的要求或限制。

数学比游戏更高一筹,游戏较具体,而数学则较抽象。许多看起来完全不同的游戏,在数学家眼里,本质上却是同一回事。

数学家与其他人一样喜欢玩游戏,但目的不尽相同。一般人只注重单个游戏本身,对于两个不同的游戏,玩起来同样入迷;而数学家善于分析与归纳,善于通过给定的法则去解决问题,他们把几个本质相同的游戏看作一个去研究。一般人玩游戏,尽力使每一局都获胜;而数学家不满足于一次偶然的取胜,他们更关心如何找到取胜的秘诀,更热衷于探讨一般规律。

深入其中,就发现其趣味无穷,数学之所以趣味无穷,关键在于它对思维的启迪。在某种程度上,游戏激发了数学思想的产生,促进了数学知识的传播。

数学与游戏之间是相互渗透、相互统一的关系。游戏激发了许多重要数学思想的产生,游戏促进了数学知识的传播,游戏是数学人才发现的有效途径,游戏本身又蕴含了数学知识、数学方法和数学思想。

8.1 巧算

8.1.1 巧算个位是 5 的两位数的平方

同学们走进教室,看到黑板上有如下三份试题:

第一份试题:

(1)$15^2 =$ $95^2 =$ $55^2 =$

(2)$82×88 =$ $77×73 =$ $64×66 =$ $51×59 =$

(3)题(1)的特点是什么? 得数有何规律? 题(2)数字的特点是什么? 得数有何规律?

第二份试题:

(1)$25^2 =$ $85^2 =$ $45^2 =$

(2)$83×87 =$ $79×71 =$ $68×62 =$ $54×56 =$

(3)题(1)的特点是什么? 得数有何规律? 题(2)数字的特点是什么? 得数有何规律?

第三份试题:

(1)$35^2 =$ $75^2 =$ $95^2 =$

(2)$94×96 =$ $78×72 =$ $63×67 =$ $81×89 =$

(3)题(1)的特点是什么? 得数有何规律? 题(2)数字的特点是什么? 得数有何规律?

同学们看到以上题目有点疑惑,这不是小学的算术吗? 考我们的目的何在?

老师让三个班各选一个同学上讲台上来,看哪个同学算得又快又准。第(3)题要概括得确切,并对总结出的运算规律给予证明。

仅给出第一份试题的计算结果:

$15^2 = 225, 95^2 = 9\ 025, 55^2 = 3\ 025$。

$82×88 = 7\ 216, 77×73 = 5\ 621, 64×66 = 4\ 224, 51×59 = 3\ 009$。

由以上计算结果可得出两点结论:

(1)个位为 5 的两位数的平方,等于十位数乘以比它大 1 的数,后面添上 25 即可。

(2)求 2 个两位数的乘积,如果它们的十位数相等,个位数的和为 10。那么,此乘积可以用下面的方法求得:十位数乘以比它大 1 的数,在这个结果后面添上两个个位数的乘积即可。

例如:$62×68 =$? 计算过程为 $6×(6+1) = 42$,后面添上 $2×8 = 16$,即 $4\ 216$。

下面来证明这个结论。

证明:

$(10a+b)×(10a+c)$

$$= 100a \times a + 10a(b+c) + b \times c$$
$$= 100a(a+1) + b \times c$$

其中 $(b+c) = 10$。

如果 $b = c = 5$，则

$$(10a+5)(10a+5)$$
$$= 100a \times a + 100a + 25$$
$$= 100a(a+1) + 25$$

8.1.2　巧算两位数颠倒相减

同学们走进教室，看到黑板上有如下 3 份试题：

第一份试题：

(1) $82-28 =$　　　　$93-39 =$　　　$76-67 =$　　　$61-16 =$

(2) $842-248 =$　　　$933-339 =$　　$786-687 =$　　$691-196 =$

第二份试题：

(1) $81-18 =$　　　　$94-49 =$　　　$72-27 =$　　　$31-13 =$

(2) $831-138 =$　　　$954-459 =$　　$772-277 =$　　$381-183 =$

(3) 题(1)的特点是什么？得数有何规律？题(2)数字的特点是什么？得数有何规律？

第三份试题：

(1) $84-48 =$　　　　$96-69 =$　　　$75-57 =$　　　$42-24 =$

(2) $824-428 =$　　　$946-649 =$　　$795-597 =$　　$462-264 =$

老师让三个班各选一个同学上讲台上来，看哪个同学算得又快又准。第(3)题要概括得确切，并证明自己总结出的运算规律。

仅给出第一份试题的计算结果：

$81-18 = 63, 94-49 = 45, 72-27 = 45, 31-13 = 18$。$831-138 = 693, 954-459 = 495, 772-277 = 495, 381-183 = 198$。

由以上计算结果可得出两点结论：

(1) 把一个两位数 $(10a+b)$ 的个位数 (b) 与十位数 (a) 颠倒，得到一个新两位数 $(10b+a)$。求这两个两位数的差，可以不用减法，用一个简单的乘法 $(a-b) \times 9$ 即可。

例如，$83-38 = (8-3) \times 9 = 45$。

(2) 把一个三位数 (abc) 的个位数与百位数颠倒，得到一个新三位数 (cba)。求这两个三位数的差，可以不用减法，在 $(a-c) \times 9$ 乘积的个位数前填入一个 9 即可。

例如，$834-438 = (8-4) \times 9 = 36$，结果为 396。

下面证明这么做的道理：

证明 1：$(10a+b) - (10b+a) = 9(a-b)$。

证明 2：$(100a+10b+c) - (100c+10b+a) = 100(a-c) - (a-c)$

$(a-c)$ 为一个个位数，它的 100 倍与它的差，其十位数必然是 9。用它的百位数与个位数组成一个两位数，必然是 $9(a-c)$。

思考题

"大数减小数为正,小数减大数为负"的法则可以使用吗? 例如:$18-81=-63$,$49-94=-45$,$277-772=-495$,请对于它的正确性给予验证和证明。

"大数减小数为正,小数减大数为负"的法则可以使用。证明:$(10a+b)-(10b+a)=9(a-b)$,当 $a<b$ 时,$(a-b)$ 为负值,所以 $(10a+b)-(10b+a)=-9(b-a)$。

游戏的目的是寓教于乐,希望大家在做游戏的娱乐中学到一些数学思想和数学方法。

数学在应用上的极端广泛性,特别是在实用主义观点日益强化的思潮中,使数学的工具性愈来愈突出和愈来愈受到重视。

对于那些接受过数学训练的学生来说,当他们真正成为哲学大师、著名律师和运筹帷幄的将帅时,可能早已把学生时代所学的知识忘得一干二净。但那种铭刻于头脑之中的数学精神和数学文化理念,却会长期地在他们的事业中发挥着重要作用。

数学之文化品格、文化理念与文化素质原则,其深远意义和至高价值在于:数学的思维和方法,一直会在人们的生存方式和思维方式中潜在地起着根本性的作用,并且受用终身。

8.2 数独

数独是一种逻辑性的数字填充游戏,玩家须以数字填进每一格,而每行、每列和每个宫(即 3×3 的大格)填齐 1 至 9 所有数字(见图 8-1)。游戏设计者会提供一部分数字,使谜题只有一个答案。一个已解答的数独其实是一种多个宫的受限制的拉丁方阵,因为同一个数字不可能在同一行、列或宫中出现多于一次。

图 8-1　数独玩具

500 多年前,在德国名画家丢勒的木刻画《忧郁症》中,一位天使因为牵挂画中的数字题而患上忧郁症(见图 8-2)。200 多年前,瑞士数学家欧拉(L.Euler)发明了数独雏形。1984 年,日本益智游戏出版社 Nikoli 重新挖掘出这个游戏,改良并正式命名为"数独"。幻方如图 8-3 所示。

数独可以被定义为一种逻辑智力拼图游戏,也可以被称为数字游戏。顾名思义,数独可以理解为一组独立的数字,将这组数字以一定的规则组合在一定区域内,便是数独游戏的主要内容(见图 8-4)。

图 8-2　丢勒《忧郁症》

图 8-3　幻方

具体地说,拼图是大九宫格(即 3 格宽×3 格高)的正方形状,由 9 个小九宫格组成。游戏的目标是在每一个小九宫格中,不重复地填上 1 至 9 的数字,让整个大九宫格每一列、每一行的数字都不重复。一般而言,一条数独题会给出 1/3 左右的数字作为初始条件,剩下的 2/3 空白处由读者完成。

也许正是因为规则简单,所以数独才能迅速风靡世界。既然玩数独游戏无需数学运算或证明,似乎完全可以将其称为数字游戏。

难度系数1　　完成时间____分钟

	6	1		3			2	
	5			8	1			7
				7		3	4	
	9			6	3	7	8	
	3	2	7	9	5			
5	7		3			9		2
1	9			7	6			
8		2	4			7	6	
6	4			1		2	5	6

难度系数1　　完成时间____分钟

	3			7			4	
6		2		4	1			
	5			3		9	6	7
	4			3				6
	8	7				3	5	
9			7			2		
7	1	8		2			4	
			1	6		8		9
4			5				3	

图 8-4　数独游戏

数独游戏虽起源于瑞士,但追根溯源,早在几千年前,我国就可以看到数独游戏的影子。

中国古代的九宫图和现代的数独虽有其相似之处,但内容却不同。九宫图即后来数学里所称的“幻方”,它的规律是每行、每列以及两条对角线上的数之和相等。而现代比较流行的数独游戏是由九宫组成八十一格,它要求每行、每列以及每个九宫的格内的数不能重复。

洛书是远古文明的产物,是一种关于天地空间变化脉络图案。它是以黑点与白点为基本要素,以一定方式构成若干不同组合,并整体上排列成矩阵的图式。洛书 1~9 数字是天地变化数,万物有气即有形,有形即有质,有质即有数,有数即有象,“气、形、质、数、象”五要素用河图洛书等图式来模拟表达,它们之间巧妙组合,融于一体,以此建构一个宇宙时空合一、万物生成演化运行模式。

"洛书"之意,其实就是"脉络图(venation)"。洛书的内容表达实际上是空间的,包括整个水平空间、二维空间,以及东西南北各个方向。洛书上,纵、横、斜三条线上的三个数字,其和皆等于15。大千世界,万事万物,八卦五行是分门别类的,如何组织成有序运作整体,就是洛书之功用。

河图洛书是远古时代人民按照星象排布出时间、方向和季节的辨别系统(见图8-5)。在传说中有"河图洛书"出于黄河、洛水,其实"河图洛书"中的"河"不是指黄河,而是银河。2014年12月洛阳市的河图洛书传说正式入选国家级非物质文化遗产名录。

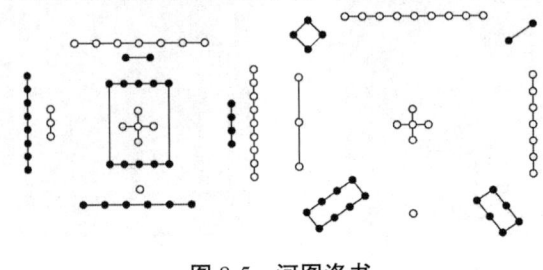

图 8-5　河图洛书

8.3　九连环

九连环是由9个关联着的环、1根套柄构成的,图8-6所示的九连环状态是套柄恰恰只套上第九环的"最终状态"。

对实物九连环稍做一番试验,就可发现,它的结构设计有两个基本特征:

(1)在九连环的任意一个状态时,能够自由"套上"或"套下"的只有第一环。

(2)能够"上"或"下"第 $n+1$($1 \leqslant n \leqslant 8$)环的充分必要条件是:第 n 环在套柄上,且在第 n 环之前没有被套上的环。

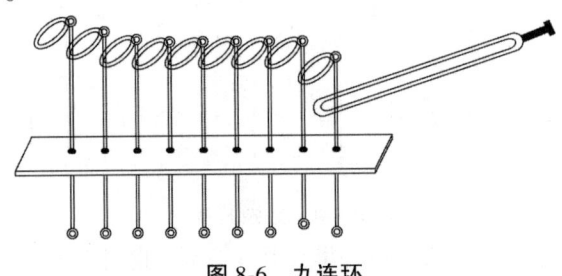

图 8-6　九连环

这两个基本特征完全刻画了九连环。

让我们先用文字语言叙述从九连环的套柄与套环完全分离的状态(称为"初始状态"),一直"走"到表8-7所示的最终状态之间的游戏过程。(第一步)先上第一环;(第二步)再上第二环;(第三步)下第一环,这时只有第二环在套柄上;(第四步)可以上第三环,这时第二环、第三环都在套柄上,且只有这两环在套柄上;再上第一环,下第二环,下第一环(即把第三步、第二步、第一步倒回去走),结果就把第三环前面的第二环解下套柄,此时只有第三环在套柄上;……(第八步)上第四环,此时恰为第三环和第四环在套柄上;再走第七步(把前七步倒回去走），在第十五步时恰恰可使得第四环在套柄上；……走 511 步，可得到如图 8-7 所示的最终状态，即套柄恰套在第九环上，这个过程称为"套上九连环"，把刚才的过程逆转，走 511 步，可以把套柄从环上解脱出来，成为环与套柄完全分离的状态，这称为"解开九连环"。

读者可能会问，为什么"套上九连环"指的是套柄仅套上第九环，而不把九连环的各环统统都套上呢？

这个问题提得很有道理，答案可能会使读者奇怪，因为统统套上所有的九个环，比图 8-7 所示"恰套上第九环"容易得多。从初始状态走 341 步即可把九个环统统套上，再走 170 步才能达到如图 8-7 所示的最终状态。

图 8-7　九连环状态向量

编号（步数）	九连环状态向量		备注
	全称记法	简记法	
0	000000000	0	
1	100000000	1	
2	110000000	11	
3	010000000	01	
4	011000000	011	把一至三步倒回走
7	001000000	001	
8	001100000	0,011	把一至七步倒回走
15	000100000	0,001	
16	000110000	00,011	把一至十五步倒回走
31	000010000	00,001	
32	000011000	000,011	把一至三十一步倒回走
63	000001000	000,001	
64	000001100	0,000,011	把一至六十三步倒回走
127	000000100	0,000,001	
128	000000110	00,000,011	把一至一百二十七步倒回走
255	000000010	000,000,001	
256	000000011	000,000,011	把一至二百五十五步倒回走
511	000000001	000,000,001	

我们需要一种数字表示方法，把九连环在任意一个实际存在的状态确切地表达出来，对九连环的每个环来说（不妨认为已编为第一环，第二环，…，第九环），相对于套柄只有"被套上"和"未被套上"两种状态。所以，很自然地，可以用 $\alpha_i=1$ 表示第 i 环被套上，而 $\alpha_k=0$ 表示第 k 环未被套上，这样，九连环的任何一个状态可以用向量 $\alpha=(\alpha_1,\alpha_2,\alpha_3\ldots\alpha_9)$ 来表示，称 α 为"状态向量"，它可视为有限域 $F=Z_2=GF(2)=\{0,1;+,\times\}$ 上 9 维线性空间 $V=V_F^9$ 里的向量。

当然，读者在研究九连环的时候可能创造或使用另一套符号系统去表示九连环的状态，因为我们在探索过程中就曾用过好几套符号系统，它们各有优缺点。为了一致起见，本章只介绍这种向量表示法。这样，我们就可以用"从向量 α_1 走到 α_2"表示九连环的游戏过程。实际上，我们已从实物九连环转移到其数学模型上进行游戏了，或者说，在纸上就可以玩九连环了。

从初始状态 $\theta=(000,000,000)$ 出发，九连环只有一种走法，即上第一环，变成向量 $\alpha_1=(100,000,000)$，简计 $\alpha_1=(1)$，规定右边的 0 可省写，从状态 α_1 出发，有两种不同的走法：一是下第 1 环，又回到 θ，这是以后各状态都会碰到的走"回头路"情况，显然它是造成九连环状态"徘徊重复"的原因。因此，今后约定不能走回头路，另一个可能走的是上第 2 环，由 α_1 变到 $\alpha_2=(11)$。不走回头路时，$\alpha_3=(01)$，$\alpha_4=(011)$，……一直可走到 $\alpha_{511}=\omega=(000,000,001)$。

对此需要加一些说明，第五步应走成 $\alpha_5=(111)$，第六步应走成 $\alpha_6=(101)$，这样 $\alpha_0=\theta$，$\alpha_1,\alpha_2,\cdots,\alpha_7$ 都各不相同，别的走法必走出重复状态；注意第一步至第三步是恰好套上第二环的"操作"，而第五步至第七步恰是前三步的逆操作，下面第八步至第十五步之间的操作正是第一步至第七步的逆操作，等等。所以从 θ 到 ω 总共有 $2^9=512$ 个状态，"套上"或"解开"九连环需走 511 步。我们只把表列出 18 行，读者很容易把它补充成 512 行，毫无遗漏地列出九连环的全部可能状态。

如果要把九连环的九个环统统都套在柄上，即 $\alpha=(111,111,111)$ 的编号是多少呢？若从完整 512 行的表上，即可看到 $\alpha_{341}=(111,111,111)$，即从 θ 开始，需走 341 步方能达到 $\alpha_{341}=(111,111,111)$，从 α_{341} 到 $\alpha_{511}=\omega$ 还得走 170 步呢。

因为空间 V 中的向量个数为 $2^9=512$，九连环从 θ 走到 ω 的过程中也恰有 512 个不同状态，所以从 θ 走到 ω 时恰好穷尽 V 的所有向量。这样，我们称 θ 和 ω 分别为初始状态和最终状态就是很有道理的，而 $\alpha_{341}=(111,111,111)$ 只是全过程中的三分之二处附近的状态（如果从 θ 算起）。

现在我们用图论（*Graph Theory*）的语言重新叙述九连环。从图论观点看九连环，它就是一条简单的路，这条路的长度为 511，它共有 512 个顶点，路的一个起点代表九连环的初始状态，另一个终点代表最终状态。换句话说，这条路的拓扑性质就是一条有 511 段的不自交的曲线（或直线段，如图 8-8 所示）。从本质上说，九连环是拓扑玩具，但我们只着重研究其代数性质（计数问题）。

显然，这条路的顶点记为 $0,1,2,3,\cdots,511$ 或 $\theta,\alpha_1,\alpha_2,\cdots,\alpha_{511}=\omega$。而后一种记法也可解释为把 Z_2 上九维线性空间 V 里的向量与集 $S=(0,1,2,\cdots,511)$ 的元素之间建立了一一对应的关系，使状态向量与步数恰成对应（对状态向量适当编号）。

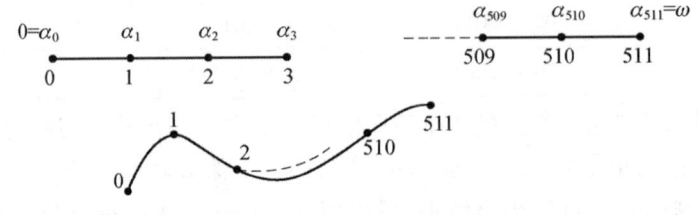

图 8-8　向量集合对应关系

图论与智力游戏有着极为密切的关系，绝大多数智力游戏问题都可以从实质上归入"迷宫"（Labyrinth，Maze）。迷宫的基本特征是从令人眼花缭乱的岔路、死路和回路中要求游戏者找出一条通往出口(终点)的路,不同的迷宫游戏的数学差别就在于它们的拓扑结构不同,表面上看,九连环与梵塔迥然不同,但当我们把它们的数学本质弄清楚后,竟发现它们的本质上是同构的。自然界里也有许多类似的现象,例如某些力学和电学现象可用相同的微分方程描述,这正好可以作为例证,说明数学的抽象性、概括性、普遍性。

让我们回到图 8-8 上来,把它与九连环联系起来,九连环是一个极简单的迷宫,入口是 θ,以下依次为 $\alpha_1, \alpha_2, \cdots, \alpha_{511} = \omega$ 在任一状态 α_i 时,根本没有什么岔路!那么为什么大多数人玩实物九连环时会困惑不已?那是因为九连环的实物结构蒙蔽了你。例如当你走成 $\alpha_8(0011)$ 时,你只能看到手里九连环的一个实际状态,而 $\alpha_3, \alpha_7, \alpha_9, \alpha_{30}$ 等是什么样的状态,还是很难识别出来的。按九连环的基本结构特征,从 α_8 只能走成 α_7 或 α_9,而走成 α_7 是走了回头路,你很可能未识别出这一点,这种在路上的徘徊,就是玩九连环的真正困难。根据如上的简短讨论,我们可以总结出一般规律:从 θ 走到 ω 的口诀是"勇往直前,绝不回头"。具体地说就是从 θ 只有一种走法,到达 $\alpha_1(100000000)$,从 α_1 出发,不回头的走法只能到达 $\alpha_2 = (110000000)$;……(设 $1 \leqslant n \leqslant 510$),到达 α_n 时,心里要记住上一步 α_{n-1} 的状态,而下一步不能退回到 α_{n-1},只能走到 α_{n+1},这样,就可保证用 511 步,从 θ 走到 ω,即套上九连环。把上面的 511 步全部逆转,即可解开九连环。

8.4　魔方

魔方,也称鲁比克方块,英文名字是 Rubik's Cube(见图 8-9)。三阶魔方是由富有弹性的硬塑料制成的六面正方体。其核心是一个轴,并由 26 个小正方体组成,包括:中心方块有 6 个,固定不动,只有一面有颜色;边角方块(角块)有 8 个(3 面有色),可转动;边缘方块(棱块) 12 个(2 面有色),亦可转动。

图 8-9　魔方

此外,除三阶魔方外,还有二阶、四阶至十九阶。近代新发明的魔方越来越多,它们造型不尽相同,但都是趣味无穷。在出售玩具时,小立方体的排列使大立方体的每一面都具有相同的颜色。当大立方体的某一面平动旋转时,其相邻的各面单一颜色便被破坏,而组成新图案立方体,再转再变化,形成每一面都由不同颜色的小方块拼成。据专家估计,三阶魔方所有可能的图案构成约为 $4.3×10^{19}$。玩法是将打乱的立方体通过六面转动尽快恢复成六面单一颜色。

当初厄尔诺·鲁比克(Ernö Rubik)教授发明魔方,仅仅是作为一种帮助学生增强空间思维能力的教学工具。但要使那些小方块可以随意转动而不散开,不仅是个机械难题,还牵涉木制的轴心、座和榫头等。直到魔方在手时,他将魔方转了几下后,才发现如何把混乱的颜色方块复原竟是个有趣而且困难的问题。鲁比克就决心大量生产这种玩具。魔方在发明后不久就风靡全世界,人们发现这个由小方块组成的玩意实在是奥妙无穷。

魔方广为大家喜爱是在 20 世纪 80 年代。从 1980 年到 1982 年总共售出了将近 200 万只魔方。1981 年,一个来自英国的小男孩儿帕特里克·波塞特(Patrick Bossert)写了一本《你也能够复原魔方》的书,总共售出了将近 150 万册。由于魔方的巨大商机,鲁比克教授和他的合伙人一同开发了二阶和四阶魔方,这两个产品同样取得了成功。1980 年,复旦大学米尚志教授把魔方传入了中国。

在中国,魔方是 20 世纪 80 年代最抢手的玩具,如同今天孩子们手中的掌上游戏机一样,成为青少年最喜欢的玩具。魔方不仅仅是小孩子的玩具,更是一种休闲放松的方式和体育竞技形式,再加上更有刺激和挑战性的竞速、单拧、盲拧魔方等玩法,越来越多的人正在重新关注魔方。

随着魔方种类的不断增多,竞技形式的逐步规范,魔方早已不单单作为一个玩具出现,而是已经逐步成为新型的竞技项目,更成了一项新兴的科技活动项目。

三阶魔方的还原方法很多,如层先法、角先法、棱先法、CFOP 法等。

初学者大都选择层先法,其特点是公式少,便于理解;竞速玩家一般是采用 CFOP 法,这种方法熟练之后可以在 30 s 之内将魔方的六面还原,下面就简单介绍一下这种方法。

魔方公式步骤介绍:

CFOP 法一共分为四步:CROSS→F2L→OLL→PLL。

CROSS:意思是底部打好十字。

F2L:(First Two Layer) 意思是同时对好前两层。

OLL:(Orient Last Layer)意思是把顶层朝上的颜色统一。

PLL:(Position Last Layer) 意思是调整顶层顺序(完成整个魔方)。

第一步,底层架十字(CROSS)

1.做十字时,要牢记 4 个颜色。对邻近两边的对应颜色变化也要有印象。必须能做到看一面的情况下,记得其他面的颜色。

2.尽可能地分析每次打乱后的图案。据统计在 99% 的情况下,7 步内就能做出来十字。

3.盲拧十字,并做到无错误盲拧。

4.逐渐减少思考时间,知道每次都能在 15 s 的观察时间里盲拧十字。

5.从完成十字到找到第一组 F2L 非常重要,但即使是非常快的人,在完成这个步骤时,也几乎不可能不停顿一下。

6.减慢做十字的速度,在其间就要找到第一对 F2L。

7.做十字的时候不预先观察,这样就迫使你在做十字的时候减慢速度,从而让你在完成十字到 F2L 过渡时动作更加协调。

8.把十字摆成一个特有的 CASE(情况)。这样完成一个十字时,分析他的 F2L 走向。

第二步,完成前两层(F2L),共有 41 种情况

1.如果你只是刚刚开始学习 F2L,要充分理解每个公式,并且把一些相似的公式记在一起。这样不仅可以帮助你记忆 F2L,而且可以在以后的运用过程中让你从直观上认识 F2L,这样对你在以后学习 F2L 有很大的好处。

2.减少观察的时间,另外要能做到从四面都能复原同一个 CASE。

3.寻找最适合你的公式,在网上看高手的视频,看他们是如何做到 F2L。

4.在 F2L 里最重要的一个建议就是,转慢并且预判。如果你每个公式都做得很熟练,但是如果你做完一组 F2L 以后要花时间去寻找下一组 F2L,那就说明你 F2L 的水平还很不到位。预判的意思就是在做第一组 F2L 的时候,速度要慢一点,这样你就有时间去观察下一组 F2L 的走向,要保证每组 F2L 之间的无缝连接。整个 4 组 F2L 最后要达到的境界,是看起来像一组动作。想要做到 SUB-20 s(小于 20 s),这点是必须做到的。

5.这里有一个很好的方法去训练你的预判能力。用一个音乐节拍器,刚开始的时候让你转动魔方的速度是每秒 2 步。保持每秒 2 步的速度,已经能让你的手忙活一阵子了。如果是平均 SUB-20 s(小于 20 s)的水平。你的目标是每秒 3 步(魔方也流行:方法很好,高手在比赛前也听音乐找感觉)。

6.当你练了一段时间以后,你可以试着在做预判的同时提高速度。刚开始,这样会让你感觉很不习惯。但是慢慢地,你会喜欢在这样的节奏中做出准确的预判。

7.想要预判 OLL 是非常困难的,你得花时间去判断 OLL。所以在一切非常熟练之后,全速做完 4 组 F2L,去判断 OLL 的公式吧。

第三步,顶面还原(OLL)

1.每种 CASE,学习从两个方向去解。对于简单的 CASE,学习从任何方向去解。

2.学习一些 COLL,当在遇到某些 CASE 时,会非常实用。

3.计时完成 57 个 OLL,尽可能快。

4.练习,做到零延时判断出 PLL。

第四步,顶面还原(PLL)

1.所有的图案都要做到至少能从两个方向复原。

2.一些简单的 CASE,要能做到四个方向都能复原。

3.因为这是 CFOP 中最后的一步。所以你要选择一个好的公式,方便你还原魔方后,用手去按计时器。

4.计时完成 21 个 PLL,尽可能快,多上网找更多的 PLL 公式。

总结

1.有条件的话,给自己录像,比较自己和高手的差距。

2.要多和高手交流,从他们身上会学到很多东西。

3.不仅要学习速度,还要学习魔方教学、盲拧、最少步数完成。

4.试着在有旁人围观的情况下玩(因为平时都是在家练习,在表演给别人看的时候,心里肯定会紧张)。

5.参与网上讨论。

6.尝试学习一些其他的手法,或许你能找到更适合你的方法和灵感。

7.记住一个打乱公式,然后去复原魔方。这样就能比较出你在放松和有压力的情况下,你

的成绩会有多大的波动。

普通玩法：

这类玩法适合拿魔方当作放松和娱乐的爱好者。他们通常仅仅满足于复原一个魔方，不会追求更高的标准。一般按照网上的视频教程七个步骤就可以还原，简单易学。

竞速玩法：

对竞速玩法出现的具体时间已经难以考证。当爱好者们已经能够熟练复原魔方的时候，就开始追求最快的复原。竞速复原有几个要点：使用的方法要最简便，但是随之产生的问题是步骤越少，需要记忆的公式就越多；使用的魔方需要最适合竞速使用，不会卡住或者打滑，所以出现了为魔方专用润滑油；灵巧的双手，因为拥有方法和好的魔方不是最重要的，双手能够熟练地转动魔方才能有最高的效率。

世界上复原魔方速度最快的人曾经在 4.69 s 成功还原了一个三阶魔方（由 Feliks Zemdegs 创造于 POPS Open 2016）。还有人在 0.49 s 成功还原了一个二阶魔方（由波兰选手 Maciej Czapiewski 创造）。

最少步骤还原：

这是最为艰难的玩法。在这种玩法或者比赛中，比赛组委会提供题目与纸笔，自带魔方 3 个和若干贴纸，然后思考出最少的步骤来解决魔方，在此期间可以转动魔方，不可使用其他计算工具，时间为标准 60 min。虽然还没有人能证明出魔方的最大打乱状态（即需要用最多步骤还原的状态）是什么，但是普遍认为经过 50 步无规则的打乱，三阶魔方就能达到最大状态，此情况下恢复原状需要 22 步。目前的世界纪录是 20 步还原。

将任意打乱三阶魔方还原所需要的最少步数被称为"上帝之数"。2010 年 7 月，"上帝之数"已被证明为 20。

盲拧：

盲拧可以说是每个魔方玩家的梦想。盲拧的定义就是不用眼睛观看魔方（可以记忆），进行复原的过程。计时是从第一眼看到魔方开始的，也就是说记忆魔方的时间也算在总时间内。这种玩法对一个人的记忆力和空间想象力有极大的考验。目前三阶魔方的盲拧世界纪录为 18.31 秒，由 Gianfranco Huanqui 在 Latin America Cubing Tour – Lima 2017 创造。而四阶魔方盲拧世界纪录是由林恺俊在 2017WCA 中国魔方锦标赛上创造的 1 分 34.66 秒。五阶魔方盲拧世界纪录也是由林恺俊在 2017WCA 中国魔方锦标赛上创造的 3 分 47 秒 50。

单拧：

单拧是指单手完成魔方复原。目前世界纪录为 Feliks Zemdegs 创造的 6.88 秒。

脚拧：

虽然听起来有些不可思议，但是确实有人用脚来复原魔方。目前世界纪录为 Fakhri Raihaan 在 2012 西里伯斯赛创造的 27.93 秒。国内脚拧纪录由黄宇瑆保持，为 43.86 秒。

花式拧法：

有些人不喜欢竞速或者最少步骤还原的玩法，而钟情于创造美丽的图案（见图8-10）。事实上这也是相当有难度的，因为要预测每一块的移动并不是很简单。

图 8-10　魔方花样图

8.5　猜年龄、生肖、姓氏

多诈的人藐视学问,愚鲁的人羡慕学问,聪明的人运用学问;因为学问的本身并不教人如何运用它们;这种运用之道乃是学问以外,或学问以上的一种智能,是由观察体会才能得到的。

——培根(F.Bacon)

8.5.1　猜年龄与姓氏

倘若我们学会用一种巧妙的游戏方式,猜出对方的年龄、生肖和姓氏,结果将是令人非常愉快的。

本节先介绍一种猜年龄的卡片游戏。

这是一套 6 张猜年龄的卡片(见图 8-11)。每张卡片上分别写有 32 个数字。

1	3	5	7	9	11	13	15
17	19	21	23	25	27	29	31
33	35	37	39	41	43	45	47
49	51	53	55	57	59	61	63

(1)

2	3	6	7	10	11	14	15
18	19	22	23	26	27	30	31
34	35	38	39	42	43	46	47
50	51	54	55	58	59	62	63

(2)

4	5	6	7	12	13	14	15
20	21	22	23	28	29	30	31
36	37	38	39	44	45	46	47
52	53	54	55	60	61	62	63

(3)

8	9	10	11	12	13	14	15
24	25	26	27	28	29	30	31
40	41	42	43	44	45	46	47
56	57	58	59	60	61	62	63

(4)

16	17	18	19	20	21	22	23
24	25	26	27	28	29	30	31
48	49	50	51	52	53	54	55
56	57	58	59	60	61	62	63

(5)

32	33	34	35	36	37	38	39
40	41	42	43	44	45	46	47
48	49	50	51	52	53	54	55
56	57	58	59	60	61	62	63

(6)

图 8-11　猜年龄的卡片

247

细心的读者会发现图 8-11 所示的 6 张卡片上数字的分布是有规律的,第(1)张为 1—3—5—7—…—61—63,可以称为取 1 丢 1,记为"1—1"型;第(2)张则为 2—3—6—7—10—11—14—15—…,从 2 开始,记为"2—2"型;第(3)张则从 4 开始,记为"4—4"型;第(4)张从 8 开始,记为"8—8"型;第(5)张从 16 开始,记为"16—16"型;第(6)张从 32 开始,记为"32—32"型,或者,统一为第 k 张,从 2^{k-1} 开始,记为"$k—k$"型,$k=1,2,3,4,5,6$。

猜年龄游戏卡设计好以后,就可以开始游戏了。

表演者一张一张地取卡片给被猜的对象看,请他表示该张卡片上是否有他的年龄数,这种表示"有"或"无"当然也可以用"点头"或"摇头"来代替说话,实际上只要给出一"信息"即可。当被猜对象给出 6 个信息后,表演者当场即可猜出他的年龄,只要把"他"给出"有"的那些卡片的第一个(左上角)数字加起来,即为"他"的年龄数。

举例说,某人表示卡片的信息:

(1)	(2)	(3)	(4)	(5)	(6)
有	有	无	有	有	无

则卡片(1)、(2)、(4)、(5)的第一个数字 1、2、8、16 等四个数字加起来,即 27 岁。读者尚可自行检查验证,的确只有在(1)、(2)、(4)、(5)这些卡片上才有 27 这个数字。

那么,任意给出一个数,它应该出现在哪几张表中呢?

我们知道:任何一个十进制的数,都可以表示成二进制,也就是若干个 2 的不同幂次之和。例如,$(45)_{10}=(101101)_2=+2^0+2^2+2^3+2^5$。此处,二进制表示的数中,为 1 的位数恰好在第 1 位、第 3 位、第 4 位、第 6 位上,这个数就应该出现在图 8-11 的(1)、(3)、(4)、(6)4 张表中。

为什么可以用这 6 张表计算年龄呢?

因为年龄可以表示成若干个 2 的幂次之和,它在哪几张表中出现过,就应该等于有此年龄数那几张表第一个数字的和。

例如:某同学的年龄数出现在图 8-11(1)、(2)、(5)中,这 3 张表表首的数字是 1、2、16,他的年龄就是 1+2+16=19 岁。根据以上思路,编写一个计算年龄的程序还是很容易的。

大学生差不多仅用 3 张表就能计算年龄,因为大学生应该在 17~23 岁的年龄段,一定含有 16 这个数,年龄与 16 之差一定小于等于 7,所以用表(1)、(2)、(3)这三张表足矣。如果某同学的岁数小于等于 16,或大于等于 24,这三张表就不够用了。同理,如果年龄大于等于 64 岁,这六张表也不够用。

图 8-11 的 6 张卡片设计不仅可以用于猜年龄游戏,而且,容易联想到可用于猜姓氏游戏,关键仅仅在于把 1~63 的年龄数与 63 个不同的姓氏一一对应排好就行了。

几乎与上述游戏方式完全一致,被猜者给出 6 个信息后,按上述查年龄的同样方法算出其"姓氏",在第(1)、(2)、(4)、(5)号卡上有,即编号为"27"的姓氏,查一查编号"27"的姓氏,即"冯"就是被猜者的"尊姓"了。

这里猜年龄与姓氏的图 8-12 及其姓氏表的编排方法,既简便易行,又一目了然,不过,作为智力游戏而言,太容易被识破就显得索然无味了。

为此,我们给猜年龄与姓氏的图表中加一些"密码",也许能增加不少"神秘性"。

图 8-12 所示的 6 张卡片,十分清楚地表明"叶、梁、李…"63 个姓氏与编号 1~63 一一对应了。留下的空白处,如果按图 8-13 中的排列,显然也很快可以一一填入"对号入座"姓氏。

1							
叶							

(1)

2	3						
梁	李						

(2)

4	5	6	7				
史	王	张	杨				

(3)

8	9	10	11	12	13	14	15
白	黄	汤	陈	章	谈	朱	余

(4)

16	17	18	19	20	21	22	23
石	应	江	杜	高	姚	于	康
24	25	26	27	28	29	30	31
周	孔	马	冯	金	何	倪	吴

(5)

32	33	34	35	36	37	38	39
山	卞	袁	唐	水	陆	安	谢
40	41	42	43	44	45	46	47
汪	丁	牛	郁	方	包	向	冷
48	49	50	51	52	53	54	55
文	温	辛	甘	崔	林	赵	钱
56	57	58	59	60	61	62	63
孙	蔡	毛	万	田	刘	彭	徐

(6)

图 8-12 对应卡 1

16	17	18	19	20	21	22	23
石	应	江	杜	高	姚	于	康
24	25	26	27	28	29	30	31
周	孔	马	冯	金	何	倪	吴
蔡	赵	崔	林	钱	甘	辛	温
文	徐	毛	万	田	孙	彭	刘

图 8-13 对应卡 2

然而,这里要说明的是,为了增加"迷惑性",偏偏把空白处应填的编号及相应的姓氏的顺序任意地"随机排列"!例如,图 8-12 中第(5)张卡片上留下的 16 格空白处,按图 8-11 应按顺序填入 48、49…、63 及其相对应的姓氏"文、温、…、徐",我们却偏偏任意地把 16 个"随机排列"写上:

为什么可以这样做呢?因为该 16 个姓氏在第(6)张卡片上完全是重复的,当被猜者的姓氏在此 16 个之内,必在第(6)张上也"有"。因此,这里的"顺序"毫无必要,只增加"易识破性"。

完全同样的道理,第(1)、(2)、(3)、(4)张卡片中空白的格子上,也恰恰可以甚至应该"随机地"填入相应的姓氏。当然,这里的"随机填入"仅仅指顺序,姓氏是绝对不可更换的。

作为例子,这里列出一组(见图 8-14),其中第(5)、(6)已如上述,故略去。

猜姓氏游戏,可以"故弄玄虚"一些了,例如某被猜者——看过上述图 8-11 的卡片(1)、(2)、(3)、(4)、(5)、(6),表示在(1)、(3)、(5)卡片上有他的姓,表演者用心算(1)→1,(3)→

2^2,(5)→2^4,总和为21,先在第(5)张卡片上找到21→"姚"。这只要记住(5)的第1个姓氏顺序为16,往下数17、18、19、20、21第6个姓氏"姚"即是。然而,再从卡片(1)或(3)上用故意很难找的样子点出"姚"姓来。这样,被猜者往往"大惑不解"了。

1							
叶	应	冯	陆	康	包	冷	杨
余	李	何	王	丁	甘	钱	蔡
黄	杜	卞	唐	郁	孔	万	徐
陈	姚	吴	谢	温	林	刘	谈

(1)

2	3						
梁	李						

(2)

4	5	6	7				
史	王	张	杨	余	高	水	陆
朱	金	姚	于	康	崔	安	谢
赵	钱	谈	倪	何	包	方	林
田	刘	章	吴	徐	彭	冷	向

(3)

8	9	10	11	12	13	14	15
白	黄	汤	陈	章	谈	朱	余
马	汪	冷	方	金	何	倪	吴
孔	牛	丁	向	包	田	万	毛
周	郁	冯	徐	刘	彭	孙	蔡

(4)

图8-14 对应卡3

再迷惑一点,把卡片(1)、(2)、(3)、(4)、(5)、(6)顺序也隐藏起来,靠姓氏的"拼音"相近代表,例如:"叶"—(1),"梁"(俩)—(2),"史"—(4),"白"—(8),"石"(十)—(16),"山"—(32)。表演者记住这6个代号是很容易的,而被猜者就难以一下子识破了。

迷人的"外衣"掩盖着简单明了的二进制数学原理,这就是猜年龄(请读者自行改进图8-11也可增加其迷惑性)与姓氏游戏的基本特征。

1.窗体设计

姓氏运行图如图8-15所示,包括2个按键,即"请回答"按键和"退出"按键;1个文字标签,用以说明游戏规则;6个图形框,显示6张表。

2.程序设计

(1)装载:把64个姓氏赋值给4个字符串变量,而后通过一个循环语句把64个姓氏赋值给数组$x(64)$。

```
Dim x(64) As String
Private Sub Form_Load( )
Dim bjx(4) As String
    bjx(0)="赵钱孙李周吴郑王冯陈褚卫蒋沈韩杨"
    bjx(1)="朱秦尤许何吕施张孔曹严华金魏陶姜"
bjx(2)="戚谢邹喻柏水窦章云苏潘葛奚范彭郎"
    bjx(3)="鲁韦昌马苗凤花方俞任袁柳酆鲍史唐"
For J=0 To 3
    For i=1 To 16
```

```
k = J * 16+i
X(k) = Mid(bjx(j),i,1)
Next
Next
End Sub
```

（2）由用户回答图 8-14（1）至（6）中有无要猜的姓氏，有则答"1"，无则答"0"。计算机则显示此人姓什么。

```
Private Sub Commandl_Click()
    nl = 0;n2 = 0;n3 = 0;n4 = 0;n5 = 0;n6 = 0;Cls
    FontBold = True
    FontSize = 14;ForeColor = QBColor(0)
    CurrentX = 900;CurrentY = 3600
    nl = InputBox("表 1 中有吗(1;有;0;无)?","输入",0,0,0)
    If nl>= l Then nl = l Else nl = 0
    If nl = 1 Then Print"表 1 中有;"Else Print"表(1)中无;"
    CurrentX;900
    n2 = InputBox("表 2 中有吗(1;有;0;无)?","输入",0,0,0)
    If n2>= 1Then n2 = l Else n2 = 0
    If n2 = 1 Then Print"表 2 中有;"Else Print"表(2)中无;"
    CurrentX = 900
    n3 = InputBox("表 3 中有吗(1;有;O;无)?","输入",0,0,0)
    If n3>;1,rhen n3;1 Else n3 = 0
    If n3 = 1 Then Print"表 3 中有;"Else Print"表(3)中无;"
    CurrentX = 900
    n4 = InputBox("表 4 中有吗(1;有;0;无)?","输入",0,0,0)
    If n4>= 1 Then n4 = l Else n4 = 0
    If n4 = l Then Print"表 4 中有;"Else Print"表(4)中无;"
    CurrentX = 900
    n5;InputBox("表 5 中有吗(1;有;0;无)?","输入",0,0,0)
    If n5>= 1 Then n5 = 1 Else n5;0
    If n5 = 1 Then Print"表 5 中有;"Else Print"表(5)中无;"
    CurrentX = 900
    n6 = InputBox("表 6 中有吗(1;有;0;无)?","输入",0,0,0)
    If n6>= 1 Then n6 = 1 Else n6;0
    If n6 = 1 Then Print"表 6 中有。"Else Print"表(6)中无。"
    n = nl+2 * n2+4 * n3+8 * n4+16 * n5   +32 * n6
    CurrentX = 900;ForeColor = QBColor(12)
    Print"此人姓";X(n);"。"
End Sub
```

此程序只包括 63 个姓氏，实用中远远不够。请自行设计一个包括 127 个姓氏的程序。

8.5.2　猜姓氏与密码

猜姓氏游戏的介绍有多个角度。这里再介绍一种由 4 张带圆孔卡片组成的猜姓氏游戏

(见图 8-15)。

让我们先举一个实例说明该游戏的实际进行过程。然后,再说明该游戏的 4 张卡片是怎样设计出来的。

游戏进行过程相当简单,由某观众默记 4 张卡片上某姓氏(不妨指"何")开始。表演者把卡片逐一地给观众看,由观众提供该卡片上"有"或"无"此姓氏的信息("何"则"有""无""有""无")。表演者利用某种变换猜出此姓。

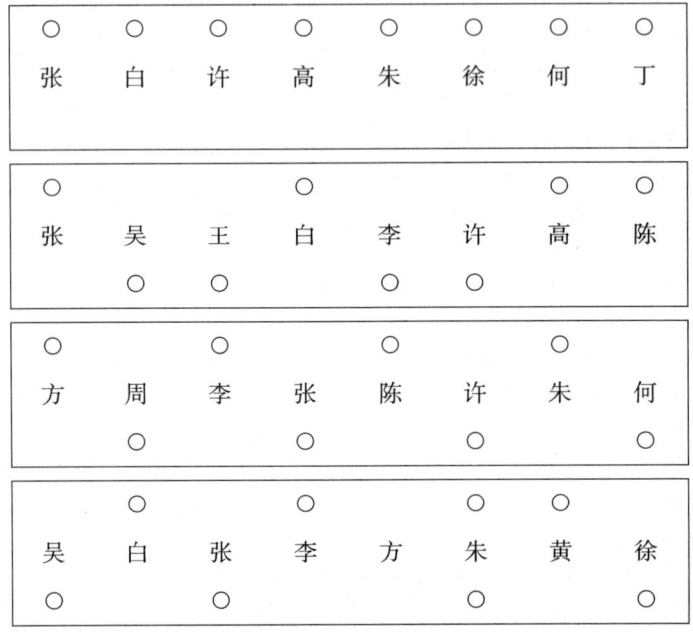

图 8-15　对应卡 4

具体表演方法是:把观众提供"有"信息的卡片正面放,提供"无"信息的卡片反面放,结果背面朝前,而且原来在底行的"孔"翻成在上了。图 8-16 表示观众默记姓"何",翻第(2)、(4)张排成的图。再把此 4 张卡片整理好,会看到有一"孔"能透过 4 张卡片,如图 8-17 所示,该孔底下的姓氏为"许"。

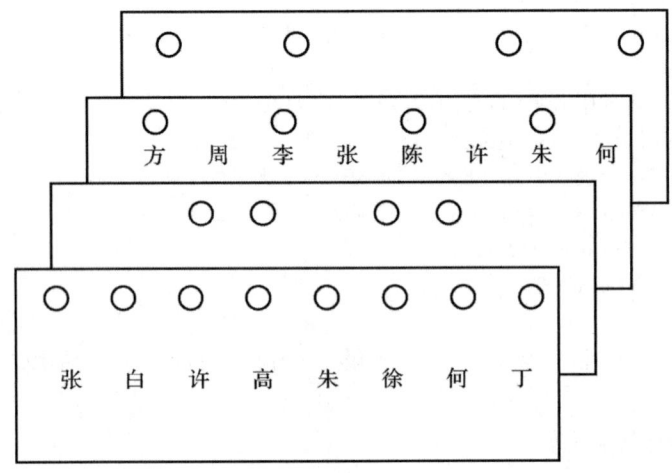

图 8-16　对应卡 5

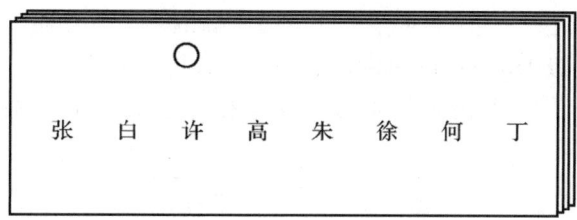

图 8-17 对应卡 6

那么,表演者按"密码"的破译,就能立即猜出观众原先识定的姓氏为"何"了。

当然,这里的陈述有着不少疑问,该四张卡只能猜 8 个还是 16 个姓氏? 如果观众默记的姓氏为第一张卡片所没有的姓氏(举例为"王")呢? 密码的秘密是怎样设计的? 本文的读者能否迅速掌握? 此卡片法还能改进吗?

图 8-15 的背面(此时用"左右翻过去",不同于"上下翻过去")如图 8-18 所示:

○	○	○	○	○	○	○	○
李	吴	陈	王	方	黄	周	罗

图 8-18 对应卡 7

这就回答了第一和第二个疑问。$2^4 = 16$,4 张卡片(4 个信息)能确定 16 个姓氏集合中任何一个姓氏,如果观众默记的姓氏在第一张卡片的正面(如图 8-13 所示的第一张)没有,则必然在其反面(见图 8-18)。

现在回答有关密码的设计问题。

事实上,如果我们把卡片上圆孔排列为下列 4 张,那么,疑问就显然解决了一半。

如图 8-19 所示,熟悉二进制的读者很快领悟到:后三张卡片的信息立即确定第一张卡片上①②③④⑤⑥⑦⑧中之一的位置。用"1"表示"有",用"0"表示"无":

$111 \to ①, 110 \to ②, 101 \to ③, 100 \to ④$

$011 \to ⑤, 010 \to ⑥, 001 \to ⑦, 000 \to ⑧$。

图 8-19 对应卡 8

再把第一张卡片左右翻过去,同上,后三张卡片的信息又立即确定第一张反面①′至⑧′之一的位置,从原理上说,图 8-16 设计的圆孔已经可以用于"猜姓氏"了。

为什么要设法加一种所谓的"密码"呢? 因为作为一种"智力游戏",恰恰要给它穿上"节日的盛装",带有某种迷宫式的"神秘性"。

为此,只要引入一个变换 T:在集合 {1,2,3,4,5,6,7,8} 到自身的一个——对应即可。

图 8-20 所示的变换 T:法则是把原自然数乘以 7,只取其乘积的个位数,由于 $7 \times 7 = 49$,其个位数 9 不在集合 {1,2,3,4,5,6,7,8} 内,则再乘以 7,9×7 取其积的个位数为"3"。

逆变换 T⁻¹完全同 T,只不过把"原象"与"映象"颠倒一下位置而已。归纳其法则:乘以 3,取其乘积的个位数。类似 3×3＝9,则再乘以 3 得 27,取其个位数"7"。

如图 8-18 所示,图 8-16 上正规的 4 张卡片圆孔经过变换 T 分别变成图 8-20 所示的那4 张。

变换 T	变换 T⁻¹
1→7	1→3
2→4	2→6
3→1	3→7
4→8	4→2
5→5	5→5
6→2	6→8
7→3	7→1
8→6	8→4

图 8-20　对应卡 9

如图 8-13 所示的那 4 张卡片被设计出来了。现在我们仍以前面举的实例说明,某观众提供的信息是"有、无、有、无"(见图 8-21),相当于图 8-18 左列的"有、无、无、有",亦即图 8-18右列正规形型卡片"有、无、无、有"。请用"1"表示"有","0"表示"无",则此信息代号 001→⑦即为第一张正面的第 7 个(自左向右数)姓氏"何"字了。

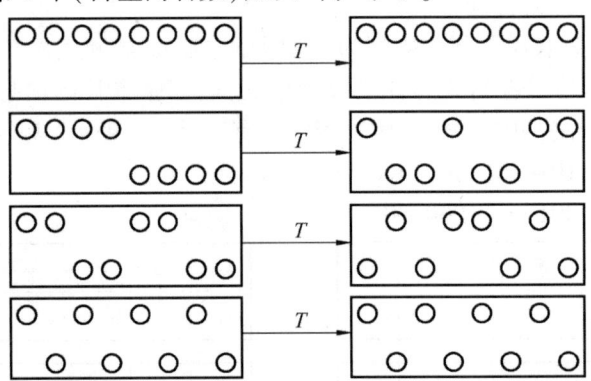

图 8-21　对应卡 10

从原理上考察,这里介绍共轭变换原理,示意图如下:

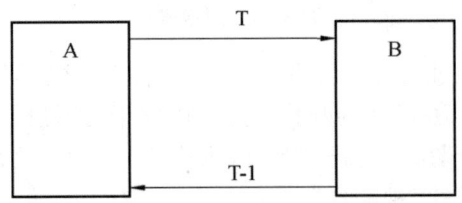

图 8-22　共轭变换原理

现代控制理论中称之为著名的"共轭控制原理",应用极为广泛(见图 8-22)。我国学者蔡文创立的一门新学科"物元分析"中称为"双否变换",其基本思想是完全一致的。

我们再回到猜姓氏游戏问题上来,如图 8-22 所示,"许"表示 A 经过变换 T 变成 B 了,再还原为观众心中的那个姓氏,应该用 T^{-1}B,即法则为乘以 3 取其乘积个位数,把相当于 3×3~9 再乘以 3:9×3~7,得到第 7 个姓氏"何"字,则恰恰是观众心中默记的姓氏了。

8.5.3　猜生肖

猜生肖显示卡,由 5 张带孔的卡片组成,是用来猜对方生肖的游戏玩具,第一张卡片的正面上写着"猜生肖游戏卡片",背面分三行四列,依次写着 12 种生肖:鼠、牛、虎、兔、龙、蛇、马、羊、猴、鸡、狗、猪。第二张至第五张,每张都有 6 个圆孔,又各在未穿孔的位置上写着 6 种生肖的名称,这四张的背面都是空白的(见图 8-23)。

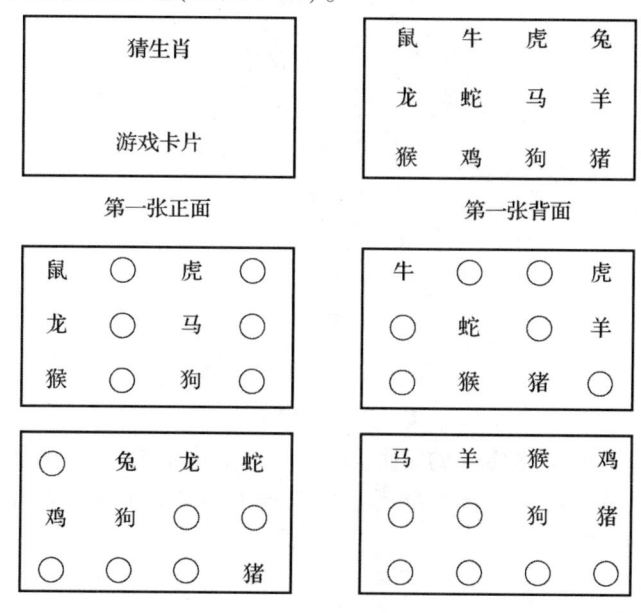

图 8-23　猜生肖

游戏这样进行:猜生肖的表演者向某位出示第二、三、四、五张卡片,并要求他表示该张卡片中是否有他本人的生肖,这样被猜者只要用"点头"或"摇头"表示即可。然后,表演者把他表示有的卡片正放(例如"A"),"否"的卡片倒放(例如"∀")。当这 4 张卡片都放好后,叠整齐,一起放在第一张卡片的后面。注意,让所有 5 张卡片的正面都朝同一个方向。这样,人们从正面看,只不过是第一张卡片的"猜生肖游戏卡片"7 个字了;而把这 5 张卡片一起"翻"倒从背面看,恰恰可以看到,在第一张背面的某一个生肖,而且也只有一个生肖,透过第二、三、四、五张共同圆孔,显示出来了。这正巧是被猜者的生肖。

举例,某人属"羊",他表示:第二张"无",第三张"有",第四张"无",第五张"有"。表演者则应该把第二、四张倒放,而第三、五张正放,叠好后放在第一张的后面,如图 8-24(a)所示。这时再从第五张卡片的背面上看,就可以看到在某个位置(此例为第二行第 4 列),四张都有圆孔,透过此圆孔,可以看到第一张卡片背面上的"羊"字,如图 8-24(b)所示。

也许,读者会感觉到,猜年龄、猜姓氏、猜生肖这几个游戏难度一个比一个有所增加。猜生肖的卡片的圆孔设计有点技巧,这是怎样制作或者怎样思考设计出来的呢? 智力游戏的构思

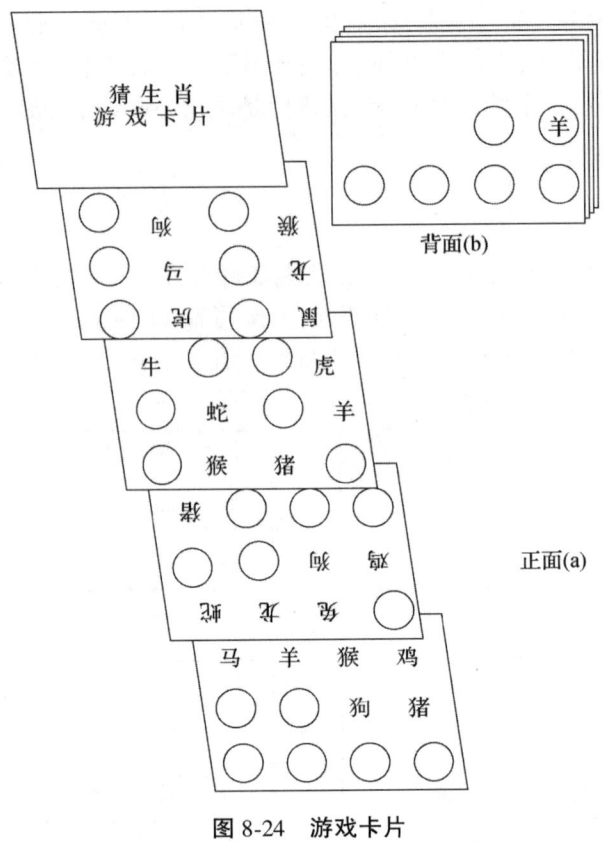

图 8-24　游戏卡片

的确也有些技巧,不过比起基本原理的掌握与运用,本节中的技巧实在是相当浅显的,作者深信读者很快会超过它,并衷心希望读者能悉心领会这里蕴含着的一些数学原理及方法,创造出更富有趣味的智力游戏来。

8.5.4　猜生肖原理与控制论

猜生肖、猜姓氏、猜年龄的游戏等,如果说,读者也有点兴趣以至于试图自己再改进或者重新设计一些猜谜之类的游戏,那么,了解其基本原理与制作的依据,甚至由此涉及一些正在发展的新学科、新分支,就显得十分必要了。

12 个生肖用 7 张带圆孔的卡片设计了类似的游戏,显然是有待于改进的。那么,该用 6 张、5 张还是 4 张卡片呢? 最少用几张呢? 再比如猜"百家姓"之一,最少要用几个信息呢?

这里涉及 20 世纪 40 年代创立的《控制论》与《信息论》原理。1948 年,美国数学家维纳(N.Wiener)的著作《控制论》正式出版。同年,美国数学家香农(Shannon)发表了创立信息论的论文。

现代科学系统论、控制论、信息论等开创了科学发展的新的领域、新的方向。现代科学和经典决定论的一个重要区别,就在于人们学会从不确定性角度看待事物的发生和发展。在经典的牛顿物理学里,宇宙被描述成一个结构严密的确定性机器,一切都是按照某种定律精确地发生的。

这里简略地介绍一下,猜姓氏的卡片是怎样设计制作的。

第一步,把 16 种可能性用二进制表述:

1	2	3	4	5	6	7	8
0001	0010	0011	0100	0101	0110	0111	1000
9	10	11	12	13	14	15	16(0)
1001	1010	1011	1100	1101	1110	1111	0000

第二步,制作 4 张卡片时,分别取四位数(二进制)中右起第 1、2、3、4 位(即 2^0 位、2^1 位、2^2 位、2^3 位)中为 1 的数,即:

第一张卡片取 1、3、5、7、9、11、13、15;

第二张卡片取 2、3、6、7、10、11、14、15;

第三张卡片取 4、5、6、7、12、13、14、15;

第四张卡片取 9、10、11、12、13、14、15、16。

第三步,把 16 个姓氏依次一一对应序号即可。例:

张	白	许	高	朱	徐	何	丁
1	2	3	4	5	6	7	8
李	吴	陈	王	方	黄	周	罗
9	10	11	12	13	14	15	16

再按上述卡片上应取序号数写上姓氏。

当然,实际制作时,可用密码增加一些"迷惑性",给其套上"节日的盛装",使游戏更加有趣。

读者可考虑并尝试用三进制原理及方法,重新设计并制作一些类似游戏,其原理在本质上仍是一致的。

从信息论观点看,猜 16 个姓氏用 4 张卡片是最少的卡片数了,而猜 12 生肖、猜 100 个姓,分别用 4 张和 7 张卡片也是最少的卡片数了,但应指出,使用这么多卡片,被猜的信息量尚可增多些。

8.6　韩信点兵

老师先给同学们讲一个韩信点兵的故事。故事发生在 2200 多年前楚汉相争的那个时代。相传韩信拜相时,问书记官:"今天参加阅兵的共有多少士兵?"书记官说:"大概 9 000 人。"韩信问准确人数,书记官回答不出。于是韩信先让士兵 5 人一排从阅兵台前走过;再让士兵 6 人一排从阅兵台前走过;再让士兵 7 人一排从阅兵台前走过;最后让士兵 11 人一排从阅兵台前走过。韩信一边与汉高祖谈论着治国方略,一边记下了最后一排士兵的人数分别为 1、5、4、10。韩信对汉高祖说:"今天参加检阅的士兵准确人数为 9 041 个。"

老师说:"你们知道韩信是如何计算出总人数的吗?为了弄清这个问题,先做一个简单的练习,计算一下我这里有多少粒粉笔头。"

老师把粉笔盒中的粉笔头倒在桌面上,三三数之剩 2,五五数之剩 3,七七数之剩 2。老师于是在黑板上写出了如下题目:

三三数之剩 2,五五数之剩 3,七七数之剩 2,问共有多少粒粉笔头?

分班讨论,看哪班取胜?

列四元一次方程是无法求解的。因为根据条件,只有三个方程:

$$\begin{cases} w = 3x+2 \\ w = 5y+3 \\ w = 7z+2 \end{cases}$$

解1 筛选法。

第一遍筛子。三三数之剩 2 的数有

5,8,11,14,17,20,23,26,29,32,35,38…

第二遍筛子。从中找出五五数之剩 3 的数有

8,23,38…

第三遍筛子。从中找出七七数之剩 2 的数有

23…

解不是唯一的。考虑到小于 105 的条件限制(由实际情况决定的),则此数为 23。这种筛选法,虽然不必再考察每一个自然数是否满足条件,也算是一种进步,但是求解还是相当烦琐的。

上面所说的筛选法是"先细后粗",如果把筛子的顺序颠倒一下,变成"先粗后细",工作量将会大大减少。

第一遍筛子。七七数之剩 2 的数有

9,16,23,30,37,44,51,58…

第二遍筛子。从中找出五五数之剩 3 的数有

23,58,…

第三遍筛子。从中找出三三数之剩 2 的数有

23…

解2 公倍数法。

设此数为 x,按题目条件 x 被 3 除余 2,被 5 除余 3,被 7 除余 2。如果令 $y=x-2$,那么 y 被 3 和 7 都能整除,被 5 除余 1,显然 $y=21$。所以 $x=y+2=23$。

这种方法只适合求解余数有某些特殊规律的情况。本题就是满足其中两个余数相同。如果两个余数差为 2,可以用加 2 构造出两个余数相同的情况。例如,被 3、5、7 除的余数是 1、1、3,把此数加上 4 以后,则恰好能被 5、7 整除,被 3 除余 2,即 35,故所求的数为 31。再如,被 3、5、7 除的余数是 1、2、3,把此数乘上 2 以后,余数则变为 2、4、6,即为 104,故所求的数为 52。这种方法技巧性很强,不易被人掌握。

解3 单因子构件凑成法。

使用如下口诀:三人同行七十稀,五枝梅花二十一,七子团圆正半月,除百零五便得知(明朝数学家程大位《算法统宗》)。即把被 3 除的余数乘以 70,被 5 除的余数乘以 21,被 7 除的余数乘以 15。3 个数之和除以 105,余数便为所求。

对于此题则有

$$(70×2+21×3+15×2)-210=23$$

这里的 70、21、15 是如何得来的呢?仔细分析不难发现,70 是能够被 5 和 7 整除、被 3 除余 1 的最小整数;21 则是能够被 3 和 7 整除、被 5 除余 1 的最小整数;15 是能够被 3 和 5 整

除、被 7 除余 1 的最小整数。它们分别乘以各自对应的余数后,求和,当然也就满足原来的余数条件了。但是,这个解不是唯一的,每加上 105,余数不变。因此,要给出一个满足条件的最小整数,除以 105,所得的余数便是答案。

这种方法民间称为"韩信点兵",现代数学界又称之为"单因子构件凑成法"。为何称之为单因子构件凑成法呢?请看一个简单的问题:某数能被 5 和 7 整除,被 3 除余 1,求该数。

设此数为 x,根据条件,有如下方程组:

$$\begin{cases} x=3n_1+1 \\ x=5n_2 \\ x=7n_3 \end{cases} \Rightarrow \begin{cases} x-70=3(n_1-23) \\ x-70=5(n_2-14) \\ x-70=7(n_3-10) \end{cases}$$

故 $x-70=k[3,5,7]=105k_1$

所以 $x=70+105k_1$。这就是被 3 除余 1 的单因子构件。不管 x 放大多少倍,它永远不会改变被 5 和 7 整除的性质。

同理,可以推出被 5 除余 1、被 7 除余 1 的单因子构件:

$y=21+105k_2,z=15+105k_3$

由单因子构件凑出的和

$s=x\cdot r_1+y\cdot r_2+z\cdot r_3=70\cdot r_1+21\cdot r_2+15\cdot r_3+105k$

必然满足被 3、5、7 除余 r_1,r_2,r_3 的条件。

南宋淳祐七年(1247),数学家秦九韶把《孙子算经》中的"物不知其数"问题推广到一般情况,得到"大衍求一术",写入《数书九章》中。600 年后,直到 18 世纪,高斯和欧拉才发现了这个规律。

该定理表述如下:

设 $d_1,d_2,d_3,\cdots,d_n$,两两互素,设 x 分别被 $d_1,d_2,d_3,\cdots,d_n$ 除所得的余数为 $r_1,r_2,\cdots,r_n$,则 x 可表示为

$x=k_1r_1+k_2r_2+\cdots+k_nr_n+kD$

式中:D 为 $d_1,d_2,d_3,\cdots,d_n$ 的最小公倍数;k_i 为 $d_1,\cdots,d_{i-1}d_{i+1},\cdots,d_n$ 的公倍数,且被 d_i 除余数为 1;k 为任意整数,可以取负值。

请注意"$d_1,d_2,d_3,\cdots,d_n$ 两两互素"的条件。如果知道分别被 3、4、5 除的余数,就可以使用此方法。如果知道分别被 4、6、7 除的余数,则不能用此方法求得该数。

应用举例:某单位有 100 个房间,编号从 1~100,每个房间的门上配了一把三个数字的号码锁。为防止遗忘,又要保密,使外来人看不懂,就采用了中国剩余定理。把房间号分别被 3、5、7 除,所得的余数作为锁的号码。例如:8 号房间的号码为 231,25 号房间的号码为 104,52 号房间的号码为 123。本单位的人只需把房间号作 3 次求余数除法,就知道该房间号码锁的编号了。

8.7　华容道

华容道是古老的中国民间益智游戏(见图 8-28),以其变化多端、百玩不厌的特点与魔方、"独立钻石"一起被国外智力专家并称为"智力游戏界的三个不可思议"。它与七巧板、九连环

等中国传统益智玩具还有个代名词叫作"中国的难题"。华容道原是中国古代的一个地名,据《资治通鉴》注释中说"从此道可至华容也",相传当年曹操曾经败走此地。由于当时的华容道是一片沼泽,所以曹操大军要割草填地,不少士兵被活埋,惨烈非常。

图 8-25　华容道

通过移动各个棋子,帮助曹操从初始位置移到棋盘最下方中部,从出口逃走。不允许跨越棋子,还要设法用最少的步数把曹操移到出口。曹操逃出华容道的最大障碍是关羽,关羽立马华容道,一夫当关,万夫莫开。关羽与曹操当然是解开这一游戏的关键。四个刘备军兵是最灵活的,也最容易对付的,如何发挥他们的作用也要充分考虑周全。华容道有一个带 20 个小方格的棋盘,代表华容道。

华容道游戏取自著名的三国故事,曹操在赤壁之战中被刘备和孙权的"苦肉计""铁索连舟"打败,被迫退逃到华容道,又遇上诸葛亮的伏兵,关羽为了报答曹操对他的恩情,明逼实让,终于帮助曹操逃出了华容道。游戏就是依照"曹瞒兵败走华容,正与关公狭路逢。只为当初恩义重,放开金锁走蛟龙"这一故事情节研发的,但是这个游戏的起源,却非一般人认为的是"中国最古老的游戏之一"。实际上它的历史可能很短。

华容道是中国人发明的,最终解法是美国人用计算机求出的。但华容道的设计原理到现在还没有搞清楚,最初是在一个由 20 个小方格组成的棋盘,有一个四个小方格一组(曹操),五个两个小方格一组(五虎上将),四个一个小方格一组(四个小兵)。但关羽是一个横向的两个小方格,其他四将是纵向的两个小方格,这样如果曹操是四,四个上将和关羽就不能统称为二,1×2×4:20 的关系就不能成立。还有一种方法是将曹操看作四次方,关羽看作平方,四个上将看作是四个 2,四个小兵是四个 1,棋盘看作是 20。但最终的数学原理还是未解之谜。

姜长英在他所著的《科学思维锻炼与消遣》中说:"估计它的历史只不过有几十年。从前人的笔记中没有发现有玩具华容道的记载。"姜先生是在 1943 年夏第一次看到这个玩具的。

目前所见到关于华容道最早的文字记载就是姜先生 1949 年出版的《科学消遣》。

据西北工业大学林德宽教授说,他在 1938 年在陕西省城固县的乡下见过小孩儿玩用纸片做的华容道。

华容道游戏属于滑块类游戏,就是在一定范围内,按照一定条件移动一些称作"块"的东西,最后满足一定的要求。滑块类游戏究其起源,最早的可以说是中国古代的"重排九宫"。那应该是产生于出现河图洛书的时代,有数千年历史。1865 年,西方出现"重排十五"游戏,特别是萨姆·洛伊德在 1878 年推出"14–15"游戏,风行一时。此后,各种各样的滑块类游戏不断涌现。哈代(L.W.Hardy)发明了"三角旗"游戏并在 1909 年取得专利。再往后,法国出现"红鬃烈马"游戏。可以设想,这个游戏传到中国,本土化成为华容道游戏。

游戏华容道有不同的开局,根据 5 个矩形块的放法分类,除了 5 个都竖放是不可能的以外,有一横式、二横式、三横式、四横式、五横式。下面举几个例子。

研究华容道游戏,除了其历史外,至少有以下几个问题:

(1)有多少种开局;(2)判断有解;(3)给出最优解;(4)计算机求解。

因此,华容道是个数学游戏,可以锻炼人的思维,让人的思维更活跃。国内外都有一些华容道的爱好者和研究者。姜长英先生于 1985 年发起组织"华容道研究会",他们有了不少成果。特别是原北京工业学院副院长齐尧的网络研究,可以说完全解决了华容道游戏走法。他研究了一横式华容道的各种关键状态共 54 幅图,找出其间关系,画出关系图。于是任何一横式华容道都可以经少数几步到达某一个关键状态,其解法也就给出了。对二横式、三横式、四横式,他也都画出了关系图。

华容道游戏有很多发展,在国内外产生了很多类似的游戏,如推箱子游戏等。

8.8　鲁班锁

鲁班锁,亦称作八卦锁、孔明锁,是中国古代传统的土木建筑固定结合器,并广泛流传于民间,作为一种智力玩具,还有"别闷棍""六子联芳""莫奈何""难人木"等叫法(见图 8-29)。鲁班锁相传由春秋末期到战国初期的鲁班发明。

鲁班锁的连接不用钉子和绳子,完全靠自身结构的连接支撑,就像一张纸对折一下就能够立得起来,展现了一种看似简单,却凝结着不平凡的智慧。

2021 年 10 月 18 日,夏焱打破了最快时间组装鲁班锁(孔明锁)项目吉尼斯世界纪录,用时 5.37 s。

鲁班锁,起源于古代中国建筑中首创的榫卯结构。这种三维的拼插器具内部的凹凸部分(即榫卯结构)啮合十分巧妙。其原创为木质结构,外观看是严丝合缝的十字立方体。鲁班锁类玩具比较多,形状和内部的构造各不相同,一般都是易拆难装。拼装时需要仔细观察,认真思考,分析其内部结构。它有利于开发大脑,活动手指,是一种很好的益智玩具。

鲁班锁的种类各式各样,千奇百怪,以最常见的六根(第一代、第二代或 A 类、B 类)和九根的鲁班锁(第三代或 C 类)最为著名。其中,六根的鲁班锁按照地区、设计理念的不同,在构造上也不同。按照榫形,把六根的鲁班锁主要分为两大类:A 类和 B 类。当然,六根的鲁班锁的榫形是远远不局限于这两种的。九根的鲁班锁,挑选其中的若干根,可以完成"六合榫""七

图 8-26　孔明锁玩具

星结""八达扣""鲁班锁"。九种榫形要同时满足不同数量实现四种咬合结构,实为不易之事。

　　2014 年 10 月召开的中德经济技术论坛上,国务院总理李克强将一精巧的鲁班锁送给德国总理默克尔。他说:"这是访前天津中德职业技术学院师生共同创作的作品,希望我送给默克尔总理。解开'鲁班锁'是解决一道难题,相信中德之间的合作能不断创新,共同破解世界性难题,开启美好的未来。"

　　事实上,精心选择"鲁班锁"赠送默克尔还有另一层"深意",鲁班被誉为中国工匠鼻祖,而"德国制造"则堪称现代世界制造业标杆,其中寄寓着全球最大制造国与最精良制造国深度合作的含义。在中国驻德国大使史明德看来,"鲁班锁"代表的是一种"工匠精神",而"德国制造"的精髓正是"工匠精神"。"中国制造"要实现转型升级、由大变强,弘扬"工匠精神"是核心要义之一。

　　赠送默克尔"鲁班锁"只是一个隐喻。2016 年"工匠精神"首次正式写入《政府工作报告》,鼓励企业开展个性化定制、柔性化生产,培育精益求精的工匠精神,增品种、提品质、创品牌。

8.9　一笔画

　　1736 年,29 岁的欧拉向圣彼得堡科学院递交了《哥尼斯堡的七座桥》的论文,在解答问题的同时,开创了数学的一个新的分支——图论与几何拓扑,也由此展开了数学史上的新进程。问题提出后,很多人对此很感兴趣,纷纷进行试验。但在相当长的时间里,该问题始终未能解决。欧拉通过对七桥问题(见图 8-27)的研究,不仅圆满地回答了哥尼斯堡居民提出的问题,而且得到并证明了更为广泛的有关一笔画的三个结论。人们通常称之为"欧拉定理"。著名数学家欧拉的画像如图 8-28 所示。

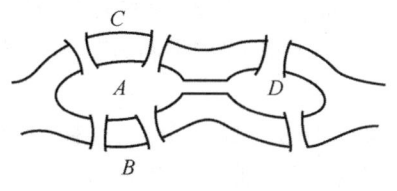

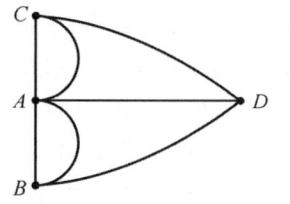

图 8-27 七桥问题

图 8-28 著名数学家欧拉的画像

"一笔画"是 18 世纪著名古典数学问题之一。在哥尼斯堡的一个公园里,有七座桥将普雷格尔河中两个岛及岛与河岸连接起来。问是否可能从这四块陆地中任一块出发,恰好通过每座桥一次,再回到起点? 欧拉于 1736 年研究并解决了此问题,他把问题归结为"一笔画"问题,证明上述走法是不可能的。他不仅解决了此问题,而且给出了连通图可以一笔画的充要条件。

当欧拉在 1736 年访问哥尼斯堡时,他发现当地的市民正从事一项非常有趣的消遣活动。哥尼斯堡城中有一条名叫普雷格尔河的河流横经其中,这项有趣的消遣活动是在星期六一次走过所有七座桥,每座桥只能经过一次而且起点与终点必须是同一地点。

问题提出后,很多人对此很感兴趣,纷纷进行试验,但是在相当长的时间里,始终未能解决。而利用普通数学知识,每座桥均走一次,那这七座桥所有的走法一共有 5 040 种,而这么多情况,如果要一一试验,工作量将会很大。但怎么才能找到成功走过每座桥而不重复的路线呢?

1735 年,有几名大学生写信给当时正在俄罗斯的圣彼得堡科学院任职的天才数学家欧拉,请他帮忙解决这一问题。欧拉在亲自观察了哥尼斯堡七桥后,认真思考走法,但始终没能成功,于是他怀疑七桥问题是不是原本就无解呢?

欧拉把每一块陆地考虑成一个点,连接两块陆地的桥以线表示。他的论点是这样的,除了起点以外,每一次当一个人由一座桥进入一块陆地(或点)时,他同时也由另一座桥离开此点。所以每行经一点时,计算两座桥(或线),从起点离开的线与最后回到始点的线亦计算两座桥,因此每一个陆地与其他陆地连接的桥数必为偶数。七桥所成之图形中,没有一点含有偶数条数,因此上述的任务无法完成。

欧拉的这个考虑非常重要,也非常巧妙,它正表明了数学家处理实际问题的独特之处,把一个实际问题抽象成合适的"数学模型"。这种研究方法就是"数学模型方法"。这并不需要运用多么深奥的理论,但想到这一点,却是解决难题的关键。

接下来,欧拉运用图中的一笔画定理为判断准则,很快地就判断出要一次不重复走遍哥尼斯堡的 7 座桥是不可能的。也就是说,多少年来,人们费脑费力寻找的那种不重复的路线根本就不存在。一个曾难住了那么多人的问题,竟是这么一个出人意料的答案。

1736 年,在经过一年的研究之后,29 岁的欧拉提交了《哥尼斯堡的七座桥》的论文,圆满解决了这一问题,同时开创了数学新一分支——图论,为后来的数学新分支——拓扑学的建立奠定了基础。

在论文中,欧拉将七桥问题抽象出来,把每一块陆地考虑成一个点,连接两块陆地的桥以线表示,并由此得到了如图 8-29 所示的几何图形。若我们分别用 A、B、C、D 四个点表示为哥尼斯堡的四个区域。这样著名的"七桥问题"便转化为是否能够用一笔不重复地画出过此七条线的问题了。若可以画出来,则图形中必有终点和起点,并且起点和终点应该是同一点。由于对称性可知由 B 或 C 为起点得到的效果是一样的,若假设以 A 为起点和终点,则必有一离开线和对应的进入线,若我们定义进入 A 的线的条数为入度,离开 A 的线的条数为出度,与 A 有关的线的条数为 A 的度,则 A 的出度和入度是相等的,即 A 的度应该为偶数。即要使得从 A 出发有解,则 A 的度数应该为偶数,而实际上 A 的度数是 5,于是可知从 A 出发是无解的。同时若从 B 或 D 出发,由于 B、D 的度数分别是 3、3,都是奇数,即以之为起点都是无解的。

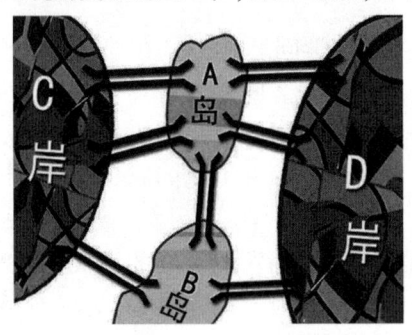

图 8-29 七桥问题

由上述可知,对于所抽象出的数学问题是无解的,即"七桥问题"也是无解的。

由此我们可知,要使得一个图形可以一笔画,必须满足如下两个条件:

1.图形必须是连通的。

2.图中的"奇点"个数是 0 或 2。

我们也可以依此来检验图形是不是可以一笔画出。回头也可以由此来判断"七桥问题",4 个点全是奇点,可知图形不能一笔画出,也就是不存在不重复地通过所有七桥(见图 8-30)。

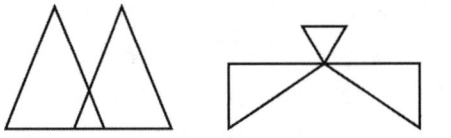

图 8-30 判断图形能否一笔画出

思考题:

1.生活中哪些游戏中包含数学?

2.选取玩的游戏,编写运行程序。

课外延伸阅读

关于粽子的形状,隐藏着你所不知道的数学奥秘(见图 8-31、图 8-32)。

大家都吃粽子吗？是喜欢吃甜味粽子还是咸味粽子呢？

粽子的形状多为三角形或四角形(一共四个角,也叫四角粽子)。这是为什么呢？其实有人专门研究了粽子的形状,并从实用的角度分析了原因。

图 8-31　粽子(一)

图 8-32　粽子(二)

从实用角度来说：

第一,用少量的材料就可以做。各地包粽子的材料不太一样,但基本都是植物的叶子,叶宽而长韧,但毕竟是叶子,宽度有限。三角形包法只用 1 叶或 2 叶就能包成,而四角形大概就要 3、4 片叶子。

第二,形状比较合理。三角的粽子四个面都能用到完整的叶片,不需要多余的弯折,如果是方的,那么任何一个面要与其他面衔接而不使米饭漏出来,都需要把叶子折起来内扣,叶子在顺着植物纤维方向有韧性,但垂直向上是很容易扯破的。简单地说,包方粽子是包不住的。

第三,包法简便,而且形状小点的话,容易煮熟。

关于粽子的形状还有个传说。过去人们为了纪念屈原,都是直接将米投入河中,后来有人梦见屈原托梦,说投入河里的米都被鱼鳖吃掉了,于是那人就想到用箬叶将米包好,然后包出有棱角的样子,鱼鳖看了还以为是菱角,就不会吃了。这样做了以后,屈原又托梦给他,说谢谢他。于是,这种包法就流传下来了。

无论是从实用角度还是流传下来的传说,都可以很轻松弄懂粽子三角形状的由来。可是今天数学小编想给大家介绍另外一种更为神秘的粽子形状奥秘,无法想象它与洛书(见图 8-33、图 8-34、图 8-35)会产生这么微妙而神奇的联系。

我们仔细看看四角粽子的形状,四个角,四个面,六个棱边,高手还能做出角等角、面等面、边等边的对称粽子。煮熟后解开系绳,剥开叶皮,俨然出现一个热气腾腾、晶晶闪亮的正四面体。这与中国古代流传下来无比神秘的洛书会有什么样的联系呢？

洛书(太乙九宫占盘)属于3×3的三阶幻方。幻方是什么？用现代数学语言表达，就是指在 $n×n$ 的棋盘格中放入 $1~n$ 平方个数，使得每一行的和、每一列的和，以及两条对角线的和均相等。

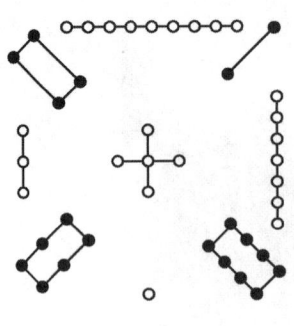

图 8-33　洛书(一)

注:祖宗传承的洛书,太乙九宫占盘

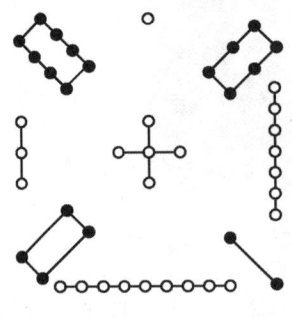

图 8-34　洛书(二)

注:上下易位的洛书

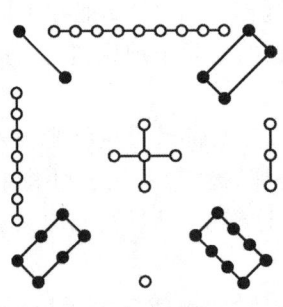

图 8-35　洛书(三)

把洛书看成行列式计算其值:

$$\begin{vmatrix} 4 & 9 & 2 \\ 3 & 5 & 7 \\ 8 & 1 & 6 \end{vmatrix} = 120+504+6-80-28-162 = 360$$

再由代数余子式推演洛书方阵的逆矩阵：

$$1/360 \begin{vmatrix} 23 & -52 & 53 \\ 38 & 8 & -22 \\ -37 & 68 & -7 \end{vmatrix}$$

由此看来,祖宗传承的"标准"洛书,绝对不仅仅是简单的平面幻方和占卜工具,一定有其更深层次的意义。

注意图中的对称易位法和最下面一行的红字,如果洛书不单是二维的平面三阶幻方的话,那么,从三维角度上看洛书,应该代表某种形体的二维射影(投影)。可能您已经猜到了,不错,正是重五节(即端午节)的粽子(见图 8-36)。"上五"重叠"下五",是粽子的形体在平面上"重五"的方影子,是棱长为 15 的正四面体,从三维向二维的垂直射影图。若有疑虑,请回顾《射影几何学》和《三维解析几何》或《四维画法几何》中的相关定理,推演证明此略。

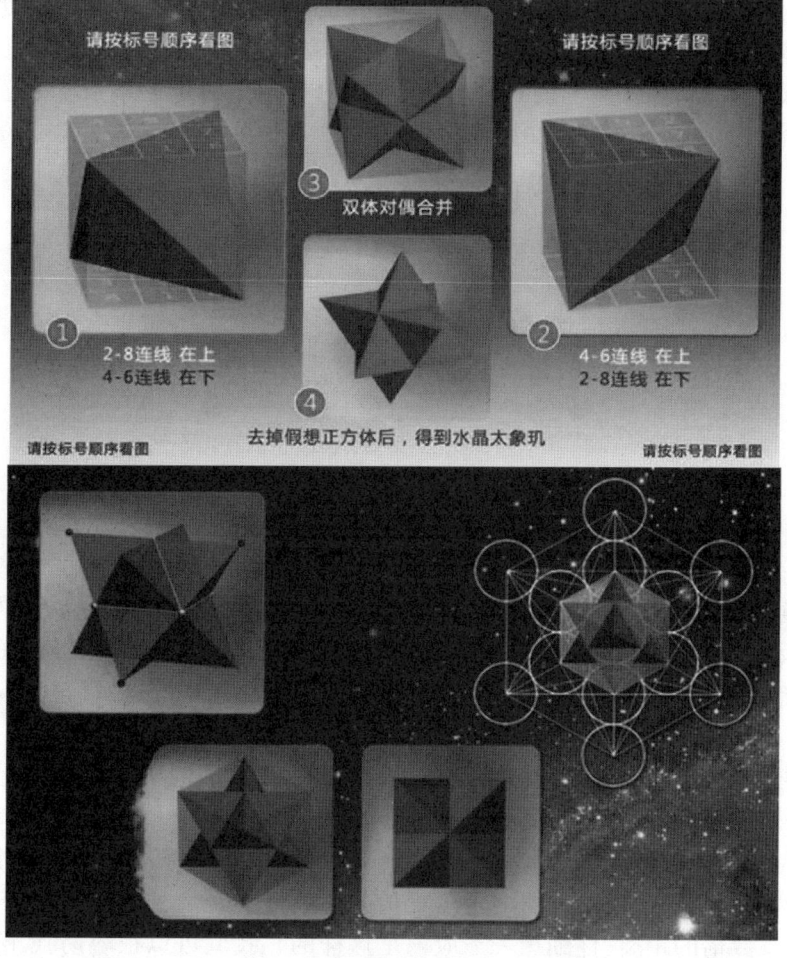

图 8-36 重五节(即端午节)的粽子

267

洛书,作为"重五粽子"的二维射影图,回升到三维空间时,有两个解(关键步骤):

您可以在垂直洛书图面的方向,易位升降一下 2-8 连线和 4-6 连线,将出现 2 只方位不同的粽子。所以,洛书要表达的,是数学上称为"对偶"的 2 个正四面体(更多立方体,可参看欧拉公式)。洛书中,一圈白色的阳数,在三维空间里,坐标恰是正四面体的中腰法线,也就是绑粽子的线绳。为有助于理解,建议您用 3 双(6 根)筷子,绑个架子看灯光的照影,当然最好做 2 个(阴阳对偶)。

我们刚刚打开洛书的一角,就已经看到在洛书里面,包含着全世界盛传至极的神秘梅特塔隆立方体;包含着困扰考古界多年的金字塔成因之谜;包含着自然界演绎变化的分形几何规律;当然,洛书中更包含着经络的力量和宇宙的法则。

河图与洛书,阴阳相依,构成了足以使远古文明复苏和再生的信息包。远古的祖先,曾经拥有过什么样的智慧和情操,藏"天地水火雷风山泽"于区区双图之内,没有漂亮的文字修饰来自我标榜;没有华丽的数学公式之繁杂推演;以其特有的、低姿态的象数结构,默含着最高级别的真理,穿越漫漫历史长河,向我们走来。

台球怎么打?

台球路线如图 8-37 所示,假设长方形台球桌的长和宽都是整数个单位长度,比如宽为 3,长为 5。我们忽略边库中间的落袋,只考虑在四个角落有袋。问从角落某袋处沿 45° 角方向击球,球能不能最终落袋(落入 4 个袋的哪个袋中均可)?落袋时球一共走了多远的距离?(假设桌面无限光滑,没有阻力,理想化的情况)

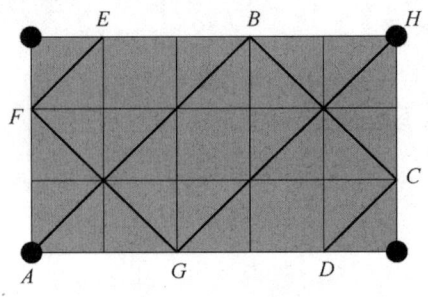

图 8-37　台球路线

下面我们就来观察一下球行进的路径。如图 8-37 所示,从某一袋处的点 A 沿 45° 角击球,经过路径 AB,到达边库的点 B,这时,球行进了三个小正方形对角线长度的距离(以后称其为 d)。在点 B 撞边库后反射,沿 BC 到达底库的点 C,这时一共走的距离为 5d。再经反射,撞到边库的点 D,反射后,走过 DE,撞到边库的点 E,反射后,沿路径 EF 行进到顶库的点 F,这时一共走了 10d。然后,被反射到边库的点 G,最后,再经反射,沿 GH 行进,直至落入 H 处的袋中。球一共行走了 15d。

上面的叙述有些烦琐。如果我们的台球桌的宽和长是 23 和 53 呢,那么,上述的跟踪球行进路径的方法就不可取。我们也不易找到规律。

其实,球是一定能够落入袋中的,因为袋的位置都在格点上。不管落入哪个袋中,也不管宽和长是多少,它一定是在横的方向上走了桌长的整数倍的距离,同样,它也一定是在纵的方向走了桌宽的整数倍的距离,仔细想一下应该是这样的。我们可以很容易找出长度和宽度的最小公倍数,于是,球最终落袋,它一定在横向和纵向都走了小正方形边长的最小公倍数的距离。那么,实际上,它真正行走的距离就是单位长度 d 乘以最小公倍数。比如上图是宽 3 长 5,而 3 和 5 的最小公倍数是 15,因此,球行走了 $15d$,落袋。

参考文献

[1]汪晓勤.数学文化透视[M].上海:上海科学技术出版社,2013.

[2]徐品方,徐伟.好玩的数学:古算诗题探源(普及版)[M].北京:科学出版社,2008.

[3]易南轩.数学美拾趣[M].北京:科学出版社,2002.

[4]孙明珠,郭风军.游戏中的数学文化[M].北京:国防工业出版社,2012.

[5]倪进,朱明书.数学与智力游戏[M].大连:大连理工大学出版社,2008.

[6]蒋声,蒋文蓓.数学与美术[M].上海:上海教育出版社,2008.

[7]王树禾.好玩的数学:数学聊斋[M].北京:科学出版社,2004.

[8]徐诚浩.谈天说地话历法[M].北京:高等教育出版社,2015.

[9]张若军.数学思想与文化[M].北京:科学出版社,2015.

[10]胡作玄.数学与社会[M].大连:大连理工大学出版社,2008.

[11][美]斯图尔特·夏皮罗.数学哲学——对数学的思考[M].郝兆宽,杨睿之译.上海:复旦大学出版社,2009.

[12]周明儒.数学与音乐[M].北京:高等教育出版社,2015.

[13]韩祥临.数学的理性文化[M].北京:科学出版社,2019.

[14]张文俊.数学文化赏析[M].北京:北京大学出版社,2022.